生命科学前沿与应用生物技术

人工养殖海马的开发与利用研究

徐永健 等 著

科学出版社

北 京

内 容 简 介

海马是珍贵的中药材，本书从 7 个方面对于人工养殖的海马能否替代野生的海马入药，及如何进行替代的问题进行了研究，主要包括：海马基本概况、管海马组成成分分析、管海马活性成分制备及功效分析、人工养殖管海马对野生管海马的替代性研究、人工养殖管海马的利用开发研究、人工养殖管海马作为商品药材的产品标准及等级划分、其他海龙科生物对药用海马的替代性研究。

本书可供水产养殖、食品科学与工程、海洋药物、海洋资源等学科的科研人员及大专院校师生参考。

图书在版编目 (CIP) 数据

人工养殖海马的开发与利用研究/徐永健等著. —北京：科学出版社，2019.9

（生命科学前沿与应用生物技术）

ISBN 978-7-03-062210-5

Ⅰ. ①人… Ⅱ. ①徐… Ⅲ. ①海马属—海水养殖—研究 Ⅳ. ①S968.9

中国版本图书馆 CIP 数据核字(2019)第 186459 号

责任编辑：李 悦 赵小林 / 责任校对：郑金红

责任印制：赵 博 / 封面设计：刘新新

科学出版社出版

北京东黄城根北街 16 号

邮政编码：100717

http://www.sciencep.com

北京建宏印刷有限公司印刷

科学出版社发行 各地新华书店经销

*

2019 年 9 月第 一 版 开本：B5 (720×1000)

2025 年 1 月第二次印刷 印张：13 3/4

字数：273 000

定价：128.00 元

(如有印装质量问题，我社负责调换)

前　言

海马是一种珍贵的海洋药源动物，有很高的知名度，素有“海洋人参”之美誉，在中国的多部古典医学巨著中都有记载，并收录于现代各版的《中华人民共和国药典》中。作为名贵的中药材，海马在我国已有上千年的应用历史，其具有强身健体、温补肾阳、舒筋活络、消炎消肿、镇悸安神、平喘止咳等功效。除制成各种中成药外，也可直接服用以达到强身健体、增强免疫力的效果。海马除供药用和食用外，活体海马还具有极高的观赏价值，是世界各地海洋水族馆的热门观赏动物之一。

海马作为一种重要的海洋经济鱼类，由于人类的过度捕捞，野生资源出现全球性枯竭，而市场需求却逐年走高。因此，开展海马的人工增养殖既是满足市场需求，又是开展野生资源保护的唯一选择。目前，在全球范围内已开展人工养殖的海马种类有十多个，多以药用为主。但是，对人工养殖的海马产品的有关开发与利用研究却较为零散，尤其是人工养殖产品对野生药用海马的替代性研究与探讨更是鲜有涉及。本书为弥补这一缺憾，在替代性研究的基础上，系统地论述了人工养殖海马的开发与利用。

本书是作者对主持的国家自然科学基金面上项目（41276123）和浙江省“钱江人才计划”项目（2009R10012）及宁波市科学技术局社会发展项目（2010C10055）等多年工作的积累与总结。

本书的著者名单如下。第 1 章　海马基本概况：徐永健、李景、戴广谱、孙彬。第 2 章　管海马组成成分分析：姜展志、宿宇婷、黄娣、史筱莉、徐永健。第 3 章　管海马活性成分制备及功效分析：姜展志、顾伟、宿宇婷、黄娣、周游。第 4 章　人工养殖管海马对野生管海马的替代性研究：史筱莉、葛晓鸣、徐永健。第 5 章　人工养殖管海马的利用开发研究：葛晓鸣、徐永健、宁燕、潘霞。第 6 章　人工养殖管海马作为商品药材的产品标准及等级划分：司夏丹、徐永健、葛晓鸣。第 7 章　其他海龙科生物对药用海马的替代性研究：史筱莉、葛晓鸣、徐永健。

本书由徐永健统稿，参与本书编排、制图和校对等工作的还有陈剑明、潘霞、宁燕、葛晓鸣等同志，特此致谢。

本书的出版得到了宁波大学水产学科——浙江省一流学科（A）类和宁波大学海洋学院学科发展基金等的资助，特此感谢。

书中不足之处，敬请各位读者批评指正。

徐永健

2019 年 07 月 12 日

目　录

前言
1　海马基本概况……1
1.1　基本生物学特性……1
1.1.1　分类地位……1
1.1.2　种类和分布情况……1
1.1.3　形态特征……2
1.1.4　生态习性……2
1.2　功效及活性成分研究概况……4
1.2.1　药理药效……4
1.2.2　有效活性成分……6
1.3　经济价值与资源保护……8
1.3.1　经济价值……8
1.3.2　全球海马贸易……9
1.3.3　资源与保护……10
1.4　本书的结构框架……10
2　管海马组成成分分析……12
2.1　基本组成成分……12
2.1.1　材料……12
2.1.2　方法……13
2.1.3　结果与分析……14
2.1.4　小结……17
2.2　水提和醇提的提取组分……17
2.2.1　材料……18
2.2.2　方法……18
2.2.3　结果与分析……20
2.2.4　讨论……29
3　管海马活性成分制备及功效分析……31
3.1　脂类……32

3.1.1 4种脂类提取方法比较……32
3.1.2 海马甾醇的分离及生物功效分析……37
3.2 氨基酸与活性多肽……46
3.2.1 活性多肽的制备工艺研究……47
3.2.2 海马抗氧化多肽……53
3.2.3 海马 ACE 抑制多肽……62
3.3 糖蛋白……72
3.3.1 海马糖蛋白提取工艺……73
3.3.2 海马糖蛋白纯化及结构与功能分析……76
4 人工养殖管海马对野生管海马的替代性研究……85
4.1 组成成分比较……85
4.2 活性成分比较……86
4.2.1 材料……86
4.2.2 方法……87
4.2.3 结果与分析……88
4.2.4 讨论……95
4.3 生物功效比较……96
4.3.1 材料……96
4.3.2 方法……97
4.3.3 结果与分析……99
4.3.4 讨论……103
5 人工养殖管海马的利用开发研究……106
5.1 替代后成方的优化……106
5.1.1 材料来源及处理……107
5.1.2 方法……107
5.1.3 结果与分析……108
5.2 新方海马保肾丸的功效测定……111
5.2.1 材料……111
5.2.2 方法……112
5.2.3 结果与分析……114
5.2.4 讨论……120

6　人工养殖管海马作为商品药材的产品标准及等级划分……124
6.1　人工养殖管海马外观性状的量化分析……125
6.1.1　材料……125
6.1.2　方法……125
6.1.3　结果与分析……126
6.1.4　讨论……132
6.2　管海马外观性状与内在化学成分的关联分析……133
6.2.1　材料……134
6.2.2　方法……134
6.2.3　结果与分析……134
6.2.4　小结……140
6.3　基于气味客观化的主要化学成分分析……140
6.3.1　材料……141
6.3.2　方法……141
6.3.3　结果与分析……141
6.3.4　讨论……150
6.3.5　小结……152
6.4　人工养殖管海马产品的等级划分标准及判别模型研究……152
6.4.1　数据来源……153
6.4.2　灰色关联度方法的建立……153
6.4.3　等级评定标准的确立……155
6.4.4　判别模型的建立……156
7　其他海龙科生物对药用海马的替代性研究……159
7.1　海马与海龙科属古证……160
7.1.1　本草考证……160
7.1.2　分类学比较……162
7.1.3　药源分布……164
7.1.4　传统药方……164
7.2　海马、海龙文献查考……165
7.2.1　药理药效研究现状……165
7.2.2　活性成分研究现状……167

7.3 管海马和刀海龙组成成分比较……169
7.3.1 材料……169
7.3.2 方法……170
7.3.3 结果与分析……170
7.3.4 小结……173
7.4 管海马与刀海龙的活性成分比较……174
7.4.1 材料……174
7.4.2 方法……175
7.4.3 结果与分析……176
7.4.4 讨论……183
7.5 管海马与刀海龙全粉的生物功效比较……184
7.5.1 材料……185
7.5.2 方法……185
7.5.3 结果与分析……187
7.5.4 讨论……192
7.6 刀海龙对海马名方的替代功效比较……193
7.6.1 材料……193
7.6.2 方法……194
7.6.3 结果与分析……194
7.6.4 结论……197
参考文献……198

1 海马基本概况

1.1 基本生物学特性

1.1.1 分类地位

海马（seahorse），在动物分类学上，隶属于：

脊索动物门（Chordata）

脊椎动物亚门（Vertebrata）

辐鳍鱼纲（Actinopterygii）

海龙目（Syngnathiformes）

海龙科（Syngnathidae）

海马属（*Hippocampus*）

1.1.2 种类和分布情况

根据报道，全球的海马种类在 350 种以上，主要分布在北纬 30°至南纬 30°间的热带、亚热带及温带沿岸浅水海域，其中经济价值较高的有 30 多个种类。我国有报道的海马种类超过 20 种，其中药用价值较高的有 6 个种类，分布遍及我国南北各个海域（李晓萍等，2009），分别介绍如下。

克氏海马（*H. kelloggi* Jordan et Snyder），俗名线纹海马、大海马，又称龙落子，主产于南海和东海海域。

刺海马（*H. histrix* Kaup），因身上长刺而得名，主产于南海和东海海域。

管海马（*H. kuda* Bleeker），俗名黄海马、大海马、库达海马，主产于南海和东海海域。

三斑海马（*H. trimaculatus* Leach），俗名斑海马，因体侧背方有 3 个黑色圆斑而得名，主产于东海和南海海域。

日本海马（*H. japonicus* Kaup），俗名小海马、海蛆，在我国沿海均有分布，以东海、黄海为主。

冠海马（*H. coronatus* Temminck et Schlegel），因头冠特别高大而得名，主产于渤海海域（谢忠明，2004）。

1.1.3 形态特征

海马用鳃呼吸，具有鳃孔（鳃孔小），是一种典型的小型海洋硬骨鱼类。

不同种类的海马，形态上大同小异，可以形象地描述为“马头、蛇尾、瓦楞身”。马头，即海马的头部，外形侧扁，弯曲，与身体近似直角，形似马头。头顶部有冠状突起，前端为管状吻，吻末端的两侧各具 2 个鼻孔，2 只眼睛凸起，均能单独旋转；蛇尾，即海马拥有一条无鳍、可用于缠绕的尾巴，其细长，呈梭形，常蜷曲；瓦楞身，指海马的躯干，其粗壮侧扁，胸腹隆起，皮肤伸展在骨架外面，覆盖全身，加之海马肌肉较少，身体呈皮包骨的状态。有些种类还会在骨环上出现骨骼凸起，甚至凸出到皮肤外的现象。

海马雌雄异体异形，常具不同色泽，如雄性管海马的身体和头部有发达的刺，体色呈黑褐色，繁殖季节转为淡黄色，皮肤上分布着一些无规则褐色小点。从外形上看，雄性海马的尾部腹面有一育儿囊（brood pouch），而雌性海马的身体外形较平滑，体腹面无隆起的育儿囊，体色均匀。雌性海马将卵产在雄性的育儿囊中，卵在育儿囊中受精，受精卵由雄性负责孵化和照顾。另外，外形上，海马无尾鳍和腹鳍，有臀鳍，但又短又小，功能不清楚，背鳍和胸鳍比较发达；其中，背鳍和胸鳍的鳍条数目、体环和尾环的数目、吻管的长短，以及头冠大小等，通常是传统分类学鉴别海马种类的主要性状特征（Lourie et al.，1999，2004）。

海马的背鳍和胸鳍比较发达，与其特别的游泳姿态有关，海马游泳时头部向上，身体直立于水中，扇形的背鳍起着波动推进的作用，胸鳍也提供部分推力，而且胸鳍可调节游泳前进的方向，其尾部起着舵的作用。

1.1.4 生态习性

在自然海域中，海马通常生活在近海水深较浅的有海藻等植物的洁净环境中，有时随着漂浮物随波逐流，有时用尾部缠绕在海藻等一些能悬挂的物体上。海马的体色易变，可随着外界环境色泽的变化而变化，这与海马游动速度慢、避敌能力差有关，故进化出的与环境类似的保护色能够大大提高海马的生存能力。一些海马种类的骨环节处常长出树枝状突出物（骨刺等），也具有迷惑敌害、保护自身的作用。

大多数种类海马生长的适宜水温为 10～33℃，当水温超过 33℃时，其呼吸急促，游动频繁，尾部不断地剧烈摆动，一段时间后昏迷死亡。而当水温下降至 15℃左右时，海马摄食明显减少，呼吸频率降低，身体悬挂在附着物上，活动微弱，生长基本停止。譬如管海马，当环境水温升高至 18℃时，摄食动作开始明显；当水温升至 20℃时，开始有交配行为。海马的适宜盐度范围较广，在 10～36 的范围内均可生活，其中以 25～32 最为适宜，如果海水盐度过低会造成海马死亡。一般来说，海马幼体的生活盐度稍高，而成体生活盐度可稍低，这样有利于海马生长。海马对生活环境中的光照强度也有一定的需求，光照太弱，不利于海马的活动与摄食，一般适宜光强范围为 3000～6000lx，pH 为 7.8～8.4（邹贵发和谢莹，1989）。海马对水中溶解氧的要求也较高，人工养殖时要保证水中溶解氧在 4mg/L 以上（邹贵发和谢莹，1989）。养殖过程中，常利用海马的一些生理特性来判断养殖环境条件是否适宜，如果海马的生存环境条件恶化，如过高的水温、过低的溶解氧等情况发生时，海马会通过咽肌的一伸一缩产生类似“咯咯”的声音（谢忠明，2004），此时养殖人员应引起注意，及时检查并排除影响海马生长的不利因素。

海马的主要食物为小型甲壳类（如桡足类、端足类）、小虾及初孵鱼类幼体等。野生海马在自然环境中只吃活的食物，部分经过人工驯养的海马能够进食一些冰冻的新鲜饵料。海马主要依靠鳃盖、眼球和吻的扩张产生吸力吞吸食物，在进食时，口吻端先慢慢接近食物，两边的颊部膨大向外鼓起，吻端打开，通过眼球的凹凸形成抽力（吸力）把食物吸入食管。因此，进食饵料的规格取决于吻径的大小。研究发现，海马摄食量的多少与生活环境的水温、水质有密切关系。在适宜范围内，水温高、水质优良时，摄食量大；水温低、水质不良时，摄食减少，甚至不进食。一般正常条件下，海马一昼夜的摄食量为其身体鲜重的 10%～15%。另外，海马单次摄食量很大，同时耐饥能力也很强，有报道海马的耐饥时间可从初生苗的 5～7d 到成鱼的 100 多天（谢忠明，2004）。

海马是雌雄异体，一夫一妻制婚配。第二性征明显，一般在出生后两个月（体长 6～8cm）时，外形上出现差异。雄性海马在肛门后端发育成一个特有的育儿囊，在交配时接受雌性的卵，并在育儿囊中受精及孵化，幼体发育成形后通过育儿囊口产出（生殖方式为卵胎生）。因此，雄性海马在两性关系中担负着照管受精卵和孵育的任务（雄性孵幼）。大多数种类的海马在环境温度达到 20℃时开始出现交配行为，选择配偶开始繁殖后代，繁殖高峰期时的温度为 26～28℃。管海马一般生长 6～8 个月达到性成熟（体长 12～14cm），条件适宜时便可开始繁殖下一代；日本海马 3～5 月龄达到性成熟，体长 5.5～8cm；三斑海马 6～10 月龄性成熟，体长 12～14cm。当环境条件合适，海马性腺发育成熟后，雌雄个体间会选择各自的配偶，一般雌性海马会主动选择比自身规格稍大点的雄性海马作为配偶，配对后配偶间的关系较为稳定（一夫一妻制）。择偶结束后，配对好的雌雄海马会一起游泳、互相追逐，体色逐渐转换成繁殖体色（婚色），即由原来的黑褐色变成淡黄色或黄色，交配时雌性海马通过腹部触碰把橘红色的椭圆形卵产入雄性海马腹部的育儿囊中，并在此受精，完成交配行为。刚完成交配的雄性海马的育儿囊小而透明，质感柔软，随着囊中胚胎的发育，育儿囊逐渐增大、颜色逐渐变深。育儿期的雄性海马喜静不喜动，常栖息于水体近底部的附着物上，食欲降低甚至停食。在临产前，育儿囊也膨胀到最大，囊壁很薄，能见到有血管分布在上面。分娩时，育儿囊口张开，海马身体前后摆动，压缩腹部迫使仔海马从育儿囊中产出。每窝单次产仔量的多少与海马种类及雄性海马的个体大小有关，还与亲本的质量有密切关系。

1.2 功效及活性成分研究概况

海马被誉为“海洋人参”，《神农本草经》中描述为：性温、味甘、无毒性作用，有强身健体、温补肾阳、消炎消肿、止咳平喘等功效。根据我国历来医学记载及民间用药经验，海马对治疗肾阳虚阳痿、生育困难、遗尿虚喘、腰膝酸软、跌打损伤等有明显疗效，还对肿瘤及神经系统疾病等有一定的治疗作用。由此可见，海马的药用价值很高，在中医上有较高的地位。

现代营养学和医药学已证实，海马拥有较高的营养价值和药用价值。化学分析发现，海马富含多种微量元素，如锌、铁、锶、锰、钴、镍、铜等；有很高的蛋白质含量，达 67.5%～73.2%（Jiang et al.，2014）；还含有大量的脂肪酸，其中不饱和脂肪酸占总脂肪酸的比例很高，ω-3 不饱和脂肪酸和 ω-6 不饱和脂肪酸的含量尤为丰富，在海马中还发现了高含量的胆甾醇和胆甾二醇等。现已证实，这些物质与海马的温肾壮阳、强身健体、消炎消肿等功效密切相关。

1.2.1 药理药效

1.2.1.1 性激素样作用

《本草纲目》记载：海马具有“暖水脏、壮阳道”的功效，中医临床上也用海马治疗男性阳痿不举、早泄不育等病症（许实波等，2002）。还有研究表明，海马类中药能不同程度地改善由氢化可的松所致的肾阳虚大鼠的血液流变，可能与这类药物温补入肝肾，从而起到“养血行血”的作用有关（吕圭源等，2008）。也有相关实验证实，日本海马对雄性大鼠的附睾等附属性器官及垂体-性腺轴有显著的影响。有人对切除睾丸的大鼠及正常的大鼠都灌喂海马混悬液，连续 20d 后显示海马混悬液可以显著地提高切除睾丸的大鼠血浆中的睾酮含量，使其前列腺及精囊的质量得以提高，与正常大鼠间的差异不显著（张洪等，2001）；实验也表明，饲喂含海马配伍的中成药，可显著地延长肾阳虚模型小鼠（该模型由大剂量的氢化可的松胁迫创建所得）的阴茎勃起时间，也观察到其对去势雄性大鼠的包皮腺系数、前列腺＋精液囊系数和提肛肌系数等有较大提高的效果，对于正常的雄性大鼠，也有增强交配能力的效果，上述三类大鼠的实验都证实海马有温补肾阳的功效与作用（陆茵等，2001）。现代医药学已证明：海马及其产品在补肾壮阳方面具有较高的价值，主要表现为提高机体的性激素水平，改善和提高雄性的性功能（陈梦等，2017）。因此，海马在性功能类药品和保健产品的开发领域具有广阔的市场前景（陈梦等，2017）。

1.2.1.2 消炎作用

身体内的炎症与许多疾病的发生和发展有密切的关系，如肿瘤、糖尿病等都与炎症有关（Libby，2007）。现在使用得较多的抗炎药物，如甾体和非甾体类药物，临床发现有严重的副作用，限制了进一步应用（傅得兴和封宇飞，2008）。因此，从传统的中医药资源中寻找和研发新型的抗炎药物是当前生物医学研究的热点之一（Libby，2007；傅得兴和封宇飞，2008）。海马中有较高含量的丹皮酚，该类物质在体外显示有良好的抗炎症效果，其作用机制主要是通过调控 NF-κB 和 MAPK 信号通路，抑制体内由脂多糖（LPS）诱导的 *i NOS* 和 *COX-2* 基因的激活，从而减少一氧化氮（NO）、前列腺素 E2（PGE2）和白细胞介素-6（IL-6）等促炎性细胞因子的产生与释放，因此，海马中分离的丹皮酚可作为治疗神经炎症的潜在药物（Himaya et al.，2012）。从三斑海马提取物中分离纯化得到的脂类物质，包括中性脂质（NL）、糖脂（GL）和磷脂（PL）等在体外也有明显的抗炎效果，这些物质均可抑制巨噬细胞 RAW264.7 中 LPS 诱导的促炎性细胞因子的释放，其中 GL 的抑制效果最为明显（Chen et al.，2015a；陈梦等，2017）。

1.2.1.3 抗氧化作用

现代生物学研究揭示，机体内产生的自由基氧化性很强，会损害组织和细胞，逐渐衰老及形成慢性病等，因此，抗氧化药品和保健品开发是当前的热门研究领域（陈梦等，2017）。对三斑海马液化蛋白的抗氧化活性分析表明，其清除 1,1-二苯基-2-三硝基苯肼（DPPH）自由基的半抑制浓度（IC_{50}）为 0.07mg/ml，比维生素 C（Vc）的抗氧化性还强 4.73 倍（陈成波等，2011），表明海马提取物在抗氧化产品的研发方面也有很大的开发前景。对管海马甲醇提取物的抗氧化活性分析表明，其也有很高的抗氧化活性，该提取物不但能有效地清除多种氧自由基和烷基自由基，还能有效地抑制细胞内的活性氧（ROS）和过氧化物酶（MPO）的活性（Qian et al.，2008）。此外，管海马提取物还能降低大鼠血清中脂质过氧化的降解产物丙二醛（MDA）的水平，提高血清超氧化物歧化酶（SOD）的活性（李文立等，2003）；也有报道认为其还可抑制单胺氧化酶的活性，降低小鼠肝组织中过氧化脂质的含量（佘敏等，1995）。这些结果都提示了海马提取物具有延缓衰老的功效，因此在老年性的疾病防治和老年保健方面也具有一定的开发前景（陈梦等，2017）。

1.2.1.4 抗肿瘤作用

随着全球恶性肿瘤发病率的持续升高，从传统的中医药中搜寻和开发新的抗肿瘤药物已成为当前的热门研究领域（Xu et al.，2015；Ge et al.，2015）。有研究表明，海马提取物在体内外都能抑制一些肿瘤细胞的增殖，并对肿瘤化疗药物的敏感性有促进作用（Xu et al.，2015）。例如，对小鼠S180肿瘤的影响实验表明，克氏海马能显著抑制S180肿瘤的形成，使得肿瘤的潜伏时间延长，这种作用机制可能与克氏海马能促进人体免疫功能提升有关（李文琪等，1999）。另外，从对非小细胞肺癌的化疗失败后的补救治疗看，连续服用3个月中成药——海马犀黄颗粒的Ⅲ、Ⅳ期患者，其临床症状有明显的缓解，能显著提高患者的生存质量（徐凯等，2003）。因此，该药被推荐作为肺癌化疗失败后的补救治疗必备药物（徐凯等，2003）。还有人以肿瘤发生的关键信号作为药物筛选的靶点，从海马提取物中筛选到对信号分子肌醇磷脂激酶（PI4-K）及其抗体的活性亲和力有上调或下调作用的成分，经进一步的分析，证实该成分是PI4-K的调控化合物，可用于治疗肿瘤的后续药物开发（陈芳等，2006）。因此海马在抗肿瘤方面也有很好的开发前景。

1.2.1.5 调节免疫力与抗疲劳作用

随着生活压力的增加，疲劳已成为影响人们生活质量的重要因素，因此具有抗疲劳作用的各类产品日益受到欢迎（陈梦等，2017）。多项研究表明，海马及其产品在提高免疫力和抗疲劳方面疗效显著。例如，海马乙醇提取物能增强小鼠巨噬细胞的吞噬能力，具有良好的免疫调节作用（朱爱民，2005）；来自市场上的一种海马药酒，也有提高小鼠血清中的溶血素水平和巨噬细胞吞噬能力的作用，从而提高了机体的免疫力；其还能参与ATP合成来增加机体的运动耐力，有良好的营养和保健价值（黄炳权和艾长荣，1997）。

运动医学表明，在剧烈运动后人体组织内乳酸堆积会引起肌肉酸痛，乳酸堆积是导致运动性疲劳的主要原因。三斑海马能有效降低小鼠在剧烈游泳后血液中的乳酸浓度，延长小鼠的游泳时间，主要原因是三斑海马在减少运动中乳酸生成的同时也加快了血液中乳酸的降解速率，因此其有延缓运动性疲劳出现和加速疲劳恢复的作用（胡建英和李志军，2000）。对创建的肾阳虚模型小鼠，每日灌喂海马人参制剂，连续服用10d后，发现模型小鼠的持续游泳时间有了明显的增长，并抑制了小鼠胸腺萎缩现象的出现（鄢顺琴，1987），因此，海马也可作为补益类药物进行利用开发。

1.2.2 有效活性成分

1.2.2.1 氨基酸及多肽类化合物

氨基酸，特别是人体必需的氨基酸，是一类重要的营养物质。氨基酸作为蛋白质合成的基础，在维持机体健康和生理调控方面有重要的作用（Bruhat et al.，2009；Wu et al.，2009）。对人体而言，8 种必需氨基酸对人体的健康和生命尤为重要，且必须由食物供应。经分析，海马中含有很高的氨基酸含量，人体所需的 8 种必需氨基酸也很丰富（岳雪莲等，1996）。管海马和日本海马中均含 22 种氨基酸，包括赖氨酸、缬氨酸和亮氨酸等多种必需氨基酸，另外还发现了有很高药用功效的特殊氨基酸——牛磺酸（贾元印和姚乾元，1990）。迄今为止，我们已在海马中分离发现了 23 种氨基酸。因此，海马所含的氨基酸是一类较好的营养物质（张朝晖等，1997）。

多肽是介于蛋白质与氨基酸之间的一类物质，在机体的免疫和防病方面有重要的作用（Korhonen and Pihlanto，2006）。从三斑海马的水解蛋白中分离获得的相对分子量为 906.4 的多肽 HTP-1，其氨基酸序列组成为 Gly-Thr-Glu-Asp-Glu-Leu-Asp-Lys，被证实具有保护神经细胞的功能，因此，其被认为有治疗阿尔茨海默病的潜在功效（Pangestuti et al.，2013）。从管海马育儿囊的 cDNA 文库中获得一段含有 55 个氨基酸残基的基因序列，根据该基因序列在体外合成富含甘氨酸的多肽分子 HKPLP，经测定其由 24 个氨基酸组成，HKPLP 在低浓度时就有很强的广谱抗菌活力，同时该物质还具有良好的热稳定性（Sun et al.，2012）。上述这些多肽都有较好的开发前景。迄今为止，已从海马中分离得到了多种活性多肽，这些化合物表现出抗菌、降压等生物功能。因此，氨基酸和多肽是海马表现其药效的重要物质基础。

1.2.2.2 甾体化合物

甾体化合物广泛存在于动植物中，在抗病毒、抗肿瘤和抗炎等方面有显著作用，是一类具有很好开发价值的化合物（吴靖娜等，2015）。对管海马、三斑海马、克氏海马等干燥体中的甾体化合物进行气相色谱-质谱联用（GC-MS）分析，共鉴定出了 16 种甾体化合物，包括胆甾烷醇、胆固醇、胆甾-4-烯-3-酮和胆甾-4,6-二烯-3-酮等。从分析结果看，上述多种海马中均含有胆固醇和胆甾-4-烯-3-酮两种甾体化合物，二者占海马总甾体化合物的 95%以上（王晓钰等，2015；陈梦等，2017）。采用乙酸乙酯分离三斑海马的甾体化合物，得到了谷甾-5,22-二烯-3-醇、胆甾-5-烯-3-醇-24-烯-亚丙基、胆甾-3,5-二烯和胆甾-5-烯-3-醇等（许东晖等，2005）；而采用毛细管气相色谱法测得三斑海马、刺海马和日本海马 3 种海马干燥体中都含有胆甾-4-烯-3-酮和胆甾-3,6-二酮（张朝晖等，1998b）。现在有较多证据表明，这些甾体化合物是海马具有温肾壮阳功效的物质基础，可为制定海马类药材的质量标准提供参考依据（张朝晖等，1998b）。

1.2.2.3 脂肪酸类化合物

脂肪酸，特别是不饱和脂肪酸，在维持人体健康和防病治病方面有重要的作用（陈梦等，2017）。海马中的不饱和脂肪酸含量丰富。经分析，克氏海马、管海马和三斑海马等干燥体中含有14种脂肪酸组成成分，主要为十六碳酸、十八碳烯酸、十八碳二烯酸（亚油酸）和二十二碳六烯酸（DHA）等，不饱和脂肪酸含量占总脂肪酸的65.2%～76.2%（许益民等，1994）。在日本海马中鉴定出41种脂肪酸化合物，其中不饱和脂肪酸DHA和二十碳五烯酸（EPA）占总脂肪酸的14.1%（张强和王永利，1996）。许多研究表明，EPA和DHA均属于ω-3多不饱和脂肪酸（张强和王永利，1996），具有降低血液黏稠度、增进血液循环、提高组织供氧而消除疲劳、预防动脉粥样硬化等功效（Dyall，2015）。

1.2.2.4 微量元素

微量元素对维持机体的健康也具有重要的作用（陈梦等，2017），如锌（Zn）、铜（Cu）、铁（Fe）和锰（Mn）等在维持人体正常机能、提高免疫力和抗衰老方面起着重要作用，这些微量元素如果摄入不平衡就容易导致疾病产生（钟秀倩和钟俊辉，2007）。海马中含有大量的钠（Na）、钾（K）等元素，较高含量的钙（Ca）、镁（Mg）等元素和少量的Zn、Cu、铅（Pb）和铬（Cr）等微量元素（陈梦等，2017）。陈维宁等（1997）分析了海马水提物和醇提物中的微量元素组成，结果表明水提物中微量元素含量为438.48mg/L，醇提物中微量元素含量为504.06mg/L，后者高于前者。其中，水提物中Fe、Zn、Cu和Mn等元素的含量要明显高于醇提物，后者中甚至不含Fe和Mn这2种元素（陈维宁等，1997）。

1.3 经济价值与资源保护

1.3.1 经济价值

海马的经济价值主要体现在如下几个方面。

观赏价值。海马形状独特、色泽亮丽、动作优雅，且具有一夫一妻、对配偶忠贞等特性，深受人们的喜爱，在世界各地的海洋水族馆和海洋世界等均有养殖与展出，还作为名贵宠物进入千家万户。近些年，一尾漂亮的金黄色海马在美国的零售价可超过100美元，普通色泽的大规格海马也要30美元/尾［如灰海马（*H. erectus*）、膨腹海马（*H. abdominalis*）等］，市场非常广阔；国内作为水族观赏宠物每尾的批发价都要在100元以上，且供不应求。

收藏装饰价值。海马主要由皮和骨组成、肌肉少，经晒干后，仍能保持原有的斑纹和形状。其加工工艺简单，产品色彩艳丽、外形美观，因此常用来加工成耳环、别针、锁匙扣等装饰品，有些地方干海马还被当作辟邪物，自古以来就备受欢迎。

药用价值。海马是一味珍贵的海洋药材，素有“北方人参，南方海马”的美誉。《神农本草经》中记载：海马性温、味甘，具有强身健体、温补肾阳、消炎消肿、止咳平喘之功能，现代医药学证实海马对于神经系统疾病有显著的疗效。在传统中医药中，海马除用于配制各类中成药外，还能直接服用，可强身健体、养生治病。现代医学已证明海马的提取物有抗衰老、抗肿瘤和性激素样等效用，许实波等（2002）证实三斑海马的乙醇提取物（海马酒）能使雄鼠的前列腺、精囊、提肛肌的重量明显增加，表现出与雄激素睾酮相似的作用。因此，海马在中医药上有特殊的需求地位，作为药用的海马，国内外的需求量很大。

1.3.2 全球海马贸易

海马拥有极高的经济价值。据报道，全世界至少有 51 个国家和地区开展有海马贸易。据 Seahorse Project 统计，1995 年全球至少有 2000 万尾海马被交易，用于中药材、养殖和观赏宠物。地区进口量最大的是中国，每年的进口量约 38t。至 2000 年，有近 80 个国家交易海马，许多新的交易国家来自于非洲和拉丁美洲。一些官方贸易调查数据也表明，亚洲贸易中的干海马超过 50t。

对野生海马的最大威胁来自传统的亚洲制药业，约 90%的海马用于药物生产，需求量每年以超过 10%的速率增加。现有海马的供应满足不了市场的需求，导致全球所有海马捕捞海域的野生资源都被过度开发，加上近海水质的污染和海马自然生活的低密度分布和低成活率等，近些年全球天然海马产量显著下降，野生资源濒临枯竭（Bell et al.，2003；Vincent et al.，2011）。因此，进行全球性的海马资源的保护和增殖的工作迫在眉睫。

海马作为药用材料，需求量最大的是中国市场，有数据表明，1995 年仅中国销售干海马达 1600 万尾以上，销售额约 2 亿美元。

中国海马贸易的非官方统计数据（未含港澳台数据）：2001 年，仅入药的干海马数量达 2000 多万尾（按平均 7g/尾计），干品用量超过 150t（吕军仪等，2001），其中大部分（约 90%）依靠进口，每千克的最高售价超过 1 万元，平均价格为 2000～3000 元/kg；2004 年开始，海马已被列为濒危物种，野生海马禁止交易，我国只有经特许获批经营许可方可销售海马及其产品。据统计，2010 年，我国海马年销售量在 200t 以上（3000 多万尾），由于市场上海马供货紧缺，最高售价甚至达 2 万元/kg，均价 6000～8000 元/kg（广州中药材市场）。

另一资料显示（数据来自中国药材市场，具体网址 http://www.39kf.com/medicine/news/ysfx/2008-04-16-465846.shtml）：中国自产的海马产量非常有限，市场上销售的海马主要来自国外进口。20 世纪 90 年代，全国全年的海马需求量约为 5t，其中进口约占 90%，国产货仅约 10%。自 2004 年以来，中国中药材市场对海马的需求旺盛，采购量上升迅速，2007 年全国全年的销售量为 7.5～8t（Chen et al.，2015b）。但国产货的产量不仅没有增加反而数量有所减少，因此供应增长的部分完全依赖进口数量的增加，导致国内整体海马的价格不断走高，据深圳市场调查：2003 年海马价格为 400～600 元/kg，2004 年升至 900～1300 元/kg，2006 年为 1500～2000 元/kg，2007 年跃升为 2500～2800 元/kg，2010 年第一季度已升至 3000～4000 元/kg，2016 年达 1 万元/kg 以上的高价位（甚至论尾出售）。据有关人士分析，全球海马的野生资源非常有限，导致野生资源的捕捞量不会大幅度增长，而正在迅速升温的人工养殖业，由于对海马生物学研究的不足，养殖技术也不成熟，也不可能很快发展成大规模的养殖产业。市场需求的快速增长加之海马来源有限甚至萎缩的情况，导致海马后市会有很大的价格上升空间。

1.3.3 资源与保护

近些年有许多报道，由于栖息地破坏及过度捕捞，野生海马数量在不断减少，估计较 10 年前下降了 30%～80%（Lourie et al.，2004）。2003 年，世界自然保护联盟（International Union for Conservation of Nature and Natural Resources，IUCN）把海马列入《IUCN 濒危物种红色名录》（*IUCN Red List of Threatened Species*）；2004 年，濒危野生动植物种国际贸易公约（Convention on International Trade in Endangered Species of Wild Fauna and Flora，CITES）把所有已知的海马种类都列入受保护物种范围，海马是第一批被列入的海洋鱼类，禁止被交易。CITES 所列的都是那些已经或者正在受到国际贸易威胁的野生物种。该公约的主要目的是确保跨境贸易不会威胁到野生动植物的生存。

分布于我国沿海的 6 个药用海马种类（记录于 2010 版《中华人民共和国药典》，以下简称《中国药典》）均已被列入《IUCN 濒危物种红色名录》，同样地也全部都被列入《中国物种红色名录》。其中，日本海马的等级为易危（VU），其余几种海马的等级都为濒危（EN），而冠海马已多年未见，至 2015 版《中国药典》仅保留了其余 5 种海马。因此，无论是为了满足市场需求，还是出于对物种多样性的保护，开展野生海马资源的养护已刻不容缓。除加强有关宣传教育外，有效地进行海马资源的开源与节流也是一种良好的保护方式，包括人工增养殖、寻找海马的替代品，以及高效地利用海马资源等途径。

1.4 本书的结构框架

海马是名贵中药材，广泛应用于医药保健行业。目前许多种类的野生海马已成为濒危物种，而我们对海马的需求却与日俱增（Koldewey and Martin-Smith，

2010）。人工养殖对于缩小供需间的差距具有巨大的潜力（Sanaye et al.，2014），但人工养殖的海马与野生的海马间是否存在品质上的差异，尤其是作为药材在药效上是否有差异呢？能否替代使用？

本书进行了以下方面的研究，从而来全面阐述及回答上述有关问题。

首先，在比较与分析管海马（*H. kuda*）人工养殖个体与野生个体间基本组成成分和活性成分的基础上，探讨人工养殖的管海马替代野生的管海马在中药配方中的可行性。

其次，以人工养殖的管海马个体替代野生个体，并对传统海马名方进行了二次开发，提高资源利用效率。

再次，根据管海马的成分组成与功能药效间的相互关系，研究了人工养殖的管海马作为商品中药材的产品标准，并进行了四等八级的等级划分。

最后，根据上述的相互关系，从其他的天然野生生物中寻找适宜物种作为海马可行的替代品。

2 管海马组成成分分析

本章重点分析与比较了管海马的人工养殖类群和野生类群间的组成成分。

结果显示：两组间，同龄海马的体长和体重无显著性差异，水分和灰分等含量也无显著性差异；不同龄个体的上述指标存在显著性差异，并随着年龄增长，水分逐渐减少，灰分不断增加。两组海马中均含有较高含量的粗蛋白和粗脂肪。粗蛋白含量占比为50.66%～85.05%，野生类群略高于人工养殖类群，1龄个体的粗蛋白含量最高。粗脂肪含量占比为4.61%～9.69%，野生个体低于人工养殖个体，雄性个体低于雌性个体，并随年龄增长差异性增大。管海马中微量元素，如硒（Se）、锌（Zn）、铁（Fe）、锰（Mn）、铜（Cu）等的含量也很丰富，其中铁、锰、铜在两个类群个体中的含量较为接近，而人工养殖的个体中硒含量略低、锌含量却显著高于野生个体。从基本组成成分看，人工养殖海马与野生海马基本相似。

同时，本章也分析了我国传统的海马利用方法——药膳（水提）和泡酒（醇提）所提取的海马成分。经分析，水提物和醇提物中的蛋白质及脂肪的含量都比全粉中有所提高，粗蛋白含量大于80%，共检出17种氨基酸（色氨酸未测），含7种人体必需氨基酸；共提取到10种脂肪酸，其中不饱和脂肪酸约占30%，还在醇提物中检测到胆甾醇，而通过传统方法提取到的微量元素却低于全粉中的含量。

2.1 基本组成成分

管海马的基本组成成分主要包括粗蛋白、粗脂肪、灰分（微量元素）等。本节通过采集两个类群的管海马样品，对不同年龄、不同性别、不同组织（皮膜与骨骼）的基本组分进行分析与比较。

2.1.1 材料

野生管海马来自海南省陵水县，根据体长、体重、体丰度（肥满度系数）等体表特征指标进行鉴别（Lourie et al.，1999，2004），选取半（年）龄、1龄和2龄的雌雄管海马个体作为实验生物。人工养殖的管海马来自以本实验室技术支撑的海马养殖企业（宁波甬禾生物科技有限公司）的养殖基地，也选取半龄、1龄、2龄的雌雄个体。在现场，先把海马样品的体表清洗干净，然后冰冻处理带回实验室，储存在–80℃超低温冰箱中备用。

2.1.2 方法

2.1.2.1 样品处理

将样品从超低温冰箱取出后置于真空冷冻干燥机中，保持物料在–50℃条件下真空冻干 48h 以上，然后将冻干样品用粉碎机粉碎，由于海马的皮膜与骨骼间粉碎时所受剪切力不同，所得皮膜粉与骨骼粉的粉碎粒径大小相差明显，可通过振筛机过 60 目筛网很好地分离。滤网下面的为骨粉、上面的为皮膜粉，分别收集后备用。

2.1.2.2 粗蛋白含量测定

称取各份样品粉末 0.2g，按照《食品安全国家标准 食品中蛋白质的测定》（GB 5009.5—2016）中的方法测定粗蛋白含量，平行测定 3 次。

2.1.2.3 粗脂肪含量测定

称取各份样品粉末 2g，按照《食品安全国家标准 食品中脂肪的测定》（GB 5009.6—2016）中的方法测定粗脂肪含量，平行测定 3 次。

2.1.2.4 微量元素和 Ca 含量测定

称取各份样品粉末 0.2g（准确到 0.0001g），置于陶瓷坩埚中，加 3ml HNO_3，于电热板上（约 230℃）蒸干，炭化，再加 1ml $HClO_4$，再蒸干，炭化。冷却后，放到 450℃马弗炉中灰化 1.5h，冷却后再加入 50% HNO_3 6ml，于电热板上蒸至近干（余液约 2ml），转移至 100ml 容量瓶中，定容摇匀。微量元素（Se、Zn、Fe、Mn、Cu）用电感耦合等离子体质谱仪（ICP-MS）测定，Ca 采用电感耦合等离子体发射光谱仪（ICP-OES）测定。平行测定 3 次。

2.1.2.5 灰分的测定

灰分测定按照《食品安全国家标准 食品中灰分的测定》（GB 5009.4—2016）中的方法进行，平行测定 3 次。

2.1.2.6 数据分析

所有数据用 Mean±SD 表示，采用 SPSS 软件对所测数据进行单因素方差分析（one-way ANOVA），数据显著性检验通过 Dunnett 多重比较检验进行，$P<0.05$ 为显著性差异。

2.1.3 结果与分析

2.1.3.1 海马基本情况

各年龄野生的与人工养殖的管海马的体长、体重、含水量和灰分含量等测定结果见表 2-1。

表 2-1 管海马野生与人工养殖组别的基本情况表

组别	年龄	体长（cm）	体重（g）	含水量（%）	灰分含量（%）
人工养殖	半龄	10.54±1.07	5.64±0.14	75.27±1.12^{a}	19.25±2.12^{a}
	1 龄	15.73±1.86	12.08±3.14	73.33±1.43^{ab}	21.70±1.83^{ab}
	2 龄	19.70±0.87	16.42±1.89	70.92±2.39^{b}	23.17±2.05^{b}
野生	半龄	10.11±1.36	5.17±0.35	73.65±1.12^{a}	20.29±1.12^{a}
	1 龄	14.81±1.93	11.70±2.15	72.98±1.43^{ab}	21.44±1.33^{ab}
	2 龄	19.22±0.98	16.27±1.43	70.00±1.89^{b}	24.13±1.22^{b}

注：体重指湿重（WW），灰分指占干重（DW）的百分含量；小写字母表示同组不同龄海马间显著性差异

从表 2-1 中看，两组海马间，同龄的个体在体长和体重上均无显著性差异，在含水量和灰分含量上也均无显著性差异（P>0.05）。不同龄的个体，无论是人工养殖类群的还是野生类群的，在含水量和灰分含量上均有所差异，总的表现趋势为：随年龄增长，含水量逐渐减少，灰分含量不断积累。其中，半龄和 2 龄个体间的含水量和灰分含量都已有显著性差异（P<0.05）。

2.1.3.2 粗蛋白与粗脂肪

两组海马中的粗蛋白与粗脂肪含量的测定结果见表 2-2。

表 2-2 管海马中粗蛋白和粗脂肪含量的比较

组别	年龄	性别/组织	占干重的百分含量（%）	
			粗蛋白	粗脂肪
人工养殖	半龄	♀/皮膜	70.65±0.00^{dC}	6.44±0.04^{deC}
		♀/骨骼	56.88±0.05^{fE}	6.19±0.03^{efD}
		♂/皮膜	67.08±0.01^{e}	5.93±0.01^{fg}
		♂/骨骼	53.44±0.00^{g}	5.67±0.04^{g}
	1 龄	♀/皮膜	81.75±0.02^{aA}	7.90±0.03^{bB}
		♀/骨骼	59.15±0.01^{f}	7.66±0.01^{c}
		♂/皮膜	81.33±0.00^{ab}	6.76±0.02^{d}
		♂/骨骼	57.90±0.07^{f}	6.53±0.05^{de}

续表

组别	年龄	性别/组织	占干重的百分含量（%）	
			粗蛋白	粗脂肪
人工养殖	2 龄	♀/皮膜	78.68 ± 0.00^{cB}	9.69 ± 0.03^{aA}
		♀/骨骼	54.31 ± 0.07^{g}	9.63 ± 0.01^{a}
		♂/皮膜	85.05 ± 0.02^{bc}	7.02 ± 0.04^{c}
		♂/骨骼	54.60 ± 0.03^{g}	6.62 ± 0.02^{de}
野生	半龄	♀/皮膜	72.92 ± 0.12^{B}	4.79 ± 0.02^{G}
		♀/骨骼	64.22 ± 0.00^{D}	5.19 ± 0.03^{F}
	1 龄	♀/皮膜	78.04 ± 0.11^{B}	5.52 ± 0.05^{E}
		♀/骨骼	56.12 ± 0.03^{f}	6.41 ± 0.04^{c}
	2 龄	♀/皮膜	69.76 ± 0.04^{C}	4.61 ± 0.05^{G}
		♀/骨骼	50.66 ± 0.09^{g}	6.14 ± 0.05^{a}

注：小写字母表示同组不同龄海马间的显著性差异；大写字母表示人工养殖与野生类群间的显著性差异

从表 2-2 中看，管海马的粗蛋白含量占比为 50.66%～85.05%。总体上，性别间差异不显著，皮膜高于骨骼（有组织差异），不同年龄间也存在差异（有生长年龄差异）等。其中，野生海马以半龄和 1 龄个体皮膜的粗蛋白含量最高，2 龄骨骼中最低；人工养殖的海马以 2 龄雄性个体皮膜含量最高，半龄雄性骨骼中含量最低。各年龄个体间的粗蛋白含量差异主要表现在皮膜组织上，但皮膜仅占整个海马重量的较小部分，骨骼中的高含量粗蛋白更为重要。

管海马的粗脂肪含量占比为 4.61%～9.69%。总体上，野生个体略低于人工养殖个体，差异性随着年龄的增加而增大（$P<0.05$）；雄性低于雌性（有性别差异）；皮膜高于骨骼（有组织差异），不过在野生个体中，骨骼中的含量却高于皮膜，而各龄海马中以 1 龄的粗脂肪含量为最高。

2.1.3.3 微量元素和钙含量

两组海马的微量元素 Se、Zn、Fe、Mn、Cu 及 Ca 含量的测定结果见表 2-3。

从表 2-3 中看，这些元素在管海马组织中的含量都十分丰富。人工养殖个体骨骼中的 Zn、Fe、Mn、Ca 含量均显著高于皮膜，Cu 却相反（$P<0.05$），而野生个体中 Zn、Ca 等骨骼中更高，而 Mn、Cu 等皮膜高于骨骼（有组织差异）；人工养殖个体在不同性别间 Fe、Cu 和 Ca 的含量略有差异（有性别差异），余者差别都不大；两组海马在不同年龄之间 Se、Fe、Mn、Cu 和 Ca 等含量也有所差异（有年龄差异）。人工养殖个体中的 Se、Zn、Cu 含量基本与同龄的野生个体相当，不过人工养殖管海马半龄中的 Zn、2 龄中的 Se 含量都与野生海马有显著性差异（$P<0.05$）。

表 2-3　管海马中的微量元素和钙含量比较

组别	年龄	性别/组织	Se（mg/kg）	Zn（mg/kg）	Fe（mg/kg）	Mn（mg/kg）	Cu（mg/kg）	Ca（%）
人工养殖	半龄	♀/皮膜	0.28 ± 0.00^{ab}	62.58 ± 11.91^{d}	38.09 ± 1.46^{e}	10.61 ± 0.00^{e}	40.78 ± 1.58^{a}	3.21 ± 0.00^{f}
		♀/骨骼	0.41 ± 0.02^{ab}	93.26 ± 10.44^{a}	48.94 ± 4.20^{de}	20.47 ± 0.01^{bc}	16.74 ± 1.80^{bcd}	8.57 ± 0.04^{d}
		♂/骨骼	0.47 ± 0.18^{ab}	96.14 ± 0.53^{a}	70.07 ± 3.71^{c}	17.61 ± 0.69^{cd}	26.51 ± 0.03^{b}	5.87 ± 0.17^{e}
	1 龄	♀/骨骼	0.63 ± 0.13^{ab}	78.29 ± 7.19^{c}	55.45 ± 1.11^{de}	20.88 ± 0.35^{bc}	12.89 ± 1.06^{cd}	8.42 ± 0.08^{d}
	2 龄	♀/骨骼	0.69 ± 0.00^{ab}	79.21 ± 0.27^{c}	50.71 ± 3.48^{de}	52.36 ± 0.34^{a}	18.23 ± 1.76^{bcd}	10.69 ± 0.08^{c}
野生	半龄	♀/骨骼	0.99 ± 0.15^{a}	74.20 ± 3.83^{c}	59.46 ± 5.03^{cd}	21.84 ± 0.04^{b}	10.53 ± 0.05^{d}	6.53 ± 0.05^{e}
	1 龄	♀/骨骼	0.77 ± 0.11^{ab}	77.00 ± 3.18^{bc}	68.68 ± 2.38^{c}	16.37 ± 0.41^{d}	15.07 ± 3.98^{cd}	14.00 ± 0.11^{a}
	2 龄	♀/骨骼	0.14 ± 0.00^{b}	79.92 ± 13.87^{c}	146.60 ± 5.93^{a}	7.59 ± 0.28^{e}	26.29 ± 4.17^{bc}	12.77 ± 0.69^{b}
		♂/骨骼	0.54 ± 0.07	94.85 ± 2.42	120.57 ± 9.69	16.62 ± 0.23	20.33 ± 5.15	13.13 ± 1.02
		♂/皮膜	0.19 ± 0.00	51.01 ± 5.61	126.23 ± 4.81	33.06 ± 0.11	39.19 ± 4.76	3.20 ± 0.21

注：a、b、c、d、e、f、g 表示不同组别间的差异

2.1.4 小结

本节的测试与分析比较结果，总体上：人工养殖的管海马与野生的管海马间的基本组成成分非常相似。

同龄的个体在体长和体重上并无显著性差异，水分和灰分的含量也无显著性差异；随着年龄的增加，两组海马中的水分都逐渐减少，灰分不断积累。

两组海马中均含有丰富的蛋白质，粗蛋白含量占比为 50.66%～85.05%。野生个体中的蛋白质含量要略高于人工养殖个体，有性别差异、组织差异和年龄差异存在。在同一组内，野生 2 龄个体皮膜组织中的蛋白质含量略低于半龄和 1 龄个体，而人工养殖的 1 龄和 2 龄个体都较半龄个体的蛋白质含量要高，此外人工养殖海马的皮膜组织中的蛋白质含量远高于其骨骼中的含量。因此，从蛋白质利用上看，传统的去掉内脏及外部黑色皮膜的利用方法（谢忠明，2004）对蛋白质来说是一种浪费。

两组海马中均含有丰富的脂肪成分，粗脂肪占比为 4.61%～9.69%。野生个体中的脂肪含量要低于人工养殖个体，基本上是随着年龄增加差异在增大。脂肪含量上的表现也有性别差异、组织差异和年龄差异等特点：雄性低于雌性，1 龄和 2 龄相近，都高于半龄个体中的含量；皮膜高于骨骼。不过也存在一些例外，检测发现野生 1 龄个体中有最高的粗脂肪含量，比半龄和 2 龄都要高。在分析的所有处理中，粗脂肪含量最高的是雌性个体的皮膜组织，尤其是人工养殖管海马雌性个体的皮膜组织，从这点看，皮膜也是一种资源，应杜绝浪费。

两组海马中微量元素和钙元素的含量也很丰富。对所检测的 5 种重要微量元素 Se、Zn、Fe、Mn、Cu 及 Ca 等进行分析，结果表明：Fe、Mn、Cu、Ca 在两组中的含量相近，Se 含量在半龄和 1 龄野生组略高，而 Zn 含量却是半龄和 1 龄养殖组高。现代医学认为 Cu、Zn、Mn、Fe 等微量元素在维持人体正常机能、提高免疫力、滋肝补肾和延缓衰老方面起着非常重要的作用（Dyall，2015）。海马中丰富的微量元素含量，是其拥有抗衰老、增强免疫力等功效的良好保证。此外，海马组织中还有很高含量的 Ca，尤其是其骨骼组织，是人体钙质补充的良好来源。

因此，从上述分析可以看出：两组海马的基本组成成分接近，尤其是 1 龄海马个体，两者组分最为接近。可能原因是无论在野外环境下还是在人工养殖条件下，1 龄海马都是主要的繁殖群体，此时其生命力最为旺盛，是制作药材的最佳选择。

2.2 水提和醇提的提取组分

海马传统的食用方式主要是炮制海马酒或水煮煎服，目的是通过乙醇或水等把海马中的有效物质提取出来加以吸收和利用。这两种方法在实际生活中也有广泛应用，为《中国药典》所推荐。用乙醇提取（简称为醇提）所得物称为醇提物，用水提取（简称为水提）所得物称为水提物。在海马的活性物质检测与分析研究中，醇提和水提的应用也最为广泛，是海马等中药材活性成分非常重要的提取方法，据报道在醇提物及水提物中，包含有海马大部分的脂类物质（张朝晖等，1998b）。因此，要系统深入地研究海马的药效成分及药理作用，汲取传统方法的菁华，完善新的方法和技术，须对水提物和醇提物进行优先研究。本部分以管海马为原料，根据传统经典药膳中海马的食用方法（陈张勇，2010）及传统药酒古方中的海马浸泡方法（洪涛，1995）对管海马进行水提及醇提，并对所得提取物进行分析。

2.2.1 材料

由于野生海马的稀缺性和珍贵性，实验用材料选用人工养殖的 1 龄管海马，材料的来源同 2.1.1。样品处置如下：将样品从超低温冰箱取出后置于真空冷冻干燥机中，保持物料在–50℃条件下真空冻干 48h 以上，然后将冻干样品用粉碎机粉碎，过 60 目筛网后，收集备用。

2.2.2 方法

2.2.2.1 水提和醇提工艺优化

根据海马的传统食用方法，采用水提取法（简称为水提）和水-乙醇提取法［简称为醇提，水（V）：乙醇（V）=50%：50%］两种方法浸提海马全粉。

1. 单因素实验设计

水提时，先进行液料比（X_3）单因素实验，所谓液料比即提取溶剂体积与海马全粉质量之比，单位为 ml/g。设置 5 个 X_3 梯度，分别为 50：1、100：1、150：1、200：1、250：1，其他两个条件分别控制为：提取时间（X_1）4h、提取温度（X_2）60℃。再进行 X_1 单因素实验，设置 5 个 X_1 梯度，分别为 1h、2h、3h、4h、5h，其他条件控制为：X_2，60℃；X_3，200：1。最后进行 X_2 单因素实验，设置 5 个 X_2 梯度，分别为 40℃、50℃、60℃、70℃、80℃，其他条件控制为：X_1，4h；X_3，200：1。将样品放在恒温水浴锅（±1℃）中，每 30min 摇晃半分钟，浸提完全后用滤纸过滤，定容提取液，待测。

醇提时，设置 5 个液料比（Z_3）梯度，分别为 50：1、100：1、150：1、200：1、250：1，其他条件为：提取时间（Z_1）4h、提取温度（Z_2）40℃。设置 5 个 Z_1 梯度，分别为 2h、3h、4h、5h、6h，其他条件为：Z_2，40℃；Z_3，200：1。设置 5 个 Z_2 梯度，分别为 30℃、40℃、50℃、60℃、70℃，其他条件为：Z_1，4h；Z_3，

200∶1。将样品放在水浴锅中，每 30min 摇晃半分钟，提取完全后用滤纸过滤，定容提取液，待测。

2. 响应面实验设计

根据单因素结果，选择提取时间（X_1/Z_1）、提取温度（X_2/Z_2）、液料比（X_3/Z_3）3 个因素的较优范围进行响应面实验，以蛋白质含量 Y_1（S_1）和 1,1-二苯基-2-三硝基苯肼（DPPH）自由基清除率 Y_2（S_2）为响应值，得出数学模型，结合实验数据分析各因素与响应值的关系。实验因素水平见表 2-4。

表 2-4 水提（醇提）提取工艺因素响应面设计表

编码	提取时间 X_1（Z_1）（h）	提取温度 X_2（Z_2）（℃）	液料比 X_3（Z_3）（ml/g）
−1	3（4）	60（40）	150∶1（150∶1）
0	4（5）	70（50）	200∶1（200∶1）
1	5（6）	80（60）	250∶1（250∶1）

注：括号中为醇提的提取条件

2.2.2.2 分析测定指标选择

因为海马提取物的组成成分复杂，同时也为了保证提取物中的有效活性物质不被添加物影响，所以通过预实验，我们选用测定水提物和醇提物中的蛋白质含量及抗氧化能力作为指标来反映提取效果。其中，抗氧化能力以 DPPH 自由基清除率表示，测定方法参照成静等（2009）；蛋白质含量测定采用考马斯亮蓝法。

2.2.2.3 提取物的组成分析

上述所得的水提物和醇提物先在−50℃条件下经 48h 以上冷冻干燥后备用。然后对各提取物的组成成分进行分析。

粗蛋白含量测定：称取海马全粉、水提物和醇提物冻干粉末各 0.2g，按 GB 5009.5—2016 中的凯氏定氮法测定。

氨基酸组成及含量测定：按 GB 5009.124—2016 测定。

矿质元素测定：准确称取上述冻干品各 0.20g（精确到 0.0001g），按 GB 5009.268—2016 进行样品的预处理，再用 ICP-OES 测量。仪器工作参数设定为：15mm 观测高度，15L/min 等离子体流量，0.2L/min 雾化气流量，0.8L/min 辅助气流量，1.5ml/min 试样流量，1300W 射频功率。

脂类成分测定：按 GB 5009.6—2016 测定。

2.2.2.4 提取物的柱层析分离

经预实验确定，管海马水提物和醇提物的最佳层析柱为 Sephadex G-50。

将新购置的 Sephadex G-50 填料在常温下用 200ml 蒸馏水浸泡 24h，待充分溶胀后将上层的悬浮破碎颗粒倒掉，如此反复洗涤至无悬浮破碎颗粒。在装柱前，为了除去气泡和防止细菌污染，需进行蒸煮处理，待填料冷却后进行湿法装柱，所选层析柱规格为 50cm×16mm，待填料自然沉降后，层析柱静置 12h，再用蒸馏水进行平衡。

称取提取物冻干品 0.10g（精确到 0.0001g），溶解于 2ml 蒸馏水中，配制成 50mg/ml 溶液。溶液用 0.5μm 针孔过滤器过滤后上层析柱进行分离，选择蒸馏水来洗脱，蒸馏水的洗脱速度为 1.0ml/min，收集洗脱液。每个收集管收集 3ml 洗脱液，在特定吸收波长处（280nm）检测蛋白质的吸光值。根据出峰时间差异集中收集不同的组分，冷冻干燥后即可获得海马水提物和醇提物的有关分离组分。

2.2.2.5 数据处理

采用 Excel 软件进行图表编辑，SPSS 软件进行数据分析，Design-Expert 软件进行响应面数据分析。

2.2.3 结果与分析

2.2.3.1 单因素实验结果

在温度 50℃、提取时间 5h、液料比 200∶1 的条件下，海马全粉经水提的效果最好；而在温度 50℃、提取时间 4h、液料比 200ml/g 条件时，醇提的效果最好。当液料比处于低水平时，溶液会产生比较大的黏性，溶质不能充分浸润，分子扩散速率低而影响传质过程；液料比过大会导致用水量增加，且后续浓缩过程中所需时间和成本也会增加（Li et al.，2011），因此适宜液料比为 200ml/g。与水提物相比，醇提物中蛋白质含量较低，可能是因为乙醇破坏了蛋白质的氢键，降低了蛋白质在提取液中的溶出量（Reddy et al.，2005），但由于乙醇和水的极性不同，乙醇也可以一定程度地将海马中的脂溶性物质成分提取出来。

2.2.3.2 响应面优化结果

1. 水提工艺模型建立

根据表 2-5，采用 Design-Expert 软件对实验数据进行回归分析，得到海马水提物中的蛋白质含量（Y_1）及 DPPH 自由基清除率（Y_2）的回归方程：

$$Y_1=-361.83425+12.49475X_1+9.08355X_2+0.4053X_3-0.0325X_1X_2 \\ -2.25\times10^{-3}X_1X_3-4\times10^{-4}X_2X_3-1.15075X_1^2-0.061783X_2^2-8.843\times10^{-4}X_3^2 \quad (2\text{-}1)$$

$$Y_2=-454.6485+16.1645X_1+12.05698X_2+0.33172X_3-0.0475X_1X_2 \\ -1.6\times10^{-3}X_1X_3-7.35\times10^{-4}X_2X_3-1.44525X_1^2-0.084728X_2^2-6.331\times10^{-4}X_3^2 \quad (2\text{-}2)$$

表 2-5　响应面分析实验设计及结果

实验号	提取时间	提取温度	液料比	水提物		醇提物	
				Y_1	Y_2	S_1	S_2
1	−1	−1	0	21.92±0.06	21.99±0.45	1.77±0.06	22.23±0.92
2	1	−1	0	22.57±0.15	25.54±0.05	2.12±0.05	26.26±0.27
3	−1	1	0	26.49±0.10	19.29±0.71	4.32±0.04	34.93±0.39
4	1	1	0	26.84±0.13	20.94±0.32	4.41±0.08	35.46±0.52
5	−1	0	−1	28.07±0.23	27.32±0.15	3.09±0.04	31.73±0.16
6	1	0	−1	28.55±0.25	28.71±0.40	3.18±0.09	33.32±0.69
7	−1	0	1	29.02±0.07	29.11±0.03	4.36±0.09	35.97±0.65
8	1	0	1	29.05±0.09	30.18±0.31	4.72±0.05	39.24±0.09
9	0	−1	−1	19.33±0.71	21.20±0.65	1.53±0.05	20.30±0.07
10	0	1	−1	25.77±0.12	19.91±0.31	3.17±0.04	32.44±0.09
11	0	−1	1	21.92±0.50	24.43±0.01	2.08±0.08	25.25±0.06
12	0	1	1	27.56±0.35	21.67±0.57	4.63±0.04	36.28±0.77
13	0	0	0	32.59±0.01	32.52±0.40	4.64±0.04	38.58±0.01
14	0	0	0	32.87±0.01	33.22±0.20	4.55±0.06	36.23±0.05
15	0	0	0	31.26±0.01	30.49±0.20	4.89±0.09	39.60±0.03
16	0	0	0	31.67±0.05	31.10±0.25	4.46±0.06	37.26±0.16
17	0	0	0	31.78±0.09	31.96±0.04	4.77±0.04	39.26±0.15

注：实验号 13～17 用来估计实验误差

从表 2-6 的方差分析结果可知，式(2-1)中的 $P<0.01$，失拟项 P 值=0.2891>0.05，表明该模型是显著的但失拟不显著；$R^2_{\mathrm{Adj}}=0.9702$，决定系数 $R^2=0.9869$，都接近于 1，说明预测值和所得实验值能够合理解释。该模型有较高的拟合度，实验误差小。所以，可以用于海马水提物中蛋白质含量的分析和预测。通过对蛋白质含量的回归方程、表 2-6 和图 2-1 的分析可知，各因素对于水提物中蛋白质含量影响的程度为：提取温度（F=90.76）> 液料比（F=7.05）>提取时间（F=0.47）。

表 2-6　水提响应面回归模型方差分析

变异源	自由度	蛋白质含量				抗氧化能力（DPPH 自由基清除率）			
		平方和	均方	F 值	P 值	平方和	均方	F 值	P 值
模型	9	264.29	29.37	48.72	< 0.0001	370.06	41.12	38.99	< 0.0001
X_1	1	0.29	0.29	0.47	0.5138	7.33	7.33	6.95	0.0334
X_2	1	54.71	54.71	90.76	< 0.0001	16.10	16.10	15.27	0.0058
X_3	1	4.25	4.25	7.05	0.0327	8.51	8.51	8.07	0.0250

续表

变异源	自由度	蛋白质含量				抗氧化能力（DPPH 自由基清除率）			
		平方和	均方	F 值	P 值	平方和	均方	F 值	P 值
X_1X_2	1	0.022	0.022	0.037	0.8523	0.90	0.90	0.86	0.3857
X_1X_3	1	0.051	0.051	0.084	0.7804	0.026	0.026	0.024	0.8806
X_2X_3	1	0.16	0.16	0.27	0.6223	0.54	0.54	0.51	0.4973
X_1^2	1	6.85	6.85	11.37	0.0119	8.79	8.79	8.34	0.0234
X_2^2	1	167.29	167.29	277.53	< 0.0001	302.26	302.26	286.60	< 0.0001
X_3^2	1	18.32	18.32	30.39	0.0009	10.55	10.55	10.00	0.0159
余差	7	4.22	0.60			7.38	1.05		
失拟项	3	2.42	0.81	1.79	0.2891	2.63	0.88	0.74	0.5815
纯误差	4	1.80	0.45			4.75	1.19		
总离差	16	268.51				377.44			

注：P<0.01 为差异极显著；P<0.05 为差异显著

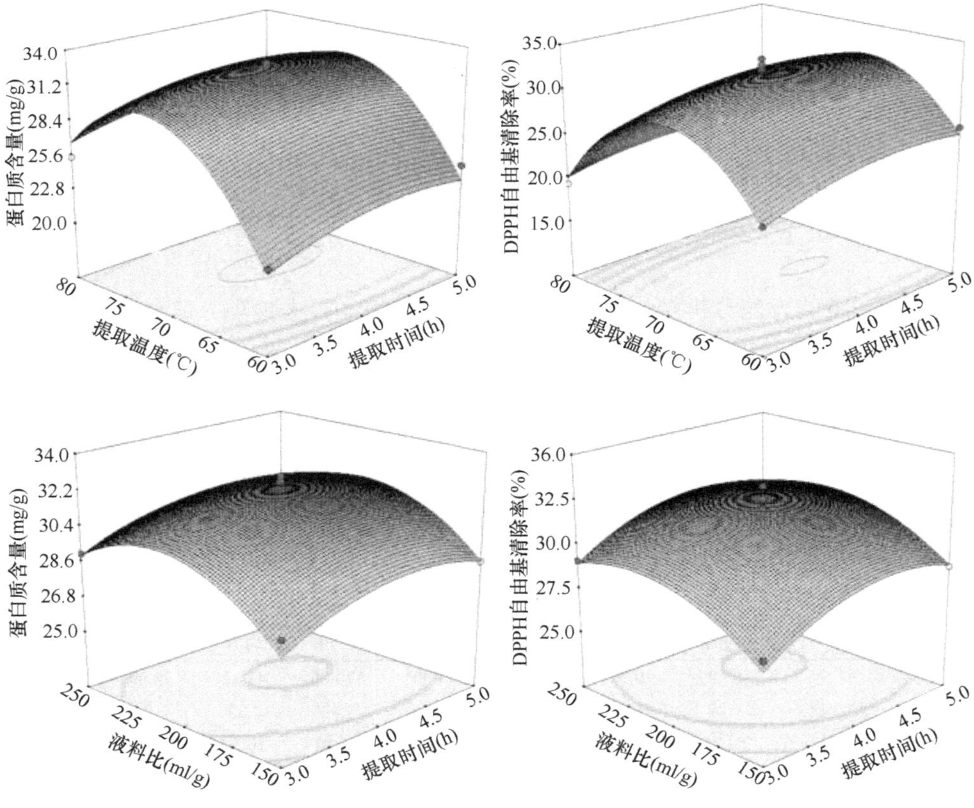

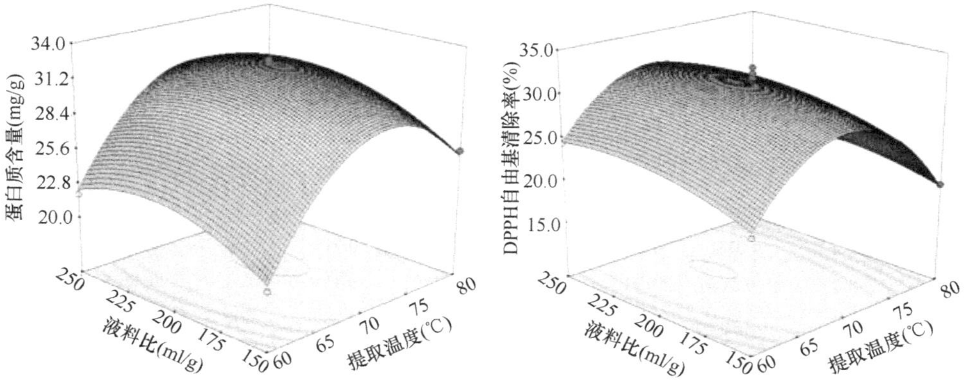

图 2-1 各因素交互作用对水提物的蛋白质含量（左列）及抗氧化能力（右列）的影响（彩图请扫封底二维码）

从表 2-6 还可知，式（2-2）中的 $P<0.01$，失拟项 P 值=0.5815>0.05，表明该模型极显著但失拟不显著；$R^2_{\text{Adj}}=0.9553$，决定系数 $R^2=0.9804$，都接近于 1，说明预测值和所得实验值能够合理解释。该模型有较高的拟合度，实验误差小。所以，可以用于海马水提物抗氧化能力的分析和预测。通过对抗氧化能力的回归方程、表 2-6 和图 2-1 的分析可知，各因素对水提物抗氧化能力影响的程度为：提取温度（F=15.27）>液料比（F=8.07）>提取时间（F=6.95）。

2. 醇提工艺模型建立

根据表 2-5，对实验数据进行回归分析，得到管海马醇提物中的蛋白质含量（S_1）及 DPPH 自由基清除率（S_2）的回归方程：

$$S_1=-46.364+2.77625Z_1+1.30037Z_2+0.072710Z_3-6.5\times10^{-3}Z_1Z_2+1.35\times10^{3}Z_1Z_3+4.55\times10^{-4}Z_2Z_3-0.261Z_1^2-0.01246Z_2^2-2.254\times10^{-4}Z_3^2 \quad (2\text{-}3)$$

$$S_2=-270.20825+13.715Z_1+8.59362Z_2+0.37501Z_3-0.0875Z_1Z_2+8.4\times10^{-3}Z_1Z_3-5.55\times10^{-4}Z_2Z_3-0.98425Z_1^2-0.074817Z_2^2-8.547\times10^{-4}Z_3^2 \quad (2\text{-}4)$$

从表 2-7 的方差分析结果可知，式（2-3）中的 $P<0.01$，失拟项 P 值=0.3413>0.05，表明该模型极显著但失拟不显著；$R^2_{\text{Adj}}=0.9745$，决定系数 $R^2=0.9889$，都接近于 1，所以可用于海马醇提物中蛋白质含量的分析和预测。通过对蛋白质含量回归方程、表 2-7 和图 2-2 的分析可知，各因素对醇提物中蛋白质含量影响的程度为：提取温度（F=285.05）>液料比（F=81.21）>提取时间（F=2.77）。

表 2-7 醇提回归模型方差分析

变异源	自由度	蛋白质含量				抗氧化能力（DPPH 自由基清除率）			
		平方和	均方	F 值	P 值	平方和	均方	F 值	P 值
模型	9	22.20	2.47	68.98	< 0.001	586.46	65.16	54.05	< 0.001
Z_1	1	0.099	0.099	2.77	0.1401	11.09	111.09	9.20	0.0190

续表

变异源	自由度	蛋白质含量				抗氧化能力（DPPH 自由基清除率）			
		平方和	均方	*F* 值	*P* 值	平方和	均方	*F* 值	*P* 值
Z_2	1	10.19	10.19	285.05	< 0.001	253.91	253.91	210.62	< 0.001
Z_3	1	2.90	2.90	81.21	< 0.001	44.89	44.89	37.23	0.0005
$Z_1 Z_2$	1	0.017	0.017	0.47	0.5139	3.06	3.06	2.54	0.1550
$Z_1 Z_3$	1	0.018	0.018	0.51	0.4984	0.71	0.71	0.59	0.4693
$Z_2 Z_3$	1	0.21	0.21	5.79	0.0470	0.31	0.31	0.26	0.6288
Z_1^2	1	0.29	0.29	8.02	0.0253	4.08	4.08	3.38	0.1084
Z_2^2	1	6.54	6.54	182.81	< 0.001	235.69	235.69	195.50	< 0.001
Z_3^2	1	1.34	1.34	37.39	0.0005	19.22	19.22	15.95	0.0052
余差	7	0.25	0.036			8.44	1.21		
失拟项	3	0.13	0.044	1.51	0.3413	0.45	0.15	0.075	0.9704
纯误差	4	0.12	0.029			7.99	2.00		
总离差	16	22.45				594.90			

注：P<0.01 为差异极显著；P<0.05 为差异显著

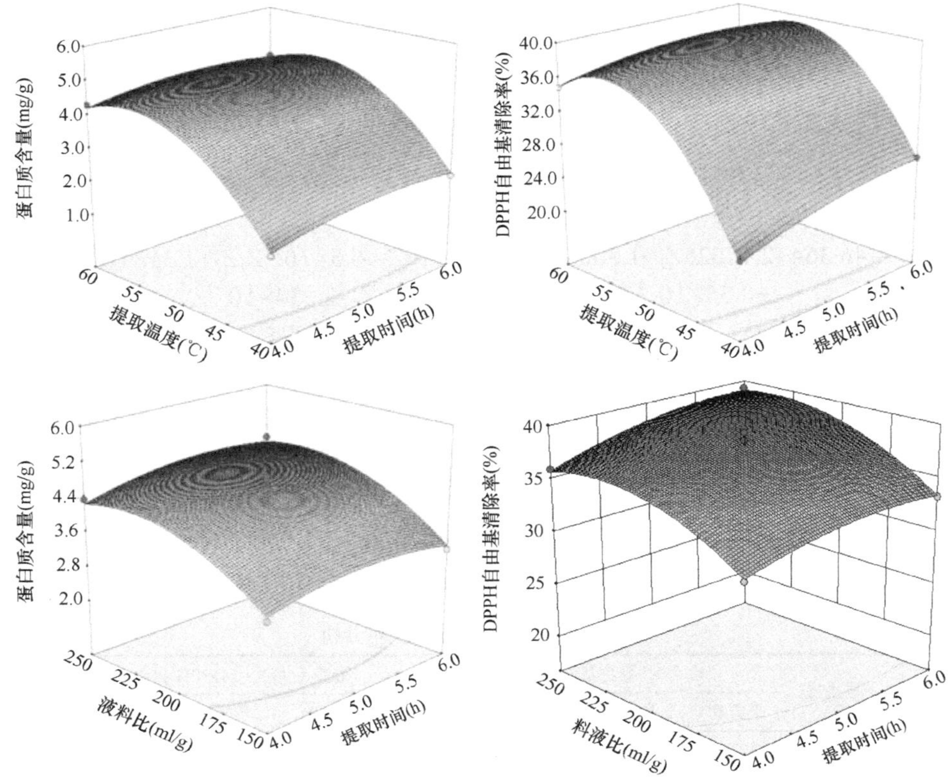

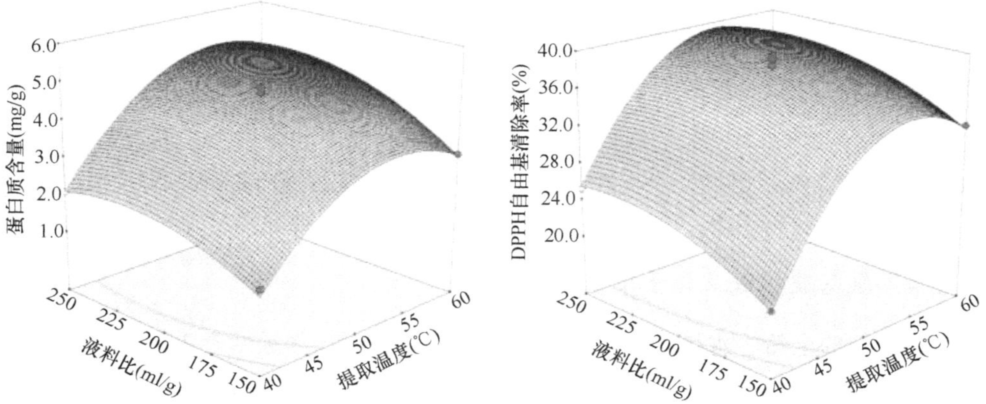

图 2-2 各因素交互作用对醇提物的蛋白质含量（左列）及抗氧化能力（右列）的影响
（彩图请扫封底二维码）

从表 2-7 还可知，式（2-4）的 $P<0.01$，失拟项 P 值=0.9704>0.05，表明该模型是高度显著但失拟不显著；$R^2_{\mathrm{Adj}}=0.9676$，决定系数 $R^2=0.9858$，都接近于 1，所以可用于海马醇提物抗氧化能力的分析和预测。通过对抗氧化能力回归方程、表 2-7 和图 2-2 的分析可知，各因素对醇提物抗氧化能力影响的程度为：提取温度（F=210.62）>液料比（F=37.23）>提取时间（F=9.20）。

3. 响应面分析与优化

根据模型方差分析表（表 2-6）和响应曲面的等高线图（图 2-1），得到管海马水提物中蛋白质提取的最佳条件：提取时间 4.21h，提取温度 71.74℃，液料比 207.53ml/g，此时水提物中蛋白质含量的预测值为 32.34mg/g；另外，水提物最高抗氧化能力的最佳提取条件：提取时间 4.28h，提取温度 70.16℃，液料比 211.19ml/g，此时水提物的 DPPH 自由基清除率为 32.13%。

考虑到实际的操作，最佳水提工艺条件设为：提取时间 4.2h，提取温度 70℃，液料比 207ml/g。按此优化条件进行 3 次验证实验，所得水提物中蛋白质含量平均值为 31.89mg/g，DPPH 自由基清除率平均值为 31.83%。

根据模型方差分析表（表 2-7）和响应曲面的等高线图（图 2-2），得到管海马醇提物中蛋白质的最佳提取条件：提取时间 5.23h，提取温度 55.06℃，液料比 232.54ml/g，在此条件下醇提物中蛋白质含量的预测值为 5.16mg/g；另外，得到醇提物最高抗氧化能力提取的最佳条件：提取时间 5.36h，提取温度 54.18℃，液料比 230.51ml/g，在此条件下醇提物 DPPH 自由基清除率为 40.07%。考虑到实际操作，最佳提取工艺条件设为：提取时间 5.2h，提取温度 54℃，液料比 230ml/g。按此优化条件进行 3 次验证实验，海马醇提物的蛋白质含量平均值为 5.11mg/g，DPPH 自由基清除率平均值为 39.76%。

2.2.3.3 提取物中蛋白质含量的比较

管海马的全粉、水提物、醇提物中的蛋白质含量占比分别为 51.23%、82.53%和 67.49%。与全粉比较，经水提和醇提后，提取物中的蛋白质含量分别提升了61.10%和 31.74%。因此，水提和醇提方法都能显著提高蛋白质的浓缩效果，增加海马中蛋白质的利用率，且水提法对蛋白质的浓缩效果要显著优于醇提法。

2.2.3.4 氨基酸组成及含量比较

管海马的全粉、水提物和醇提物中氨基酸的组成及含量见表 2-8。

表 2-8 管海马全粉、水提物和醇提物的氨基酸组成及含量

序号	氨基酸种类	含量（mg/g）		
		全粉	水提物	醇提物
1	Asp 天冬氨酸	38.78	48.00	23.13
2	Glu 谷氨酸	54.55	78.49	40.54
3	Ser 丝氨酸	18.84	25.23	13.01
4	Gly 甘氨酸	87.98	144.94	95.14
5	His 组氨酸	8.94	10.64	4.80
6	Arg 精氨酸	36.88	58.89	32.74
7	Thr 苏氨酸	16.60	22.67	11.39
8	Ala 丙氨酸	44.27	79.54	46.86
9	Pro 脯氨酸	37.51	60.12	39.71
10	Tyr 酪氨酸	9.63	8.88	3.56
11	Val 缬氨酸	18.62	27.59	14.20
12	Met 甲硫氨酸	11.11	17.71	8.64
13	Ile 异亮氨酸	10.65	13.69	5.82
14	Leu 亮氨酸	20.00	25.23	10.46
15	Phe 苯丙氨酸	14.32	18.89	9.36
16	Lys 赖氨酸	22.96	35.20	16.90
17	Cys 半胱氨酸	1.75	2.31	0.58
X	疏水性氨基酸	84.33	111.99	52.04
Y	极性氨基酸	162.11	231.22	118.11
Z	芳香族氨基酸	70.40	98.53	57.43

注：*X* 为疏水性氨基酸，包括 Phe、Leu、Ile、Val、Tyr、Met；*Y* 为极性氨基酸，包括 Lys、Arg、His、Asp、Glu；*Z* 为芳香族氨基酸，包括 His、Tyr、Pro、Phe

从表 2-8 中可以看出，3 种样品中均检出了 17 种氨基酸（色氨酸 Try 未测），包含人体所需的 7 种必需氨基酸。其中，水提物中除 Tyr 外所有氨基酸的含量都比全粉中高，而醇提物中仅 Gly、Ala、Pro 的含量比全粉高；3 种样品中最高和最低含量的氨基酸均分别为 Gly 和 Cys。另外，Glu、Arg、Ala、Asp 和 Pro 在 3 种样品中的含量也很高。

2.2.3.5 脂类成分比较

各提取物中的脂类成分分析结果见表 2-9。

表 2-9 管海马全粉、水提物和醇提物的脂肪酸、甾醇组成及相对含量

	脂肪酸种类	相对含量（mg/g）		
		全粉	水提物	醇提物
脂肪酸	十四碳酸	7.01±0.08	—	5.36±0.02
	十五碳酸	1.52±0.01	6.54±0.23	1.04±0.01
	十六碳酸	21.16±0.594	2.40±0.09	21.81±0.23
	十六碳烯酸	11.79±0.42	—	7.86±0.19
	十七碳酸	1.64±0.02	3.32±0.01	3.47±0.04
	十七碳烯酸	0.79±0.00	—	—
	十八碳酸	14.93±0.73	69.53±0.95	39.89±0.17
	十八碳烯酸	19.14±0.56	4.76±0.06	13.67±0.15
	十八碳二烯酸	8.19±0.15	2.57±0.05	4.21±0.06
	花生四烯酸	3.33±0.05	—	—
	二十碳五烯酸	3.16±0.01	—	—
	二十二碳酸	1.36±0.02	—	—
	二十二碳六烯酸	4.55±0.31	—	2.70±0.01
	二十四碳烯酸	1.43±0.01	10.94±0.16	1.03±0.01
甾醇	胆甾醇	100	—	100

注："—"表示未检出

水提物和醇提物中脂类占比分别为 0.55%和 1.02%，均低于在全粉中的含量。管海马全粉中的脂类共检测到 14 种脂肪酸，其中不饱和脂肪酸 8 种，该 8 种脂肪酸含量占所提取脂肪酸总含量的 52.38%；而水提物中共检测到 7 种脂肪酸，不饱和脂肪酸 3 种，占总含量的 18.27%，主要成分为十八碳酸，占脂肪酸总量的一半以上；醇提物中共检测到 10 种脂肪酸，不饱和脂肪酸 5 种，占 29.28%，主要成分为十六碳酸和十八碳酸。此外，在管海马全粉和醇提物的脂类成分中均检测到唯一的甾醇成分——胆甾醇，但未在水提物中检出。总之，管海马全粉经过水提和醇提后，提取物中的脂肪酸种类及不饱和脂肪酸含量均有所降低。

2.2.3.6 矿质元素含量比较

管海马全粉中含有较丰富的矿质元素，特别是钙含量达到 13.05mg/kg，锌、锰、铁等微量元素的含量也很丰富（表 2-10）。水提和醇提能够在一定程度上将全粉中的矿质元素提取出来，提取物中钙、镁、锌和锰含量较高。其中，钙、锌、锰等的含量均不如全粉，铜和铁的含量却高于全粉，而镁在水提物中、硒在醇提物中的含量略有提升。

表 2-10　管海马全粉、水提物和醇提物中的矿质元素组成及相对含量

元素	相对含量（mg/kg）		
	全粉	水提物	醇提物
Ca	130 533.33±1 960.16	11 410.52±88.17	2 218.32±87.21
Mg	4 867.67±91.96	5 852.33±138.63	3 851.50±119.00
Zn	147.67±2.05	16.25±0.32	21.5±2.31
Mn	61.00±0.82	2.63±0.12	4.65±0.27
Se	0.37±0.01	0.15±0.00	0.40±0.00
Cu	2.50±0.36	3.83±0.04	3.65±0.06
Fe	123.45±5.83	137.51±3.06	149.25±5.73

2.2.3.7　凝胶柱层析

经 Sephadex G-50 层析柱分离后，水提物和醇提物均出现 3 个较明显的蛋白质特征吸收峰，见图 2-3。

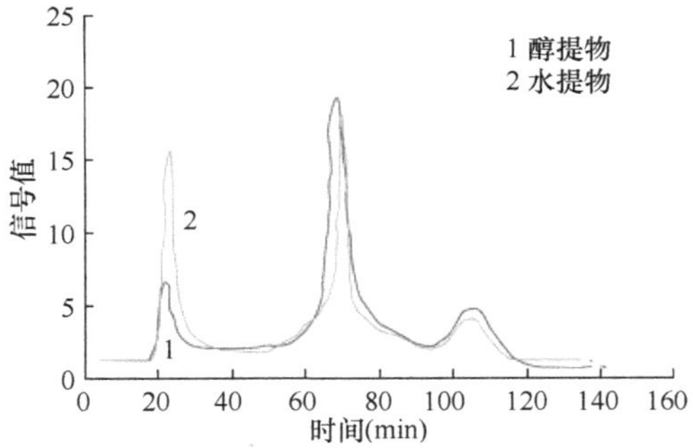

图 2-3　管海马水提物和醇提物层析谱图

各峰段基本处于相同出峰时间，13～40min 为峰 1，40～93min 为峰 2，93～123min 为峰 3，无拖尾，峰型基本对称。水提物和醇提物的各峰仅峰高上略有差异，水提物峰 1 的响应信号值约是醇提物对应峰的 3 倍，表明水提物峰 1 中的蛋白质含量要高于醇提物；两者的峰 2 和峰 3 并无显著性差异，由于水提物的峰 1 较高，因此水提物中蛋白质含量要高于醇提物中蛋白质含量。水提物中获得的 3 个峰含量分别为 43.90%、34.99%和 0.96%，总回收率为 79.85%；醇提物 3 个峰的含量分别为 39.45%、35.14%和 1.80%，总回收率为 76.39%。

2.2.4 讨论

海马是一种珍贵的药食同源类的海洋生物，经济价值很高，海马的开发与利用具有实际意义。

海马中的有效成分在提取制备过程中要保持其生物活性不被破坏，这将直接影响后续目标产物的纯化及其功效发挥，因此确定适宜的提取方法至关重要。本实验采用水和醇浸提的方法，工艺简单、操作方便，两类溶剂都是传统中医药中常用的；并以提取物中的蛋白质含量和抗氧化能力作为检测指标，共同进行工艺优化，能全面反映提取效果。

在优化工艺的基础上，本节分析了管海马水提物和醇提物中的主要活性成分，并与全粉作比较，采用凝胶层析方法对水提物和醇提物进行分离，研究不同分离组分的抗氧化能力。通过对海马传统利用方法中的活性成分进行研究，为深入研究海马的有效成分与生理功效之间的关系提供依据。

对管海马全粉进行水提和醇提，可以浓缩海马中的蛋白质，为更好、更有效地利用海马中的蛋白质提供参考。管海马含 7 种人体必需氨基酸，氨基酸含量和种类较全面和丰富，含有较多的脯氨酸、亮氨酸、苏氨酸、精氨酸等，在调节免疫力、促进激素分泌，以及增强抗氧化能力方面有一定的功效（Li et al.，2007；Wu et al.，2009；Lei et al.，2012）。甘氨酸和谷氨酸是海马中含量最高的 2 种氨基酸，是中枢神经系统的激动剂。《中国药典》中记载，海马具温肾壮阳之功效，还能治肾虚作喘及难产等疾病，这可能与海马中具有丰富的蛋白质和氨基酸有密切关系。

水提和醇提也影响海马全粉中微量元素的浓度。经测定，水提物和醇提物中的钙、锌及锰等元素的含量低于全粉，是因为这些元素主要存在于骨骼中，难溶于提取溶剂，而对硒、铜和铁等微量元素却有一定的浓缩效果。海马中含量丰富的钙、镁、锌、硒等元素对海马药用价值的体现有很重要的作用。钙和镁是组成骨骼的重要元素，能促进骨骼发育（张朝晖等，1994）；锌、硒、铁、锰、铜等微量元素也都是人体所必需的，男性缺锌会导致雄性激素（睾酮）合成减少、促性腺激素分泌不足、性功能障碍等（于凤娟等，2002）；硒能帮助机体清除自由基，具有预防癌症、防衰老等功效，也是构成精子的重要成分（冯晓纯和张强，2010；何芳和冯磊，2005）；铁和铜是正常造血系统及相应酶结构的必要组成部分，铁能够催化抗体的产生，铜能够提高机体防御能力，二者均能提高人体免疫功能（冯晓纯和张强，2010）；锰是组成多种酶的重要元素，能够促进胆甾醇合成，锰缺乏会导致生殖发育障碍和加速老化（岳雪莲等，1996）。由此可知，海马的矿质元素与补肾壮阳、抗衰老、抗骨质疏松等生理功能都有关。

在管海马的全粉及水提物和醇提物中还检测到了不同数量的脂肪酸，包括含量较高的不饱和脂肪酸，尤其是 EPA 和 DHA，且在全粉和醇提物中还检测到了胆甾醇。EPA、DHA 是人体不可或缺的营养成分，有较强的生理功能，如促进生长发育、防止心脑血管疾病等（Abedi and Sahari，2014）；胆甾醇和 DHA 能够在相关酶的作用下转化为性激素、前列腺和精子的组成成分等，是海马及海马类药物具有补肾壮阳功能的物质基础（张朝晖等，1994）。

3　管海马活性成分制备及功效分析

海马作为珍贵的来自海洋的药食同源生物，在中医药领域有着广泛应用。据文献记载，海马中主要活性成分有：脂类中的脂肪酸和甾（体）类化合物（如胆甾醇），蛋白质中的活性多肽和氨基酸，以及微量元素等。脂类和蛋白质在海马中的含量都很丰富，是海马的主要组成成分，也是最主要的被利用部分。但传统的利用方法存在相对利用率低（如大分子蛋白难以直接被吸收利用，脂肪酸和微量元素的提取效率低）等问题，造成不必要的资源浪费，如何高效利用海马中的活性成分是当前研究的重点。此外，近些年研究较多的复合大分子（如糖蛋白、脂蛋白等），在海马中也已发现有较好的生物活性功效。

本章主要针对管海马的活性成分（脂肪酸和胆甾醇、活性多肽和氨基酸、糖蛋白等）开展提取工艺研究及提取物功效分析。目的是以活性成分的组成与含量作为基础指标，进行人工养殖海马与野生海马间的品质比较和两者可相互替代的分析评估；同时也以这些物质的含量来进行人工养殖产品（海马干货）的品质标准划分，以及作为产品等级制定依据；此外，对于替代野生海马的其他生物类药材的选择，也将以这些活性成分来作为前期筛选的指标依据。

本章以人工养殖的 1 龄管海马为实验材料，经分析：首先，人工养殖管海马中的总脂及总固醇含量分别达 47.71mg/g 和 9.44mg/g，有超过 17 种脂肪酸，其中饱和脂肪酸主要为十六碳酸和十八碳酸，单不饱和脂肪酸为十六碳烯酸和油酸，多不饱和脂肪酸为花生四烯酸（AA）、二十碳五烯酸（EPA）和二十二碳六烯酸（DHA），其中 EPA 和 DHA 占总脂的 7.70%。在人工养殖管海马中还分离到一种甾类化合物——胆甾醇，平均含量为 15.13mg/g，在管海马油脂中的相对含量为 9.96%。经验证，管海马中 EPA、DHA 的含量及两者的比值，以及胆甾醇含量可以作为其品质指标之一。其次，人工养殖管海马中丰富的蛋白质经胰蛋白酶+碱性蛋白酶复合酶解后，获得的酶解多肽的分子量大多<30kDa，再经超滤分离，其中分子量<10kDa 的多肽的抗氧化能力较强，尤其是 5～10kDa 和<2.5kDa 两部分，经氨基酸测定，这两个多肽都以疏水性氨基酸组成为主。对>20kDa 的多肽进一步采用木瓜蛋白酶酶解，获得了抗氧化及降压效果都较理想的 PH-Ⅰ3 和 PH-Ⅰ5，再经反相高效液相色谱法（RP-PHLC）分离得到了活性较好的 PH-Ⅰ35 和 PH-Ⅰ53，这两个多肽的氨基酸组成分别为 Pro+3Tyr+Ser+（Leu/Ile）+Gly 和 Val+Phe+Asn+Asp+Ala+ 2Leu+Tyr，也是以疏水性氨基酸组成为主。因此，氨基酸组成及酶解多肽液的活性功能强弱也可以作为管海马的品质指标之一。最后，管海马中还有大量存在的复合大分子类物质，其中糖蛋白（粗提）含量达 7.0%/g 干物质，这个糖蛋白经纯化获得了两个精纯品，即 HG-11 和 HG-21，经分析，管海马的糖蛋白中含有甘露糖、核糖、葡萄糖和半乳糖等单糖，以及以疏水性氨基酸为主构成的蛋白质。粗提糖蛋白和精纯品也都显示出了良好的抗氧化能力。因此，糖蛋白含量也可作为海马的品质指标之一。

3.1 脂　类

据文献记载，海马富含硬脂酸和不饱和脂肪酸。其不饱和脂肪酸占总脂肪酸的比例很高，尤其是多烯不饱和脂肪酸中的二十碳五烯酸（EPA）和二十二碳六烯酸（DHA）（张朝晖等，1998b；Anon，1997；温珑莲等，2013）。EPA 和 DHA 为海洋动物所特有（陈成波等，2011），具有很强的生理活性，是动物（包括人类）生长、发育所必需的脂肪酸（张强和王永利，1996；李文琪等，1999；Dyall，2015）。DHA 作为前列腺及精子形成的主要前体物质，是海马具有补肾壮阳功效的物质基础（董婷霞等，2001；温珑莲等，2013）。海马还拥有丰富的甾类化合物，该类物质由于结构特殊，一般具有很好的生理活性功效。特别是海洋生物甾醇，因其产生及代谢环境特殊，往往具有抗肿瘤、抗病毒及抗疟等功效（Sauleau et al.，2005；Tran et al.，2011）。海马中的甾类物质以胆甾醇、胆甾二醇和胆甾-5-烯-3β,7α-二醇等为主（黄平，1982；王强和张朝晖，1998）。胆甾醇是动物油脂中的一种特殊甾醇，是合成肾上腺皮质激素、胆汁醇及性激素等固醇类化合物的前体成分（Andres and Sierra，2008）。这些成分构成了海马类药材补肾壮阳的基础（Xu et al.，2014），也可能与补肾壮阳、活血平喘等功效有重要关联（Chen et al.，2015b）。

3.1.1　4 种脂类提取方法比较

鉴于海马资源有限及价格昂贵，而其脂类成分具有良好的保健与药用功效，本节探讨如何发展海马的脂类物质提取技术，优化提取工艺，为海马资源的合理开发与利用提供技术支持。

本部分通过提取管海马中的脂类物质对超临界 CO_2 萃取、三氯甲烷-甲醇提取、无水乙醇浸提、石油醚索氏提取等 4 种方法进行了比较，并对提取物中的油脂总量、总固醇含量和脂肪酸组成进行了分析。

3.1.1.1　材料

实验用的海马为人工养殖的 1 龄管海马，来源同 2.1.1，海马预处理同 2.1.2.1。

3.1.1.2 方法

1）总脂提取

除超临界 CO_2 萃取法外，冻干并经超微粉碎的管海马全粉在进行总脂提取之前，先分别置于适量提取溶剂中室温下浸泡 24h，再按照相应的方法进行脂类提取。总脂含量计算方法为：总脂含量（mg/g）=总提取物量/海马全粉量。

（1）超临界 CO_2 萃取法

工艺流程：装萃取釜（原料两端附约 2cm 厚脱脂棉）→密闭→检漏→调节萃取温度和压强→静态萃取 10min→调节 CO_2 流量→动态萃取一定时间（萃取时间=静态萃取时间+动态萃取时间）→由分离瓶获取需要的脂质。超临界 CO_2 萃取的萃取率受多种因素影响，为了最大限度地萃取海马全粉中的脂类，经预实验获得了最佳萃取条件：萃取压强 35MPa、萃取温度 58℃、萃取时间 135min、CO_2 流量 15L/h。

（2）三氯甲烷-甲醇提取法

参照 Folch 法（Margarita et al.，2005）并作适当修改。称取海马全粉 2g，倒入具塞提取瓶中，加入 50ml 三氯甲烷-甲醇（V∶V=2∶1）混合液，超声 30min。将残余物抽滤去除，再加入 10ml 0.9%氯化钠溶液洗涤浸提液，收集下层有机成分，加入适量无水硫酸钠除去水分并抽滤掉固体杂质，有机相经旋转蒸发回收，浓缩物经氮气吹至恒重。

（3）无水乙醇浸提法

称取海马全粉 2g，倒入具塞提取瓶中，加入 50ml 无水乙醇，分散溶解海马粉，超声 30min 后放在恒温（50℃）摇床振荡提取 24h。过滤残渣，滤液减压浓缩回收溶剂，浓缩物经氮气吹至恒重。

（4）石油醚索氏提取法

称取海马全粉 2g，转移至滤纸筒中，一起放入索氏提取器的抽提玻璃管内，100ml 浸提液全部倒入已干燥至恒重的 150ml 接收瓶中，连接好回流装置，接收瓶在 70℃水浴锅中加热抽提 10h。提取完全后，将接收瓶中的石油醚进行回收，浓缩物经氮气吹至恒重。

2）脂肪酸组成及含量测定

按 GB 5009.6—2016 中的方法分析测定。

3）总固醇含量测定

总固醇含量按照《食品安全国家标准 食品中固醇的测定》（GB 5009.128—2016）中的方法进行测定。

4）数据分析

采用 SPSS 软件对数据进行统计分析，采用 Dunnett 法进行单因素多重比较分析，进行单因素方差分析和显著性检验，$P<0.05$ 为显著性差异。

3.1.1.3 结果与分析

1）不同方法提取总脂及总固醇含量比较

4 种方法所提取的管海马的总脂及总固醇含量见表 3-1。

表 3-1 不同方法提取管海马总脂和总固醇含量比较

提取方法	超临界 CO_2 萃取法	三氯甲烷-甲醇提取法	无水乙醇浸提法	石油醚索氏提取法
总脂含量（mg/g）	19.21±0.97[a]	47.71±2.37[b]	30.58±0.77[c]	16.49±0.43[d]
总固醇含量（mg/g）	3.11±0.09[a]	9.44±0.25[b]	6.05±0.11[c]	5.60±0.18[d]
总固醇/总脂量（%）	16.17±0.34[a]	19.79±0.29[b]	19.79±0.09[b]	33.94±0.71[c]

注：a、b、c、d 表示不同列间有显著性差异（$P<0.05$）

4 种方法所提取的总脂及总固醇含量间有明显差异（$P<0.05$）。三氯甲烷-甲醇提取法得到的提取物为黄色透明油状物，有较好的流动性；该法提取的总脂及总固醇含量在 4 种方法中是最高的；超临界 CO_2 萃取法得到的提取物也为黄色透明油状物，但总脂及总固醇含量都较低，不如三氯甲烷-甲醇提取法；无水乙醇浸提法提取的总脂含量仅比三氯甲烷-甲醇提取法略低，而高于其余两种方法；石油醚索氏提取法得到的提取物为无色流动性油状物，提取的总脂含量在 4 种提取方法中为最低。

4 种方法所得的提取物中，总固醇占总脂的百分比（脂类中总固醇含量）为：石油醚索氏提取法最高，其次为三氯甲烷-甲醇提取法和无水乙醇浸提法，二者差异不显著，最低的是超临界 CO_2 萃取法。

2）不同方法提取的脂肪酸组成及相对百分含量比较

对 4 种方法提取的脂肪酸作 GC-MS 分析，结果见表 3-2。

表 3-2 不同方法提取的脂肪酸组成及相对百分含量（%）

脂肪酸	超临界 CO_2 萃取法	三氯甲烷-甲醇提取法	无水乙醇浸提法	石油醚索氏提取法
十二碳酸	0.64±0.03	—	—	—
十四碳酸	9.49±0.27	7.12±0.04	4.41±0.01	3.74±0.04
十五碳酸	2.31±0.04	1.34±0.02	1.21±0.01	1.77±0.07
十六碳酸	35.49±0.96	28.63±0.22	28.84±0.17	33.56±0.87
十六碳烯酸	8.37±0.09	4.87±0.01	5.38±0.06	4.79±0.02
十七碳酸	2.80±0.01	1.62±0.06	1.94±0.04	2.60±0.03
十七碳烯酸	0.65±0.02	0.96±0.06	0.90±0.10	0.90±0.08

续表

脂肪酸	超临界 CO_2 萃取法	三氯甲烷-甲醇提取法	无水乙醇浸提法	石油醚索氏提取法
十八碳酸	14.39±0.23	18.00±0.03	20.57±0.09	18.67±0.41
油酸	16.89±0.21	20.88±0.20	20.33±0.05	22.79±1.05
亚油酸	1.11±0.02	2.76±0.03	3.39±0.06	3.65±0.01
十九碳酸	0.39±0.01	—	—	—
二十碳酸	0.67±0.02	—	0.83±0.02	0.74±0.01
二十碳烯酸	0.67±0.03	—	—	—
二十碳二烯酸	—	—	0.88±0.04	0.81±0.01
花生四烯酸	0.74±0.04	3.89±0.07	2.86±0.07	1.81±0.03
二十碳五烯酸	1.80±0.07	2.33±0.04	1.72±0.09	1.34±0.05
二十二碳酸	0.52±0.03	1.34±0.08	0.71±0.01	—
二十二碳六烯酸	1.46±0.32	5.37±0.44	4.99±0.48	1.90±0.18
二十四碳烯酸	—	0.88±0.19	—	—
∑饱和脂肪酸	66.70	58.05	58.51	61.18
∑单不饱和脂肪酸	26.58	27.59	26.61	28.48
∑多不饱和脂肪酸	5.11	14.35	14.51	9.51
∑EPA+DHA	3.26	7.70	6.71	3.24

注："—"表示未检出或含量低于 0.1%

4 种方法提取的总脂中所检测到的脂肪酸种类及含量都存在一定的差异，在对应的提取物中分别鉴定出 17、14、15 和 14 种脂肪酸（表 3-2）。饱和脂肪酸都是十六碳酸和十八碳酸，单不饱和脂肪酸以十六碳烯酸和油酸为主，多不饱和脂肪酸为花生四烯酸（AA）和二十二碳六烯酸（DHA）。

4 种方法中，超临界 CO_2 萃取法提取的饱和脂肪酸比例最高，为 66.70%，但该方法提取的多不饱和脂肪酸含量（5.11%）却显著低于其他 3 种方法（$P<0.05$）。三氯甲烷-甲醇提取法和无水乙醇浸提法提取到的脂肪酸中不饱和脂肪酸含量的差异较小，而提取到的多不饱和脂肪酸比例最高的方法是无水乙醇浸提法，含量为 14.51%，此外三氯甲烷-甲醇提取法得到的 EPA 与 DHA 的总量最高，为 7.70%。

3.1.1.4 讨论

1）提取方法对总脂及总固醇含量的影响

脂类是由脂肪和类脂化合物组成的一种复杂的混合物，因此想要完全将样品中的脂类提取出来是非常困难的，只有通过适宜的方法尽可能地提取。总脂及脂肪酸含量是检验脂类提取方法的重要指标。

本实验采用的 4 种方法提取到的管海马总脂和脂肪酸的种类及含量均有所差

异。三氯甲烷-甲醇提取法提取的总脂及总固醇含量最高，说明在这4种方法中该方法对海马脂类的提取效果最好，能较完全地将脂类从海马中提取出来。除能够提取中性脂外，非极性的三氯甲烷和极性的甲醇能够较好地提取海马中的磷脂和固醇类等不皂化物（Margarita et al.，2005）。采用该方法提取其他海洋生物的脂类，其脂质中磷脂及总固醇含量也高达40%以上（楼乔明等，2012），但该法提取的脂类中总固醇的百分含量（19.79%）要显著低于石油醚索氏提取法（33.94%）。石油醚索氏提取法提取的总脂含量是4种方法中最低的，但提取物中总固醇比例却最高。原因可能是固醇类物质在弱极性有机试剂中的溶解度要大于在极性溶剂中的溶解度（毕艳兰，2005），但由于石油醚极性较弱，细胞穿透性较差，总脂提取及油脂中其他成分提取效果较弱（毕艳兰，2005）。无水乙醇浸提法提取的总脂及总固醇含量也较高，但强极性的乙醇可将非脂类成分（如色素、醇溶性蛋白及糖类等）也提取出来，使得提取物中脂类物质的纯度较低，不宜分离。超临界CO_2萃取法提取的脂类中总固醇含量最低，但萃取物不会有有毒试剂残留，因此常被用来提取脂类（Lopes et al.，2012）。

2）提取方法对脂肪酸组成及含量的影响

脂肪酸组成和含量对海马的营养价值及药效发挥有重要影响。其中，不饱和脂肪酸具有抗心血管疾病、促进生长发育、提高动物的产仔和成活等生理功能（Lopes et al.，2012），尤其是油酸、亚油酸及EPA等对降低血脂血压、软化血管、防止动脉硬化等具有重要作用，AA及DHA还对促进大脑及视神经的生长发育、合成前列腺素等具有重要作用，油酸、AA和EPA能够在环氧合酶的作用下分别转化为前列腺素、血栓素和前列环素，DHA为前列腺及精子的主要物质基础（孙翔宇等，2012）。

本实验的4种提取方法尽管所得的脂肪酸有一些差异，但都能较好地将海马中的不饱和脂肪酸萃取出来，所得的不饱和脂肪酸在总脂中的占比为31.69%～41.94%。其中，油酸和亚油酸提取效果最好的是石油醚索氏提取法，主要是由于油酸和亚油酸以游离态形式存在，而石油醚索氏提取法提取时间较长，温度较高，可增加这两种脂肪酸的萃取效果。AA、EPA和DHA提取效果最好的是三氯甲烷-甲醇提取法，可能是DHA等主要与磷脂相结合，EPA、AA与胆固醇酯和磷脂相结合，单独的有机试剂较难萃取，而三氯甲烷-甲醇提取法对总脂提取效果较好，使得海马中AA、EPA和DHA的提取较完全。4种提取方法中，提取的油脂中DHA/EPA分别为0.81、2.30、2.90、1.42，可见三氯甲烷-甲醇提取法的比值最接近2，提取的效果最好（丁兆坤等，2007）。

3.1.1.5 小结

利用超临界CO_2萃取法、三氯甲烷-甲醇提取法、无水乙醇浸提法、石油醚索氏提取法获得管海马的总脂含量分别为 19.21mg/g、47.71mg/g、30.58mg/g、16.49mg/g；总固醇含量为 3.11mg/g、9.44mg/g、6.05mg/g、5.60mg/g。综合考虑所提取的总脂含量、总固醇含量及脂肪酸组成等，三氯甲烷-甲醇提取法是海马脂类成分提取的最佳方法，可较大程度地提取出海马中的脂类成分。

3.1.2 海马甾醇的分离及生物功效分析

天然油脂中除甘油三酯等主要成分外，还含有如甾醇、磷脂等的脂质成分，这些成分在生物体内具有重要的生理功能。

甾醇（固醇、甾体）由于结构特殊，一般具有很好的生理功效，特别是海洋生物甾醇，因其产生及代谢环境特殊，往往具有抗肿瘤、抗病毒及抗疟等功效（Sauleau et al.，2005；Tran et al.，2011）。海马中含有较多的甾醇成分，如胆甾醇、胆甾二醇和胆甾-5-烯-3β,7α-二醇等（黄平，1982；王强和张朝晖，1998），这些成分可能与海马的补肾壮阳、活血平喘等功效有重要关联（Chen et al.，2015b）。例如，胆甾醇能够在侧链裂解酶的作用下，缩短侧链，转变为 C21 的孕烯醇酮或孕酮，再进一步转变为雄激素睾酮（Andres and Sierra，2008）。

本节中，先通过薄层色谱法分析管海马的脂类提取物（海马油脂），同时测定海马油脂中的甾醇含量；然后，验证海马甾醇的生物活性功效，初步揭示其生物作用机制。

3.1.2.1 *材料*

三氯甲烷-甲醇提取法所获得的提取物（海马油脂），经冷冻干燥后，–80℃保存备用。使用时，加超纯水配制成油脂溶液备用。因溶解性，本实验确定海马油脂溶液的最大浓度为 8.25mg/ml（含胆甾醇浓度为 0.125mg/ml）。油脂溶液配制后保存于–20℃冰箱中备用。

健康的 ICR 小鼠，雄性 60 只，雌性 15 只，购于浙江省实验动物中心，体重为（20.2±1.34）g，周龄为 3～5 周。小鼠饲养于宁波大学实验动物中心。

测定试剂盒：睾酮（T）测定试剂盒、黄体生成素（LH）测定试剂盒、促卵泡激素（FSH），以及乳酸脱氢酶（LDH）测定试剂盒、酸性磷酸酶（ACP）测定试剂盒、碱性磷酸酶（AKP）测定试剂盒等（均购于南京建成生物工程研究所有限公司）。

3.1.2.2 *方法*

1）海马油脂薄层色谱分析

称取海马油脂 20mg，用石油醚（30～60℃）溶解，得到 20mg/ml 待测样品溶液。同样分别称取 10mg 油酸、甘油三酯和胆固醇标准品，也用石油醚（30～60℃）溶解，得到 10mg/ml 参照液。在切割好的 10mm×10mm 硅胶 G 板底边 1cm 处和上边 0.5cm 处用铅笔分别轻划一条直线，作为点样起始线和终点线，在底边直线上分别标注点号，点和点间隔 2cm，用毛细管分别吸取适量待测样品和对照品，轻点于底边直线上，待石油醚挥干。以正己烷：乙醚：冰醋酸=70：30：1 为展开剂。选择广谱显色剂：5%磷钼酸乙醇混合溶液、5%香草醛乙醇浓硫酸混合溶液和碘蒸气作显色剂。

2）海马甾醇成分定性分析

海马油脂皂化：准确称取海马油脂 5.2mg，加入 15ml 10% KOH 甲醇和 5ml 水，70℃条件下反应 1h，待皂化结束后将反应液转移到带聚四氟乙烯塞的分液漏斗中冷却，然后加入适量 50%盐酸使 pH 小于 1，再加入 15ml 正己烷：三氯甲烷（体积比为 4：1）振荡静置，分层后将上层萃取液收集合并，加入过量无水 Na_2SO_4，过滤后上清液旋转蒸发浓缩，浓缩液用 N_2 吹干得脂肪酸和甾醇混合物。

酯化和硅烷化：向混合物中加入适量 10%浓硫酸-甲醇混合溶液，放于 65～70℃水浴锅中酯化 2h。待冷却后，用正己烷进行萃取 3 次，萃取液用一定量的重蒸水水洗 1 次。将上清液移出，放入过量的无水硫酸钠除水，将除水后的正己烷萃取液转移到干净的反应瓶中，用 N_2 吹干，向干燥的萃取物中加入过量硅烷化试剂 500μL（BSTFA：TMSC=99：1），水浴条件下（75～80℃）反应 1h，待反应结束后衍生物进行氮吹，用正己烷定容衍生物，上机（GC-MS）分析。

3）海马油脂中甾醇定量测定

精准称取海马油脂 6 份（约 50mg），按照本节 2）中的步骤进行前处理后，再进行色谱分析，并对峰面积进行记录，计算平均值，采用外标法，由回归方程确定甾醇浓度，并根据式（3-1）确定管海马中甾醇的含量。

$$\text{甾醇含量 } X=C\times V/(M\times 1000) \tag{3-1}$$

式中，X 为海马油脂中的甾醇含量，mg/g；C 为根据回归方程确定的甾醇浓度，μg/ml；V 为定容体积，ml；M 为海马油脂质量，g。

4）甾醇的生物活性功效分析

（1）小鼠最大给药量测试

用 6 只小鼠进行 48h 急性实验，测定小鼠对海马油脂的耐受量。具体做法：在正常饮食情况下，先让小鼠在新环境中适应一周。在测试开始的 48h 内，每 12h 按最大溶解剂量给小鼠灌喂 1ml 海马油脂水溶液，共计 4 次，然后对小鼠的活动情况再观察 5d，判断小鼠是否有中毒现象（整个过程共计 7d）。

（2）小鼠的饲养及灌喂

将剩余的 54 只健康小鼠随机分成 3 个组，每组 18 只。各组分别命名为对照组（0.9%生理盐水 1ml）、低剂量组（0.1ml 海马油脂水溶液+0.9ml 纯水）和高剂量组（1ml 海马油脂水溶液）。然后再把各组的 18 只小鼠再随机分为 3 个小组，即每小组有 6 只小鼠，这 6 只小鼠分别在灌喂实验的第 7、14、21 天时处死，用于测定不同灌喂周期对小鼠的影响。每只小鼠每天灌喂两次（早晚各一次），每次 1ml。

（3）小鼠的血液样本采集

用眼球取血法采集小鼠血液后，将收集到的血样经 3000r/min 离心 10min，吸取上层血清–20℃条件下保存备用。

（4）对小鼠脏器系数的影响

在眼球取血后，通过颈椎脱臼方式处死小鼠。先称量各小鼠的体重，然后解剖取出脑、肝、脾、肾、睾丸、附睾等各器官和组织。再用电子天平称重各器官和组织，按式（3-2）计算出相应的脏器系数。脏器系数计算公式为

$$\text{脏器系数（\%）}=\text{脏器质量（g）}/\text{体重（g）}\times 100\% \tag{3-2}$$

（5）对小鼠精子数量与质量的影响

称重小鼠附睾组织后，马上把附睾转移到预先经 37℃水浴的 1ml 小鼠精子培养基中，同时用解剖工具将附睾剪成几段，等水浴 10min 后，附睾内的精液得以液化，并逐渐流出分散到精子培养基中。再将精液稀释 50 倍，然后取 10μl 置于血细胞计数板上并在显微镜下进行计数；同时再取 10μl 制成精液涂片，显微镜下观察精子的存活率和活动力，评估不同处理下小鼠的精子质量（世界卫生组织，2010）。

（6）对小鼠血清酶和组织酶含量的影响

根据睾酮（T）、黄体生成素（LH）、促卵泡激素（FSH）测定试剂盒等的要求，对上述取样的各处理小鼠的血清进行相关酶含量测定。根据乳酸脱氢酶（LDH）、酸性磷酸酶（ACP）、碱性磷酸酶（AKP）测定试剂盒等的要求，测定各处理小鼠的睾丸组织中相关酶的活性。

5）数据分析

采用 Excel 软件及 Origin 软件对数据图表进行编辑分析。3 种酶的活性按试剂盒上的有关公式计算。所有数据用 SPSS 软件进行统计分析及显著性检验。$P<0.05$ 为显著性差异。

3.1.2.3 结果与分析

1）薄层色谱结果

图 3-1 为 3 种显色方法所得的海马油脂组成成分的显色 TLC 图谱。碘显法（图 3-1a）中主要检测出游离脂肪酸和甘油三酯，5%磷钼酸显色法（图 3-1b）主要鉴定出甾醇、游离脂肪酸和甘油三酯，而 5%香草醛显色法（图 3-1c）主要鉴定出甾醇和甘油三酯。由此可知，管海马油脂中的主要成分包括甾醇、甘油三酯和游离脂肪酸。

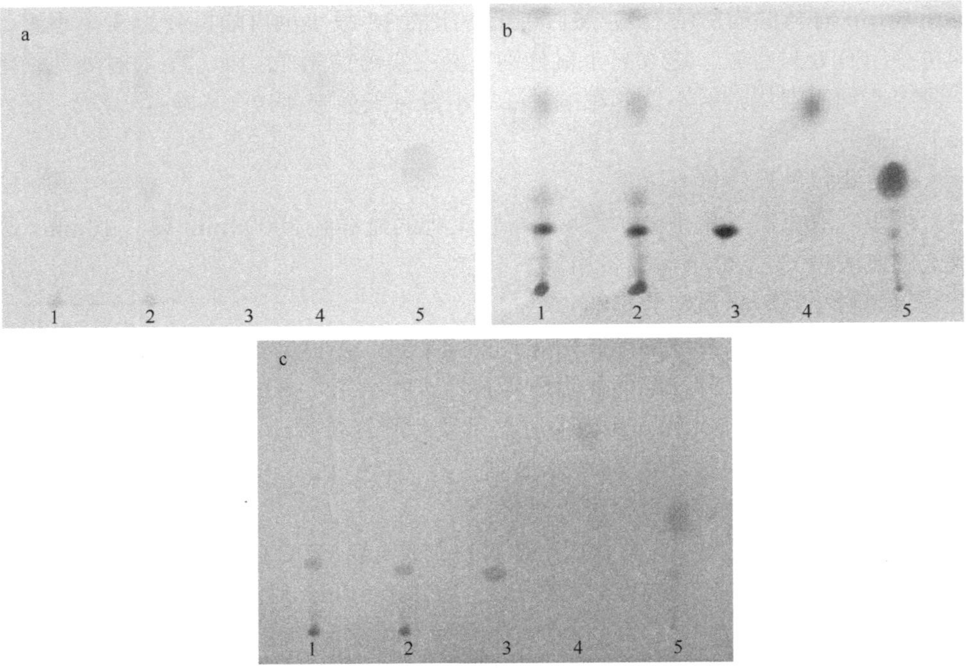

图 3-1 碘（a）、5%磷钼酸（b）、5%香草醛（c）的显色 TLC 图谱（彩图请扫封底二维码）

1、2. 管海马油脂样；3. 胆甾醇标准品；4. 甘油三酯标准品；5. 油酸标准品

2）甾醇定性及定量结果

（1）定性分析结果

根据 GC-MS 出峰的保留时间及各组分的质谱（图 3-2），通过与脂肪酸标准品及 NIST 库的比对，确定保留时间在 0～30min 出峰的物质为脂肪酸甲酯，30～40min 出峰的物质为甾醇。脂肪酸甲酯及甾醇的组成及相对含量见表 3-3。从

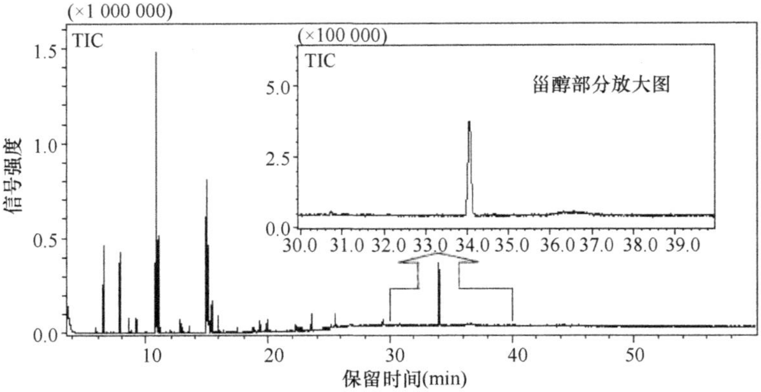

图 3-2 管海马油脂样中的脂肪酸甲酯和甾醇的 GC-MS 出峰图谱

表 3-3 中可以看出，管海马油脂样中共检测出 14 种脂肪酸和一种甾醇，其中检测到的唯一一种甾醇成分为胆甾醇，其所占比例为 9.96%。其他的脂肪酸种类组成同表 3-2。

表 3-3　管海马油脂中脂肪酸及甾醇的相对含量

脂肪酸及甾醇	保留时间（min）	相对含量（%）
十四碳酸	7.845	5.06±0.01
十五碳酸	9.143	1.10±0.01
十六碳酸	10.816	15.27±0.23
十六碳烯酸	11.000	8.51±0.09
十七碳酸	12.829	1.18±0.03
十七碳烯酸	13.526	0.57±0.01
十八碳酸	14.886	10.77±0.17
十八碳烯酸	14.969	13.81±0.15
十八碳二烯酸	15.085	5.91±0.06
花生四烯酸	18.859	2.40±0.05
二十碳五烯酸	19.358	2.28±0.06
二十二碳酸	19.938	0.98±0.01
二十二碳六烯酸	23.547	3.28±0.36
二十四碳烯酸	25.520	1.03±0.01
甾醇（胆甾醇）	34.053	9.96±0.16

（2）定量分析结果

通过外标法，依次进样 3 次，测定一系列不同浓度胆甾醇衍生物的峰面积，根据胆甾醇衍生物浓度和峰面积作标准曲线，当胆甾醇浓度在 0.02～0.1mg/ml 时，符合线性回归方程 Y=66316X+84786，R^2=0.9977，线性关系良好，其中，X 为质量浓度（μg/ml），Y 为峰面积。

取 6 份管海马油脂样进行皂化衍生化反应，按顺序进行 GC-MS 分析，记录相应甾醇成分的峰面积，按上述回归方程及甾醇含量计算公式确定管海马油脂样中胆甾醇的含量结果，见表 3-4。根据外标法测定的管海马中的胆甾醇平均含量为（15.13±0.52）mg/g。

表 3-4　胆甾醇含量测定结果

海马油样编号	胆甾醇含量（mg/g）	均值（mg/g）	相对标准偏差（%）
1	14.98	15.13±0.52	3.14
2	15.03		
3	15.87		
4	15.75		
5	14.63		
6	14.51		

3）生物活性功效分析结果

（1）最大给药量及小鼠耐受性结果

耐受性实验是按每次灌喂 1ml 最大剂量浓度，即含海马油脂的浓度为 8.25mg/ml（胆甾醇浓度为 0.125mg/ml），一天两次灌喂的 48h 小鼠急性毒性实验。实验中全部 6 只小鼠都活动正常，没有出现死亡案例。

具体行为表现：开始灌喂的当日，各实验小鼠的食欲都有所减退，活动量也有大幅下降。2d 后，其中有 3 只小鼠逐渐恢复了正常的饮食和活动，精神状态也表现良好，皮毛顺滑有光泽，捉拿时四肢反抗有力，眼睛、口、鼻及会阴等处也没有发现分泌物及红肿等现象；其余的 3 只小鼠至耐受实验结束时，饮食量也未完全恢复到灌喂前水平，活动量也有所下降，常蜷缩在饲养笼的角落里。上述观察结果表明：海马油脂可能对小鼠产生了一定的毒性，而未致死也表明该给药剂量基本上是安全的，但也可能已达到小鼠耐受的浓度上限。

（2）小鼠体重变化

不同灌喂阶段、不同给药量的各处理中小鼠体重的变化见表 3-5。对照组小鼠随饲养时间的增长，体重有所上升。体重增加表明：实验的环境条件基本能满足小鼠生长的需要和活动的要求，在这样的条件下，实验小鼠才会正常生长，体重才会增加。低剂量组的小鼠体重也出现平稳上升，但高剂量组小鼠的体重变化却不一样，先显著上升，而后基本停滞直到实验结束，反映了高浓度的海马油脂对于实验小鼠的影响，尽管未出现急性的毒性危害，但可能存在慢性的毒性影响，高剂量组小鼠的体重减轻反映出有一定的中毒情况。

表 3-5 实验前后小鼠的体重变化 （单位：g）

组别	0d	7d	14d	21d
对照组	19.81±1.33	20.76±1.84	22.18±2.37	23.89±1.76[a]
低剂量组	20.07±1.47	21.32±2.11	23.57±2.85	25.23±2.15[b]
高剂量组	19.68±1.61	21.65±2.34	22.23±1.97	22.43±3.06[a]

注：不同字母表示组间显著性差异（$P<0.05$）

（3）小鼠脏器系数

各处理小鼠脏器系数的变化见表 3-6。灌喂 7d 后，高剂量组小鼠的肝系数略高于其他各组；不过到 21d 时，该组的肝系数已经降低到与对照差异不显著；而低剂量组 21d 时的肝系数要显著低于对照组和高剂量组（$P<0.05$）。脾系数与肾系数的结果也是类似的变化，7d 时，对照组明显高于其他 2 组；随着饲养时间的延长，各组间的肾和脾系数逐渐降低；至 21d，各组间的脾系数已无显著性差异，但肾系数在低剂量组却大于其他 2 组（$P<0.05$）。各组间小鼠的睾丸系数并无明显差异（$P>0.05$）。大体上，在低剂量组，睾丸系数有所升高。

表 3-6 小鼠脏器系数变化（%）

	组别	肝	脾	肾	睾丸
对照组	7d	3.63±0.22[ab]	0.53±0.03[a]	1.52±0.02[b]	0.26±0.01
	14d	3.84±0.31[a]	0.47±0.04[b]	1.46±0.03[a]	0.27±0.02
	21d	3.87±0.28[a]	0.43±0.02[b]	1.42±0.02[a]	0.26±0.02
低剂量组	7d	3.82±0.24[a]	0.45±0.02[b]	1.44±0.03[a]	0.27±0.02
	14d	3.64±0.17[ab]	0.44±0.02[b]	1.45±0.05[a]	0.29±0.03
	21d	3.46±0.12[b]	0.43±0.02[b]	1.62±0.06[c]	0.31±0.04
高剂量组	7d	4.11±0.35[c]	0.46±0.01[b]	1.42±0.02[a]	0.30±0.02
	14d	4.04±0.28[c]	0.45±0.02[b]	1.52±0.04[b]	0.26±0.02
	21d	3.79±0.26[a]	0.43±0.01[b]	1.46±0.02[a]	0.28±0.02

注：不同字母表示同列各组间显著性差异（$P<0.05$）

（4）小鼠精子数量与质量

各组小鼠的精子情况变化见图 3-3。

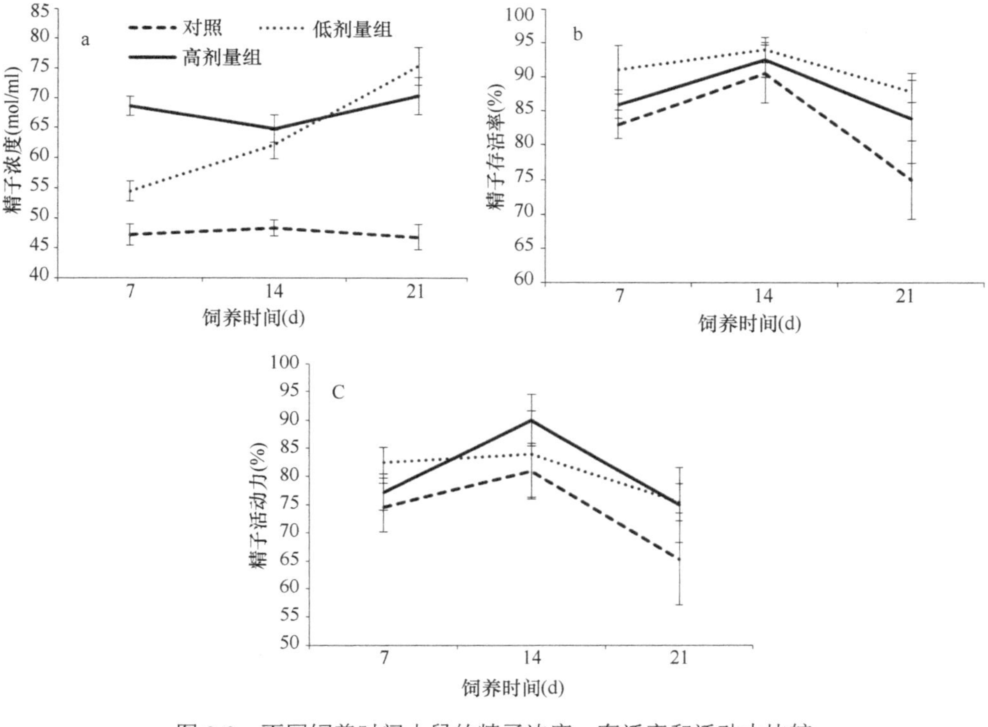

图 3-3 不同饲养时间小鼠的精子浓度、存活率和活动力比较

小鼠的精子数量（浓度）变化见图 3-3a。各组间的差异较为明显，其中对照

组的精子浓度在实验前后波动不大，数值远低于两个剂量组（$P<0.01$）；低剂量组7d时精子浓度介于另两组之间，但随着饲养时间延长，精子浓度增加非常明显，到14d时与高剂量组间无显著性差异，21d时数量已超过高剂量组（$P<0.05$）。高剂量组在14d时的浓度比7d时有所下降，21d时重新恢复，前后略有波动，先降后升。结果表明：海马油脂在一定程度上可增加小鼠的精子数量，高剂量在短期内（7d）对精子数量的提升有较好效果；低剂量可长期服用，效果良好。

小鼠的精子质量变化见图3-3b和图3-3c。本实验以精子的存活率和活动力两个指标来反映精子质量。剂量组的精子存活率和活动力都比对照组要高，至14d时各组都达到最高，而后略有下降。从存活率上看（图3-3b），至饲养21d时低剂量组要高于高剂量组，但差异不显著，两组都显著高于对照组（$P<0.05$）；从活动力看（图3-3c），14d时低剂量组不如高剂量组（$P<0.05$），至21d时，两组间精子的活动力差异已不显著，但都显著比对照组高（$P<0.05$）。这表明，海马油脂对小鼠精子质量的提升有较好的促进作用。

（5）小鼠血清酶和组织酶检测结果

小鼠的精子数量和质量与其体内的性激素含量有密切的关系（Andres and Sierra，2008）。研究发现：哺乳动物下丘脑合成的促性腺激素释放激素（GnRH）作用于垂体上的促性腺激素细胞，促使后者分泌黄体生成素（LH）和促卵泡激素（FSH）等，LH和FSH作用于雄性的睾丸组织，促使睾丸合成和分泌睾酮（T）（Andres and Sierra，2008）。现在学者认为，这3种激素（T、LH、FSH）都是精子合成和分泌过程中的重要调节激素（Andres and Sierra，2008；Ronay and Galinsky，2011；Ronay and Carney，2013）。此外，睾丸组织中的标志酶AKP、ACP和LDH的活性也可反映出睾丸功能是否正常（段志文等，2001）。本实验的对照组与剂量组小鼠血清中的T、LH、FSH含量变化见表3-7；小鼠睾丸组织中AKP、ACP和LDH活性变化见表3-8。

表3-7　各组小鼠血清中T、LH、FSH含量

灌胃天数（d）	组别	睾酮（T）（pg/ml）	黄体生成素（LH）（pg/ml）	促卵泡激素（FSH）（U/L）
7	对照组	$2006.7±183.35^{a}$	$885.7±73.86^{a}$	$2.57±0.312^{a}$
	低剂量组	$2187.4±211.56^{b}$	$903.8±97.33^{a}$	$1.56±0.141^{b}$
	高剂量组	$2559.6±351.73^{c}$	$1135.2±112.23^{b}$	$1.17±0.082^{c}$
14	对照组	$2078.4±167.74^{a}$	$879.3±82.56^{a}$	$1.62±0.366^{b}$
	低剂量组	$2273.6±202.17^{b}$	$1054.3±100.38^{ab}$	$1.64±0.223^{b}$
	高剂量组	$2716.8±377.46^{c}$	$924.1±87.47^{a}$	$0.86±0.058^{d}$
21	对照组	$2142.6±203.68^{b}$	$926.8±101.55^{a}$	$0.66±0.078^{e}$
	低剂量组	$2524.1±226.76^{c}$	$1117.4±122.32^{b}$	$1.79±0.214^{b}$
	高剂量组	$2325.2±338.42^{bc}$	$623.4±57.38^{c}$	$0.45±0.027^{f}$

注：同列不同字母表示同列各组间显著性差异（$P<0.05$）

表 3-8 小鼠睾丸组织中 LDH、ACP、AKP 活性变化

灌胃天数（d）	组别	乳酸脱氢酶（LDH）（U/L）	酸性磷酸酶（ACP）（U/mg）	碱性磷酸酶（AKP）（U/mg）
7	对照组	8.27±0.33	103.2±17.62[a]	141.3±18.67[a]
	低剂量组	7.62±0.47	153.7±25.68[b]	167.4±21.33[a]
	高剂量组	8.13±0.38	42.6±11.67[c]	165.3±17.62[a]
14	对照组	7.43±0.37	83.6±14.37[d]	221.2±27.43[b]
	低剂量组	7.48±0.36	204.4±43.54[e]	194.8±19.32[b]
	高剂量组	7.82±0.41	89.6±18.37[d]	177.6±15.83[ab]
21	对照组	8.32±0.45	96.4±21.14[d]	187.5±22.37[ab]
	低剂量组	8.51±0.48	89.6±18.37[d]	117.2±32.38[c]
	高剂量组	9.03±0.66	45.9±7.78[c]	134.9±9.68[a]

注：同列不同字母表示同列各组间显著性差异（P<0.05）

从表 3-7 看，灌喂 7d 与 14d 时，高剂量组小鼠血清中睾酮（T）含量明显高于其他两组（P<0.05）；到 21d 时，高剂量组的 T 含量明显下降，而低剂量组的 T 含量明显升高，高剂量组已不如低剂量组，数值介于其他两组之间，而低剂量组已显著高于对照组（P<0.05）。LH 含量变化类似于 T，但变化提前于 T，在 14d 时，低剂量组含量已开始升高，至 21d 时已明显高于对照组（P<0.05），而高剂量组的 LH 于 14d 出现下降，至 21d 时降为三组最低（P<0.05）。在 7d 时，对照组的 FSH 为最高，各组间差异明显；14d 时，对照组下降到与低剂量组差异不大；21d 时，对照组进一步下降接近于高剂量组，而远低于低剂量组含量（P<0.05）。

从表 3-8 看，各组小鼠中乳酸脱氢酶（LDH）、酸性磷酸酶（ACP）和碱性磷酸酶（AKP）等酶的活性变化也有很大的差异。饲养期间，各剂量组中的 LDH 活性都有一定程度的升高，但各组间的差异并不显著。而 ACP 活性在各组间的差异较明显，7d 时，低剂量组的活性最高而高剂量组最低（P<0.05），14d 时，ACP 活性在低剂量组继续升高，在高剂量组也有上升并接近于对照组，21d 时，所有剂量组中 ACP 活性都出现大幅下降。AKP 在各组间的变化规律性不强。

3.1.2.4 讨论

通过对从管海马中提取的油脂进行薄层色谱法分析，确定了管海马油脂的主要成分包括甘油三酯、游离脂肪酸和甾醇等。再通过 GC-MS 分析，较全面地测定与分析了管海马油脂中的组成物质。管海马油脂中可确定的脂肪酸有 14 种，其中 8 种为不饱和脂肪酸。在管海马油脂样中检测出的甾醇成分比较单一，主要为胆甾醇，含量较高，达到 15.13mg/g。

甾醇（sterol）又称为固醇，在动植物体内广泛存在，具有多种不同的生理功

能，是合成性激素的前体物质（Andres and Sierra，2008）。胆甾醇是动物油脂中的一种特殊甾醇，是合成肾上腺皮质激素、胆汁醇及性激素等固醇类化合物的前体成分。胆甾醇能够在侧链裂解酶的催化作用下，缩短侧链，转变为C21的孕烯醇酮或孕酮，孕烯醇酮再在酶的作用下可催变为雄激素睾酮，而雄激素经芳香化后可生成雌激素雌二酮（Andres and Sierra，2008），有研究证明鱼体内的胆甾醇能够合成广泛分布于生殖器官和其他器官的类固醇性激素（陶莉和王有为，2009）。海马具有较好的药用价值，特别是在补肾壮阳等方面有较强的类激素作用，可能与其体内存在较多的胆甾醇等甾类成分有密切关系。前人已验证，海马的油脂提取物可以增加小鼠的精子数量。Xu等（2014）认为，胆甾醇类、胆甾烯类等化合物是海马具有补肾壮阳功效的物质基础。因为胆甾醇等可在雄性睾丸组织内经过一系列酶的催化作用转化形成睾酮，而睾酮是雄性性激素的前体物质（Andres and Sierra，2008）。本实验进一步证实了海马油脂确实能促进小鼠精子的数量和质量，也证实了海马甾醇具有性激素样的特性。

精子质量的提高一般离不开各种酶和相关激素的作用。研究发现，雄激素在保持睾丸的生精功能、维持雄性性欲和第二性征方面发挥着重要作用（李颖超等，2013）。其中睾酮（T）是雄激素中生物活性最强的成分，因此，血清中T含量是反映雄性动物睾丸功能的一个重要指标（Yang et al.，2006）。T可转化为雌二醇和二氢睾酮，调控雄性动物的生殖功能（汪明明，2010）。通过测定血液中的T含量，可推断小鼠生精系统功能是否正常，因此可用于监测小鼠的生殖健康状况。T与LH和FSH一样，都受下丘脑-垂体-性腺轴的调控（Andres and Sierra，2008）。LH作用于雄性睾丸的间质细胞，能促使其合成睾酮（Ronay and Galinsky，2011），FSH作用于睾丸的曲细精管，促使生精管的形成。两者与睾酮共同作用促进精子形成（段志文等，2001）。

精子在发生、发育和成熟的过程中，所需的营养物质主要来自于睾丸的支持细胞，因此这些支持细胞如受损将会直接影响甚至终止精子的产生（段志文等，2001）。睾丸组织中的标志性酶类如AKP、ACP和LDH的活性变化可反映出睾丸支持细胞的功能是否正常（段志文等，2001）。本实验检测了各剂量组与对照组间上述3种标志酶的活性情况，总体上剂量组与对照组间的差异不显著。但从趋势看，剂量组中酶的活性是逐渐升高的，差异不明显可能与饲喂时间不够长有一定的关系。

3.2 氨基酸与活性多肽

关于海马蛋白利用的研究报道不多，已有的工作主要是采用酶解方法，如陈成波等（2011）研究了三斑海马蛋白的酶解提取工艺和酶解液的抗氧化活性；袁学会等（2011）采用单酶对管海马进行酶解工艺优化，以及酶解液清除 DPPH 自由基能力等研究。这些工作都只是对海马蛋白的初步开发研究，若能对海马蛋白的有关提取工艺进行更深入的研究，切实提高海马蛋白的利用率，尤其是对酶解蛋白（多肽）根据其分子量大小进行分离纯化，然后分别对不同分子量的多肽进行功能研究，这对于更深入开发与利用海马蛋白有很重要的意义。

本节主要涉及管海马蛋白的酶解工艺研究与工艺优化，同时对酶解产物（多肽和氨基酸）进行分离与纯化，对于分子量较大还难以充分利用的管海马蛋白，进一步选择相关酶再次进行酶解处理，并对相关分离的功能多肽进行有关功效与结构分析。

3.2.1 活性多肽的制备工艺研究

天然海洋生物中活性肽的含量甚微，且不易被分离利用，因此将大分子海洋蛋白进行酶解获得生理活性肽成为一种常用的可选途径。

海马的蛋白质含量高，而关于海马蛋白开发与利用研究的报道不多，本节内容涉及脱脂管海马全粉的双酶复合酶解工艺研究与技术优化；酶解液的分离、纯化，以及不同分子量组分多肽的生理活性功效分析与结构测定。

3.2.1.1 *材料*

人工养殖 1 龄管海马，按 2.1.2.1 方法进行冻干、粉碎后过筛得海马全粉。全粉经超临界 CO_2 萃取脱脂处理，得脱脂海马全粉。

实验用酶有：木瓜蛋白酶、碱性蛋白酶、胰蛋白酶、风味蛋白酶、胃蛋白酶等（购于北京百浩生物科技有限公司）；低分子量 marker 购于中国科学院上海分院。

3.2.1.2 *方法*

1）脱脂海马全粉的粗蛋白测定

按半微量凯氏定氮法（GB 5009.5—2016）测定。

2）脱脂海马全粉的酶解工艺流程

称取 0.2g 脱脂海马全粉，加入 10ml 蒸馏水。调节水浴锅至预定温度，将底物预热 10min，调制所需 pH，再加入 E/S（酶与底物之比）为 4%的蛋白酶进行酶解，到达预定时间后，沸水浴灭酶活 5min，以终止酶解反应，迅速冷却至室温，以 5000r/min 离心 10min，倾倒出上清液定容至 30ml 备用，并在同一条件下作无底物对照组。

3）水解度测定

参照《酱油卫生标准的分析方法》（GB/T 5009.39—2003）中的甲醛定氮法并

加以改进。取酶解液的上清液 10ml，加入 60ml 蒸馏水，先将 pH 调为 8.20，再按《化学试剂 标准滴定溶液的制备》（GB/T 601—2016）要求配制的 0.02mol/L NaOH 标准溶液进行滴定至 pH 为 9.20，记录所消耗的标准 NaOH 量。根据式（3-3）计算：

$$DH=（h-h_0）\div h_{tot}\times 100\%=[（V_1-V_2）\times 0.02\times 0.014\times 3]\div h_{tot}\times 100\% \quad (3\text{-}3)$$

式中，DH 为水解度，%；h、h_0 分别为实验组和对照组中氨基态氮含量，μg/ml；h_{tot} 为脱脂海马骨粉原料总氮，μg/ml；V_2、V_1 分别为实验组和对照组所消耗的标准氢氧化钠的体积，ml。

4）酶解工艺优化

（1）最优酶解用酶的选择

在木瓜蛋白酶、胃蛋白酶、胰蛋白酶、碱性蛋白酶、风味蛋白酶等 5 种蛋白酶中选择最佳的海马蛋白的酶解用酶。实验分别在各蛋白酶的最适酶解温度、pH、时间，以及 E/S（酶与底物之比）为 4%的条件下进行酶解反应，按照本节第 2）步酶解工艺流程完成酶解，酶解后测定其水解度。各酶的酶解条件见表 3-9。

表 3-9 不同蛋白酶的酶解条件

酶的种类	温度（℃）	pH	时间（h）
胃蛋白酶	37	2.0	6
胰蛋白酶	50	8.5	4
碱性蛋白酶	50	9.0	4
风味蛋白酶	50	6.5	4
木瓜蛋白酶	50	7.5	4

（2）单酶酶解单因素实验

根据上述实验结果，确定了胰蛋白酶和碱性蛋白酶为海马蛋白最适宜的酶解用酶。在此基础上分别对影响这两种蛋白酶酶解效果的有关因素（温度、pH、时间）进行单因素实验。

E/S 单因素设计：设置 5 个 E/S 梯度，即 1%、2%、3%、4%、5%，其他条件为 pH 9，时间 5h，温度 55℃。

酶解时间单因素设计：设置 4 个酶解时间梯度，即 1h、3h、5h、7h，其他条件为温度 55℃，pH 9，E/S 4%。

酶解 pH 单因素设计：设置 4 个酶解 pH，即 7、8、9、10，其他条件为温度 55℃，时间 5h，E/S 4%。

温度单因素设计：设置 4 个酶解温度，即 45℃、50℃、55℃、60℃，其他条件为 pH 8，时间 5h，E/S 4%。

（3）单酶酶解工艺优化

根据单因素实验结果：所选择的两种蛋白酶（胰蛋白酶和碱性蛋白酶）的各单因素实验结果基本接近，因此对两种酶可以同时采用 Design-Expert 软件进行响应面设计，控制 E/S 为 4%，对其余 3 个因素（温度、pH、时间）进行响应面优化实验。实验的因素水平见表 3-10。

表 3-10 碱性蛋白酶和胰蛋白酶的响应面实验设计

水平	温度（℃）	时间（h）	pH
–1.68	41.6	3.3	6.3
–1	45	4	7
0	50	5	8
1	55	6	9
1.68	58.4	6.7	9.7

（4）复合酶解工艺

本实验所选的蛋白酶均为内切酶，内切酶对肽键具有专一性，即不同酶负责酶切的氨基酸残基位点是固定的，所产生多肽片段的末端氨基酸残基也是固定的。为了获得更小分子量的多肽，有必要探讨两种酶或多种酶结合的复合酶解方案。

本实验探讨碱性蛋白酶和胰蛋白酶结合的双酶复合酶解方案，分别将 2 种酶在各自最佳酶解条件下进行酶解后，在产物中再加入另一种酶进行酶解，将两种方案与 2 种单酶酶解方案进行比较。实验方案与结果见表 3-11。

表 3-11 复合酶解方案与结果

实验号	酶解方式	酶种类	温度（℃）	时间（h）	pH	E/S	水解度（%）
1#	先后酶解	A→B	54.7→45	6→4	9.0→8.8	4%	13.73±0.16
2#	先后酶解	B→A	45→54.7	4→6	8.8→9.0		14.41±0.16
3#	单酶酶解	A	54.7	6	9.0		11.82±0.14
4#	单酶酶解	B	45	4	8.8		11.45±0.11

注：A 为碱性蛋白酶，B 为胰蛋白酶

将上述 4 种酶解方案所得的酶解液于 5000r/min 离心 10min 后取上清液冷冻干燥浓缩。称取浓缩后的结晶物 0.05g 溶于 100μl 蒸馏水，再加入 20μl 的 6×上样缓冲液摇匀后沸水浴 5min。由于本体系中酶解多肽的分子量比较小，因此不适合使用 SDS-PAGE，而采用 Tricine-SDS-PAGE，很好地将酶解多肽和 marker 分离，具体方法参照北京索莱宝科技有限公司超低分子量蛋白质 marker（分子量为 3.3～22kDa）使用说明书进行。

5）数据处理

借助 Excel 软件和 SPSS 分析软件，采用单因素方差分析方法对脱脂海马全粉的酶解水解度进行差异显著性分析，$P<0.05$ 为显著性差异。

3.2.1.3 结果与分析

1）最佳酶解用酶

各蛋白酶对脱脂海马全粉的酶解效果经单因素方差分析与比较发现，5 种酶两两间的酶解效果均存在显著性差异（$P<0.05$）。因此以水解度（%）为指标选择出酶解效果最好的两种酶——碱性蛋白酶和胰蛋白酶。

2）单因素实验结果

碱性蛋白酶和胰蛋白酶的单因素实验结果为：随着酶解时间的延长，两种酶的水解度均先上升后保持相对平稳。经分析，在酶解时间 5h、pH 8、酶解温度 50℃时，有最佳酶解效果，即水解度达到最大。

3）响应面实验结果

脱脂海马全粉经碱性蛋白酶和胰蛋白酶酶解作用的实验结果见表 3-12。

表 3-12 响应面实验和结果

实验序号	温度（℃）	时间（h）	pH	碱性蛋白酶水解度（%）	胰蛋白酶水解度（%）
1	−1	−1	−1	9.57±0.09	10.22±0.12
2	0	0	−1.68	10.24±0.11	9.31±0.07
3	0	0	0	13.17±0.07	10.31±0.09
4	−1.68	0	0	10.03±0.13	10.67±0.09
5	0	0	0	12.89±0.06	10.67±0.11
6	0	1.68	0	13.22±0.12	11.60±0.12
7	0	0	0	12.49±0.14	11.43±0.11
8	0	0	1.68	11.78±0.15	9.99±0.07
9	1	1	−1	11.13±0.13	11.24±0.09
10	0	0	0	12.94±0.13	11.35±0.12
11	−1	1	−1	11.56±0.06	10.10±0.09
12	0	−1.68	0	9.98±0.11	10.44±0.07
13	1	−1	−1	10.57±0.09	8.74±0.12
14	1	−1	1	11.98±0.13	9.12±0.08
15	1.68	0	0	11.83±0.11	9.19±0.14
16	1	1	1	11.08±0.12	9.08±0.08
17	−1	1	1	11.23±0.10	10.25±0.13
18	0	0	0	11.96±0.07	11.24±0.12
19	0	0	0	12.62±0.09	11.01±0.14
20	−1	−1	1	10.12±0.13	11.12±0.06

用 Design-Expert 软件对两种蛋白酶的酶解实验所得数据进行分析，方差分析结果见表 3-13。得到（a）碱性蛋白酶、（b）胰蛋白酶两个回归方程：

$$(a)\ \mathrm{DH}(\%) = -134.89+2.91A+11.44B+10.4C-0.09AB+0.029AC-0.29BC-0.026A^2-0.42B^2-0.63C^2$$

$$(b)\ \mathrm{DH}(\%) = -84.28+1.70A-0.48B+13.84C+0.09AB-0.07AC-0.41BC-0.02A^2-0.03B^2-0.51C^2$$

式中，A、B、C 分别代表温度、时间和 pH。

由表 3-13 得出，两种酶的模型 Prob>F(a)分别为 0.0009 和 0.0016，均小于 0.01，表明所得的两种酶的模型是极显著的。模型的失拟项表示模型预测值与实际值不拟合的概率，表 3-13 中的结果表明两种酶的模型失拟项的 Prob>F(a)分别为 0.2275 和 0.5414，均大于 0.05，表明模型失拟项不显著。因此，所选择的模型合适，可以用这两个模型进行脱脂海马全粉中蛋白质酶解工艺的优化。

表 3-13 响应面方差分析

方差来源	平方和		自由度		均方		F 值		Prob>F(a)	
	碱性蛋白酶	胰蛋白酶	碱性蛋白酶	胰蛋白酶	碱性蛋白酶	胰蛋白酶	碱性蛋白酶	胰蛋白酶	碱性蛋白酶	胰蛋白酶
模型	22.79	13.11	9	9	2.53	1.46	9.18	8.04	0.0009	0.0016
A-温度	2.06	2.64	1	1	2.06	2.64	7.48	14.55	0.0210	0.0034
B-时间	4.93	0.86	1	1	4.93	0.86	17.89	4.73	0.0017	0.0547
C-pH	1.27	0.013	1	1	1.27	0.013	4.62	0.069	0.0572	0.7979
AB	1.48	1.49	1	1	1.48	1.49	5.36	8.21	0.0431	0.0168
AC	0.16	1.00	1	1	0.16	1.00	0.59	5.53	0.4606	0.0406
BC	0.68	1.35	1	1	0.68	1.35	2.48	7.47	0.1463	0.0211
A^2	6.22	2.47	1	1	6.22	2.47	22.55	13.65	0.0008	0.0041
B^2	2.54	0.012	1	1	2.54	0.012	9.22	0.066	0.0125	0.8019
C^2	5.70	3.80	1	1	5.70	3.80	20.65	20.96	0.0011	0.0010
失拟项	1.85	0.86	5	5	0.37	0.17	2.03	0.91	0.2275	0.5414

注：Prob>F(a)大于 0.05 表示模型及各因素无显著影响，Prob>F(a)小于 0.05 表示模型及各因素有显著影响，Prob>F(a)小于 0.01 表示模型及各因素有极显著影响

根据回归方程（a）和（b）、表 3-13 及图 3-4 可知，A、AB、B^2 对碱性蛋白酶酶解有显著影响，B、A^2、C^2 对碱性蛋白酶酶解有极显著影响，C、AC、BC 对碱性蛋白酶酶解无显著影响；而 AB、AC、BC 对胰蛋白酶酶解有显著影响，A、A^2、C^2 对胰蛋白酶酶解有极显著影响，B、C、B^2 对胰蛋白酶酶解无显著影响。因此，可以把回归方程作进一步优化，得新的方程为（a′）和（b′）：

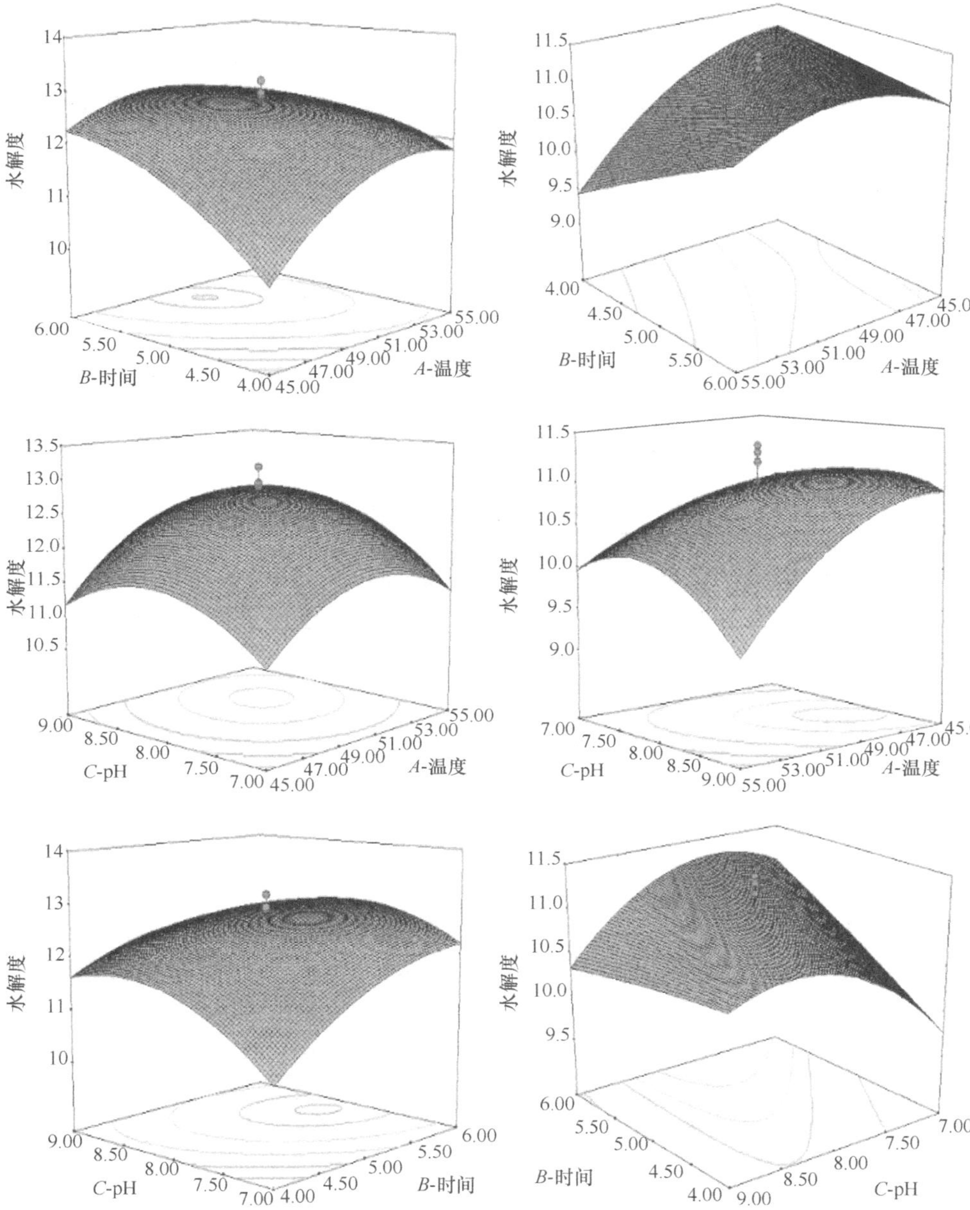

图 3-4　酶解时间、pH、温度间的相互作用对碱性蛋白酶（左列）和胰蛋白酶（右列）酶解效果的影响（彩图请扫封底二维码）

（a′）DH（%）$=-134.89+2.91A+11.44B-0.09AB-0.026A^2-0.42B^2-0.63C^2$

（b′）DH（%）$=-84.28+1.70A+0.09AB-0.07AC-0.41BC-0.02A^2-0.51C^2$

式中，A、B、C 分别代表温度、时间和 pH。

对于碱性蛋白酶，酶解温度和时间对其酶解效果的影响均比较大，pH 影响为最小；而对于胰蛋白酶，温度对其酶解效果的影响最大，其次为 pH，影响最小的是酶解时间。

通过 Design-Expert 软件求解优化后的回归方程，以脱脂海马全粉的酶解水解度为指标，根据响应面方程的分析得出以下结论。

碱性蛋白酶的 3 个因素最佳组合为：酶解温度 54.70℃、酶解时间 6h、酶解 pH 8.99，预测水解度为 11.77%。

胰蛋白酶的 3 个因素最佳组合为：酶解温度 45℃、酶解时间 4h、酶解 pH 8.78，预测水解度为 11.49%。

为了在实际操作中方便可行，将两种酶的酶解 pH 分别校正至 9 和 8.8。

4）复合酶解工艺

复合酶解的实验结果见表 3-11。

4 种方案两两间均有显著性差异（$P<0.05$），先进行胰蛋白酶酶解再进行碱性蛋白酶酶解的方案（胰蛋白酶+碱性蛋白酶）为最佳方案；表 3-11 中实验 3#和实验 4#的结果反映出两种蛋白酶各自在最佳酶解条件下水解度的实测值与预测值相当。

将 4 种复合酶解方案所得的酶解液在 5000r/min 离心 10min 后，取上清液进行冷冻干燥，对浓缩后的结晶物进行 Tricine-SDS-PAGE。电泳结果如图 3-5 所示，所得酶解多肽的分子量基本都小于 30kDa，且绝大部分都集中在 25kDa 附近。

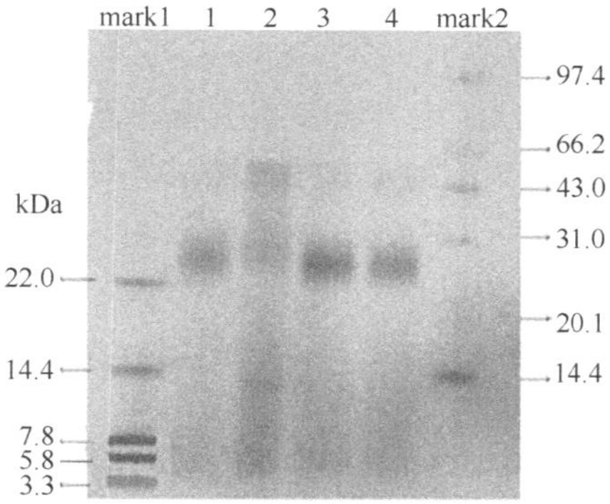

图 3-5　4 种酶解方案所得的酶解多肽的分子量电泳分布图（彩图请扫封底二维码）

mark1. 超低分子量蛋白标样；mark2. 低分子量蛋白标样；1. 先碱性蛋白酶后胰蛋白酶的复合酶解多肽；2. 先胰蛋白酶后碱性蛋白酶的复合酶解多肽；3. 胰蛋白酶酶解多肽；4. 碱性蛋白酶酶解多肽

3.2.2　海马抗氧化多肽

3.2.2.1　材料

上述脱脂海马全粉经复合酶（胰蛋白酶+碱性蛋白酶）酶解后的多肽产物经冷

冻干燥，所得到的多肽粉（记为 PH）于–80℃贮存备用。

3.2.2.2 方法

1）凝胶层析分离

填装 Sephadex G-50 凝胶柱，用蒸馏水进行平衡处理（具体操作方法参照 2.2.2.4）。取 0.1g PH 溶解于 2ml 蒸馏水中，然后上 Sephadex G-50 凝胶柱，上样量为 2ml，仍用蒸馏水进行洗脱，在 280nm 波长处进行蛋白质含量检测，以洗脱液体积为横坐标，吸光值为纵坐标，绘制洗脱曲线，并根据洗脱时间分管收集各洗脱峰。经冷冻干燥，–80℃保存备用。

2）超滤膜分离

实验用的超滤设备为卷式膜系列，膜材料为聚醚砜。超滤膜截流的分子量（MWCO）分别为 20kDa、10kDa、5kDa 和 2.5kDa。通过控制超滤参数，PH 被分离得到了 5 种不同分子量区段范围的混合多肽：PH-Ⅰ（>20kDa），PH-Ⅱ（10～20kDa），PH-Ⅲ（5～10kDa），PH-Ⅳ（2.5～5kDa）和 PH-Ⅴ（<2.5kDa）。分别收集后，经冷冻干燥，–80℃保存备用。

3）抗氧化能力测定

将层析洗脱的各峰多肽（峰Ⅰ、峰Ⅱ、峰Ⅲ）配成 0.9mg/ml、1.2mg/ml、1.5mg/ml、1.8mg/ml 4 个浓度梯度，按下述方法分别测定抗氧化能力；将经超滤分离的各分子量多肽（PH-x），直接配成 1.5mg/ml，测定抗氧化能力。抗氧化能力包括以下指标。

还原力：用吸光值表示，测定方法参照项惠丹等（2008）。

DPPH 自由基清除率（%）：测定方法参照成静等（2009）。

超氧阴离子自由基清除率（%）：采用连苯三酚（焦性没食子酸）自氧化法测定，操作步骤参照郭雪峰等（2008）。

羟基自由基清除率（%）：采用结晶紫法测定，操作步骤参照刘骏（2005）。

4）氨基酸组成分析

超滤的各分子量多肽（PH-x）的氨基酸组成分析送检，方法按 GB 5009.124—2016 测定。

5）数据处理

借助 Excel 软件和 SPSS 分析软件，采用单因素方差分析（ANOVA）方法对两种方法分离多肽的抗氧化能力进行差异显著性分析，$P<0.05$ 为显著性差异。

3.2.2.3 结果与分析

1）凝胶层析分离结果

在优化酶解工艺条件下，两种单酶及复合酶对脱脂海马全粉酶解所得的多肽溶液的层析谱如图 3-6 所示。3 条洗脱曲线（1 为复合酶、2 为胰蛋白酶、3 为碱性蛋白酶）上都有几个较明显的波峰，根据洗脱时间，删去相对浓度<0.001 和峰面积<1000 的杂峰，按出峰时间：把 30～68min 命名为峰Ⅰ，68～210min 为峰Ⅱ，210～270min 为峰Ⅲ。分别单独收集各峰的多肽，备用。

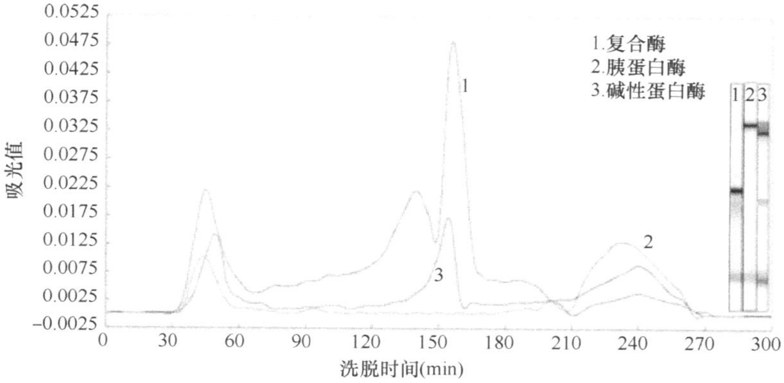

图 3-6　单酶及复合酶酶解多肽层析谱图（彩图请扫封底二维码）

分别对复合酶、胰蛋白酶和碱性蛋白酶所得的酶解多肽进行抗氧化能力测定，当多肽浓度达到 1.5mg/ml 时抗氧化能力最大，3 种酶解多肽间存在显著性差异（P<0.05），其中，复合酶酶解多肽的抗氧化能力比单酶的要强。

然后，重点测定了复合酶酶解的多肽经凝胶柱层析分离的 3 个峰多肽的抗氧化能力，包括还原力（吸光值）（图 3-7a）、DPPH 自由基清除率（图 3-7b）、超氧阴离子清除率（图 3-7c）和羟基自由基清除率（图 3-7d）。各峰多肽也都在 1.5mg/ml 时有最佳的抗氧化能力，且两两峰之间的抗氧化能力有显著性差异（P<0.05），排序依次为峰Ⅱ>峰Ⅲ>峰Ⅰ（图 3-7）。

2）超滤膜分离结果

（1）多肽回收率

脱脂海马全粉的复合酶酶解多肽液（PH）经超滤膜过滤后，分离为 5 个分子量区段的多肽，各区段多肽的回收率见图 3-8。实验用的脱脂海马全粉量为（100±0.43）g，从图 3-8 中可以看出，不同分子量多肽的回收率也不同，其中 PH-Ⅰ、PH-Ⅴ和 PH-Ⅳ回收率较高，回收量都超过了 10g，尤其以 PH-Ⅰ区段的多肽量为最多。经计算，回收的多肽总量为 60.91g，占脱脂海马全粉总量的 60.91%。

（2）PH-x 抗氧化能力

对于各区段多肽的抗氧化能力来说，在 DPPH 自由基清除率（图 3-9a）、超氧阴离子清除率（图 3-9b）和还原力（吸光值）（图 3-9c）上，各多肽间存在一定的差异，其中 PH-Ⅱ和 PH-Ⅳ间的抗氧化能力差异不明显，但强于 PH-Ⅰ（P<0.05），

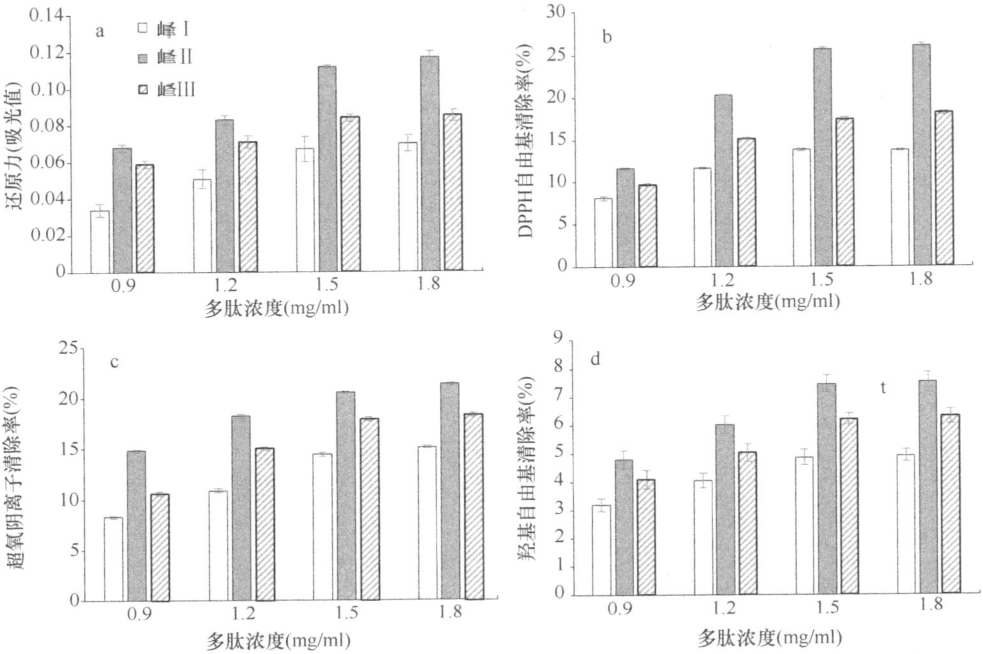

图 3-7 脱脂海马全粉复合酶酶解多肽的抗氧化能力比较

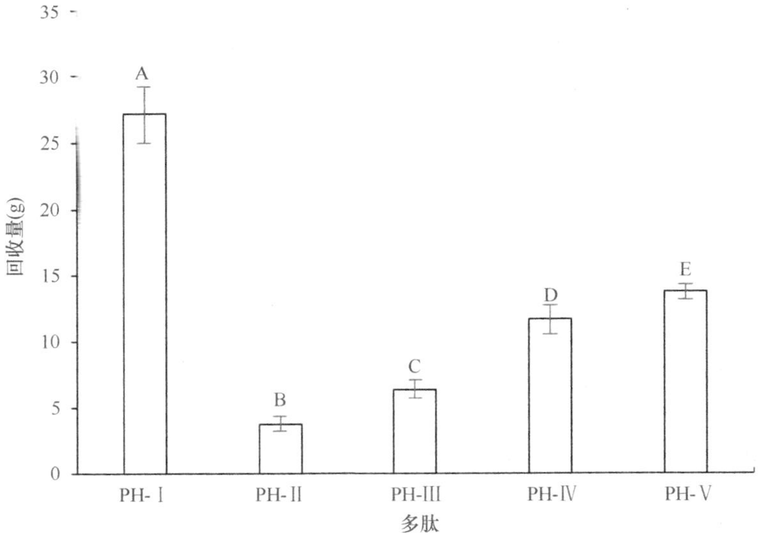

图 3-8 超滤分离的 5 个不同分子量区段多肽的回收量

不同字母表示各组间显著性差异（$P<0.05$）

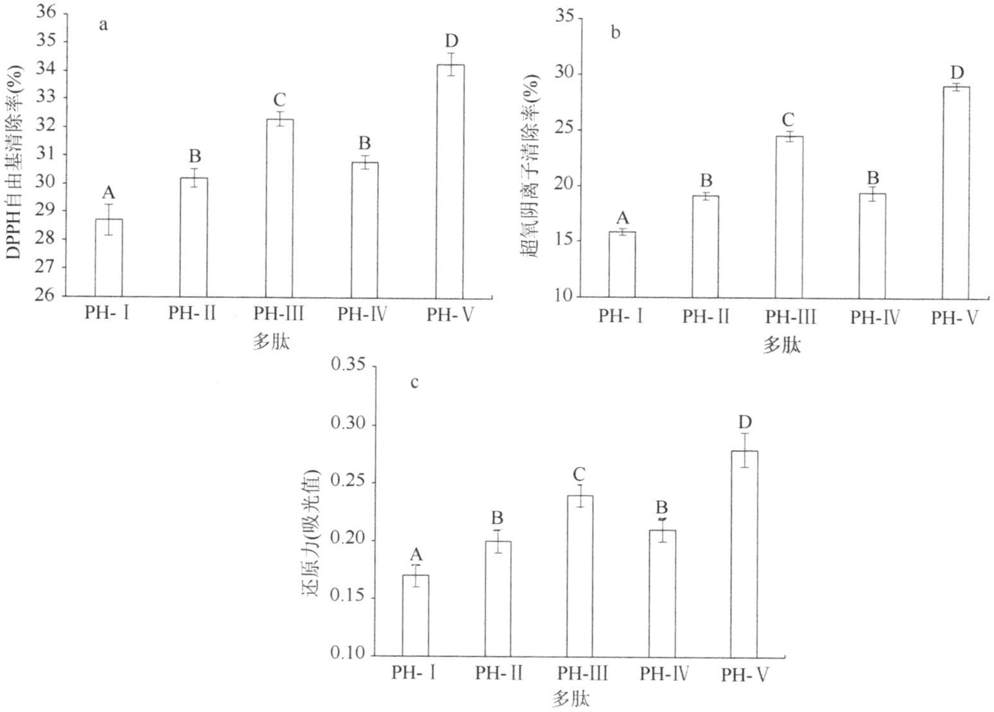

图 3-9 超滤分离的 5 个多肽的抗氧化能力比较（浓度 1.5mg/ml）

各图中不同的大写字母表示各组间显著性差异（$P<0.05$）

不如 PH-Ⅲ和 PH-Ⅴ（$P<0.05$），后两者间也有显著性差异（$P<0.05$）。比较这 5 个多肽的抗氧化能力，PH-Ⅰ最低，PH-Ⅴ最强。其中，PH-Ⅴ区段对 DPPH 自由基清除率为(34.2±0.1)%，对超氧阴离子清除率为(29.2±0.1)%，还原力为 0.28±0.005，远高于其他 4 个多肽。

3）PH-*x* 氨基酸组成

PH-*x* 的氨基酸组成分析结果见表 3-14。

表 3-14 不同超滤区段多肽（PH-*x*）的氨基酸组成（%）

氨基酸组成	PH-Ⅰ	PH-Ⅱ	PH-Ⅲ	PH-Ⅳ	PH-Ⅴ
Asp	4.49	5.48	4.21	5.24	2.25
Glu	6.21	7.59	6.18	7.45	3.65
Ser	3.11	3.47	3.05	3.59	2.82
Gly	30.33	28.55	30.48	30.13	26.85
His	1.64	1.28	1.35	1.24	1.52
Arg	2.65	4.20	3.85	3.63	7.48
Thr	2.73	3.13	2.74	3.41	2.78

续表

氨基酸组成	PH-Ⅰ	PH-Ⅱ	PH-Ⅲ	PH-Ⅳ	PH-Ⅴ
Ala	12.08	12.63	12.41	11.77	14.94
Pro	12.89	10.55	12.03	11.90	9.01
Tyr	1.76	1.48	1.55	1.36	1.90
Val	4.84	4.85	4.81	4.60	5.09
Met	1.96	2.00	2.00	1.82	2.33
Ile	3.30	2.97	3.08	2.97	2.90
Leu	5.07	4.68	4.95	4.53	6.02
Phe	2.73	2.37	2.61	2.30	3.15
Lys	4.22	4.77	4.69	4.06	7.32
X_1	19.66	18.35	19.0	17.58	21.39
X_2	32.1	33.87	32.31	33.52	31.23
Y_1	19.21	23.32	20.28	21.62	22.22
Y_2	32.55	28.90	31.03	29.48	30.40
Z_1	32.74	36.54	33.77	34.3	37.04
Z_2	19.02	15.68	17.54	16.8	15.58
M	A	B	C	D	E

注：X_1代表疏水性氨基酸（Phe、Leu、Ile、Val、Tyr、Met）；X_2代表亲水性氨基酸（Lys、Arg、His、Asp、Glu、Pro）；Y_1代表极性氨基酸（Lys、Arg、His、Asp、Glu）；Y_2代表非极性氨基酸（Pro、Phe、Leu、Ile、Val、Tyr、Met）；Z_1代表脂肪族氨基酸（Val、Lys、Leu、Ile、Arg、Met、Asp、Glu）；Z_2代表芳香族氨基酸（His、Tyr、Pro、Phe）；M为多肽分子量，A. >20kDa；B. 10～20kDa；C. 5～10kDa；D. 2.5～5kDa；E. <2.5kDa

管海马蛋白的复合酶解所得的5个超滤多肽PH-x中都富含Gly、Ala和Pro，但His、Met和Tyr的含量较少。

经归类（归类方法见表3-14表注），疏水性氨基酸（X_1）含量占19.2%，亲水性氨基酸（X_2）占32.61%；极性氨基酸（Y_1）含量占21.33%，非极性氨基酸（Y_2）占30.47%；脂肪族氨基酸（Z_1）含量占34.88%，芳香族氨基酸（Z_2）占16.92%。

在这5个超滤多肽中，PH-Ⅴ的X_1和Z_1含量最高，尤其是X_1，占比达21.39%，比PH-Ⅳ高了21.67%；而X_2和Z_2含量在PH-Ⅴ中占比却是最低的；相反，PH-Ⅰ中的Y_2（32.55%）和Z_2（19.02%）的占比为最高，而Y_1（19.21%）和Z_1（32.74%）的含量却最低；另外，PH-Ⅱ拥有最高的X_2（33.87%）和Y_1（23.32%）及最低的Y_2（28.90%）。PH-Ⅲ中X_1、Y_2和Z_2的占比要高于PH-Ⅱ和PH-Ⅳ。X_1、X_2、Y_2和Z_2在PH-Ⅱ和PH-Ⅳ中的含量相近。

4）回归分析

据文献报道，多肽抗氧化能力的强弱与氨基酸的疏水性/亲水性、芳香族/脂肪族、极性/非极性含量，以及多肽的分子量大小等密切相关。因此，采用线性回归方法对上述各多肽作相关定量分析，以 X_1 和 X_2，Y_1 和 Y_2，Z_1 和 Z_2 及分子量（M）4 个参数分别作自变量，多肽的抗氧化能力（DPPH 表示 DPPH 自由基清除率，$O_2^-\cdot$ 表示超氧阴离子清除率，Fe^{2+} 表示还原力）分别作因变量，分析各超滤多肽的抗氧化能力与其氨基酸组成间的相关关系。

多肽的抗氧化能力与疏水性（X_1）/亲水性（X_2）氨基酸的关系方程：

（i）$DPPH=20.843+0.591X_1+0.06X_2-0.994M$（$R^2=0.848$，$F=20.524$，$P<0.01$）

（ii）$O_2^-\cdot=14.978+1.202X_1-0.281X_2-2.408M$（$R^2=0.858$，$F=22.18$，$P<0.01$）

（iii）$Fe^{2+}=-0.16+0.012X_1+0.002X_2-0.019M$（$R^2=0.812$，$F=15.832$，$P<0.01$）

回归方程（i）～（iii）表明 X_1 和 X_2 两类氨基酸对多肽的抗氧化能力具有较强的相关性。结合图 3-10 可知：尤其是疏水性氨基酸（X_1）的组成与含量对多肽的抗氧化能力起到了决定性的作用，其中，DPPH 自由基清除率和还原力在 X_1 上的标准化系数分别为 0.403 和 0.422，高于超氧阴离子清除率的标准化系数（0.335），也远高于 X_2 的 0.03、–0.058 和 0.045。

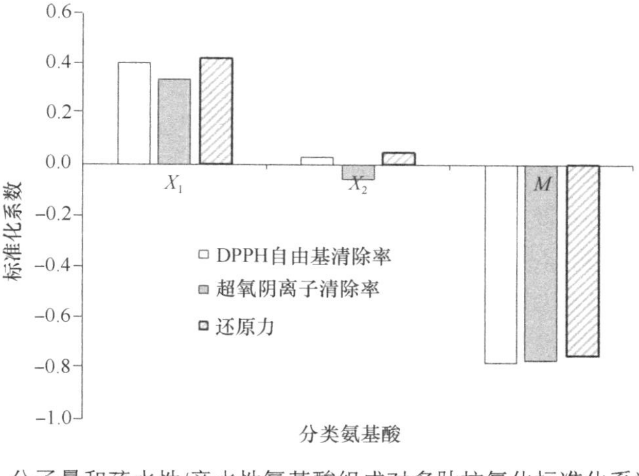

图 3-10　分子量和疏水性/亲水性氨基酸组成对多肽抗氧化标准化系数的影响

多肽的抗氧化能力与极性（Y_1）/非极性（Y_2）氨基酸的关系方程：

（iv）$DPPH=-23.193+0.946Y_1+1.238Y_2-1.192M$（$R^2=0.823$，$F=17.085$，$P<0.01$）

（v）$O_2^-\cdot=-109.311+2.199Y_1+3.052Y_2-2.975M$（$R^2=0.829$，$F=17.748$，$P<0.01$）

（vi）$Fe^{2+}=-0.894+0.019Y_1+0.025Y_2-0.023M$（$R^2=0.787$，$F=13.570$，$P<0.01$）

回归方程（iv）～（vi）表明 Y_1 和 Y_2 两类氨基酸都对多肽的抗氧化能力起着重要作用，由于两者的标准化系数相似且都为正值（图 3-11），它们通过协同作用来增强多肽的抗氧化能力。Y_1 和 Y_2 的标准化系数在 DPPH、$O_2^-\cdot$ 及 Fe^{2+} 上分别为 0.719 和 0.829，0.683 和 0.835，0.741 和 0.851。此外，对各自的标准化系数与对应 PH-x 内的氨基酸百分比作一个单位化处理，可以发现，每单位的 Y_2 对 DPPH、

$O_2^-\cdot$和 Fe^{2+}的能力分别是 Y_1 的 1.23 倍、1.16 倍和 1.24 倍。

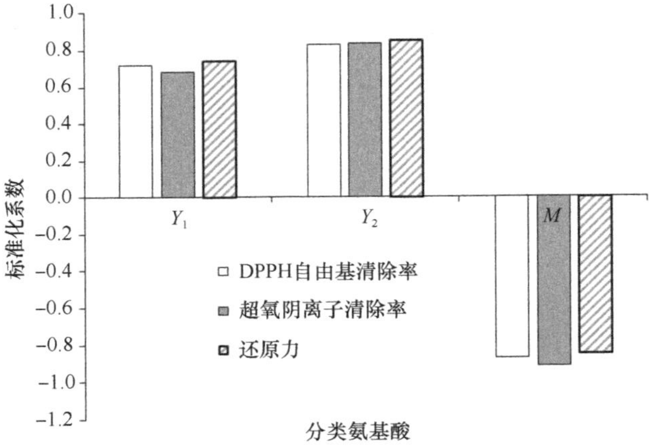

图 3-11 分子量和极性/非极性氨基酸组成对多肽抗氧化标准化系数的影响

与脂肪族（Z_1）/芳香族（Z_2）氨基酸关系方程：

（vii）$DPPH=-30.289+1.174Z_1+1.426Z_2-1.215M$（$R^2=0.803$，$F=14.921$，$P<0.01$）

（viii）$O_2^-\cdot=-135.214+2.942Z_1+3.754Z_2-3.081M$（$R^2=0.803$，$F=14.981$，$P<0.01$）

（ix）$Fe^{2+}=-1.046+0.024Z_1+0.029Z_2-0.024M$（$R^2=0.767$，$F=12.075$，$P<0.01$）

与 Y_1 和 Y_2 相似，Z_1 和 Z_2 也表现出较好的协同作用，见回归方程（vii）～（ix）。Z_1 和 Z_2 在 DPPH、$O_2^-\cdot$及 Fe^{2+}上的标准化系数分别为 1.017 和 0.958，1.042 和 1.03，1.051 和 0.99，Z_1 的标准化系数略高于 Z_2（图 3-12）。但通过计算，每单位的 Z_1 在 DPPH、$O_2^-\cdot$及 Fe^{2+}上的抗氧化能力却分别是 Z_2 的 1.96 倍、2.1 倍和 1.95 倍。因此，每单位 Z_1 对多肽抗氧化能力的贡献率约是 Z_2 的 2 倍。特别是，与 X_1 和 Y_1 不同，Z_2 对 $O_2^-\cdot$的清除效果（1.03）要略好于 DPPH（0.958）和 Fe^{2+}（0.99）。

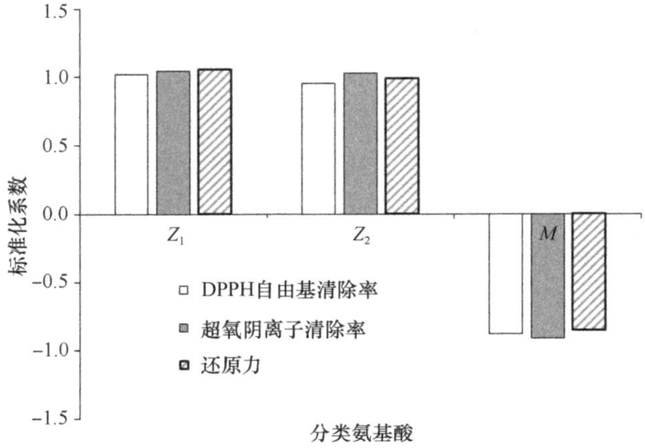

图 3-12 分子量和脂肪族/芳香族氨基酸组成对多肽抗氧化标准化系数的影响

多肽的分子量（M）与抗氧化能力的关系，根据回归方程（i）～（ix）和图3-10～图3-12，M 与抗氧化能力间存在明显的负相关关系，且对后者能起到决定性的影响。在本实验的管海马的各个酶解多肽 PH-x 中，PH-Ⅰ（M>20kDa）含有最高比例的芳香族氨基酸（Z_2）、疏水性氨基酸（X_1）和非极性氨基酸（Y_2），按上述分析，Z_2、X_1、Y_2 含量与抗氧化能力有密切的正相关关系，PH-Ⅰ应该有很强的抗氧化性，但实际上PH-Ⅰ的抗氧化能力却在5个PH-x中是最弱的；相反，PH-Ⅴ（M< 2.5kDa）分子量最小，却拥有最好的抗氧化能力（图 3-9）。

3.2.2.4 讨论

1）多肽的超滤回收率

采用超滤膜过滤的方法，海马酶解多肽的回收率达到了 60.91%，这已接近于脱脂海马全粉中的粗蛋白含量（67.9%）（Jiang et al.，2014）。多肽的分离纯化方法很多，如色谱柱、高效液相色谱法（HPLC）等，这些方法通常是根据多肽的理化性质来进行分离纯化的，也具有较高的回收率。但海马酶解产物有着较为复杂的理化性质和多种成分，可能会影响 HPLC 的效率和生产率（Yoshii and Tachi，2001），同时还费时费力，不利于大规模生产。超滤方法能大量处理样品，可获得不同区段分子量的多肽成分，并具有较高的回收率，有利于规模化生产。

2）多肽抗氧化能力

海马蛋白经复合酶解所得的多肽，其抗氧化能力要强于单酶酶解所得的多肽，体现了复合酶解在海马蛋白利用上的优势。从酶解多肽的凝胶层析分离可以初步看出，随着出峰时间的延长，所分离多肽的抗氧化能力在不断提高，说明多肽的抗氧化能力与其分子量有一定的关系。从超滤所得的多肽及其有关的分析进一步地证实：多肽的抗氧化能力与其分子量大小、氨基酸组成和顺序等有密切相关，得出与前人工作完全一致的结论（Grimble，1994）。主要原因是多肽的抗氧化机制主要依赖于氨基酸提供的活性基团与自由基反应，对脂质过氧化起阻碍作用，或与金属离子发生螯合作用阻止脂质过氧化（Grimble，1994）。因此，能提供活性基团或能暴露活性基团的氨基酸组成的多肽的抗氧化能力就强。

（1）分子量与抗氧化能力

一般认为分子量<3kDa 的多肽有较强的抗氧化能力（Sun et al.，2004）。例如，PH-Ⅴ分子量最小（<2.5kDa），却拥有最强的抗氧化能力。小分子量的多肽表现出更强的抗氧化能力，其原因：一可能是在相同浓度下小分子量的多肽有更多的物质的量，二可能是小分子量的多肽更有利于其氨基酸活性基团的暴露（Grimble，1994）。通过相关性分析，多肽的分子量与抗氧化能力之间有明显的负相关性。本实验的 PH-Ⅰ（>20kDa）和 PH-Ⅴ（<2.5kDa）很好地证实了此点。当然，多肽的抗氧化能力还与其他因素有关，如氨基酸组成。

（2）疏水性氨基酸与抗氧化能力

现已发现许多抗氧化肽的 N 端都具有疏水性氨基酸残基（如 Val、Ile 和 Leu）（Kim and Byun，1994；Chen et al.，1996），或序列中含有 His 或 Tyr（Chen et al.，1995），此外 Met 和 Phe 的存在也有重要的影响（Ren et al.，2008；Cao，2004）。从回归方程看，疏水性氨基酸对多肽的抗氧化能力起到了决定性的作用。例如，本实验分离的 PH-Ⅴ中的 Met 和 Phe 含量高于 PH-Ⅲ和 PH-Ⅳ，相应地其抗氧化能力也强于后两个多肽。相关原理前人已有论述，Phe 等疏水性氨基酸作为氢供体，可与其他氨基酸相互作用来增强多肽功效（Chen et al.，1996；Mendis et al.，2005）。相反，亲水性氨基酸不利于多肽接近目标底物，因此不利于多肽清除自由基（Chen et al.，1995）。

（3）极性氨基酸与抗氧化能力

极性氨基酸（如 Glu 和 Asp）可通过侧链螯合作用，抑制自由基的氧化反应（Park et al.，2001），还能与非极性氨基酸协同作用以增加多肽的供氢和供电子能力（Zhang et al.，2010）。此外，极性氨基酸还具有较为活泼的化学性质，与金属离子间也很容易发生作用，可有效抑制由金属离子造成的氧化反应的发生（Park et al.，2001；Rajapakse et al.，2005）。因此，PH-Ⅴ表现出更强的抗氧化能力，还可能与其拥有较高含量的极性氨基酸有关。

（4）芳香族氨基酸与抗氧化能力

芳香族氨基酸（如 His、Tyr、Phe 和 Pro）的抗氧化能力可归因于该族氨基酸结构上的咪唑环（Chen et al.，1996）。通过与其他氨基酸相互作用，咪唑环可提高多肽的疏水能力，从而增强其抗氧化能力（Chen et al.，1996）。本实验中，每单位的芳香族氨基酸清除自由基的能力是脂肪族氨基酸的 2 倍，此外芳香族氨基酸清除超氧阴离子自由基的能力要高于还原力和 DPPH 自由基，这都说明了芳香族氨基酸更有利于减少局部环境中的氧浓度，另外，也有报道认为芳香族氨基酸还能够保持多肽抗氧化能力的稳定性（Ren et al.，2008）。

综上，多肽的分子量及其拥有的疏水性氨基酸对其抗氧化能力起到决定性作用，而极性氨基酸和芳香族氨基酸也对自由基的清除起到重要的作用。如果多肽中的氨基酸属于上述几类氨基酸，那么多肽将会表现出良好的抗氧化能力。

3.2.3 海马 ACE 抑制多肽

抑制血管紧张素转化酶（ACE）活性的多肽，称为 ACE 抑制肽（ACEIP），一般 ACEIP 也是小分子量的多肽（简称小分子肽）。石艳军等（2004）研究发现该类多肽富含疏水性氨基酸、支链氨基酸和芳香族氨基酸，尤其是该类多肽的功能与疏水性氨基酸的含量有较好的正相关关系。脱脂海马全粉（SP）经复合酶解后获得的多肽（PH），经超滤膜超滤后，其中分子量>20kDa的组分多肽PH-Ⅰ相对的抗氧化能力较弱，且在产品（PH）中的得率较高（约45%），有待于进一步开发与利用。

表3-15为PH-Ⅰ和SP中的氨基酸组成对比。从中可以看出：PH-Ⅰ中的疏水性氨基酸、支链氨基酸和芳香族氨基酸含量分别为19.66%、13.21%和4.49%，都高于在SP中的含量。因此，PH-Ⅰ适于用来制备ACE抑制肽。

表3-15 PH-Ⅰ和SP中的氨基酸组成（%）

氨基酸	PH-Ⅰ	SP
Asp	4.49	4.33
Glu	6.21	6.22
Ser	3.11	3.21
Gly	30.33	29.27
His	1.64	1.41
Arg	2.65	4.36
Thr	2.73	2.96
Ala	12.08	12.77
Pro	12.89	11.28
Tyr	1.76	1.61
Val	4.84	4.84
Met	1.96	2.02
Ile	3.30	3.04
Leu	5.07	5.05
Phe	2.73	2.62
Lys	4.22	5.01
疏水性氨基酸总量	19.66	19.18
支链氨基酸总量	13.21	12.93
芳香族氨基酸总量	4.49	4.23

注：疏水性氨基酸包括Val、Ala、Leu、Phe、Ile、Met、Tyr；支链氨基酸包括Val、Ile和Leu；芳香族氨基酸包括Tyr、Phe

3.2.3.1 材料

实验材料：上述的脱脂海马全粉复合酶解多肽（PH）经超滤所得的分子量>20kDa的组分多肽PH-Ⅰ，以及碱性蛋白酶、胰蛋白酶、木瓜蛋白酶、菠萝蛋白酶、复合蛋白酶和酸性蛋白酶（北京索莱宝科技有限公司）；*N*-[3-（2-呋喃基）丙烯酰]-*L*-苯丙氨酰-甘氨酰-甘氨酸（FAPGG）、血管紧张素转化酶（EC 3.4.15.1）、DPPH（美国Sigma公司）；Sephadex G-15（美国GE公司）；无水乙醇、抗坏血酸、硫酸亚铁、体积分数30%的H_2O_2等（国药集团化学试剂有限公司）。

3.2.3.2 方法

1）ACE 抑制肽制备

选用酸性蛋白酶、木瓜蛋白酶、风味蛋白酶、复合蛋白酶和菠萝蛋白酶等 5 种酶对 PH-Ⅰ进行再次酶解。步骤为：取 0.5g PH-Ⅰ，加入 25ml 蒸馏水，调节水浴锅至各酶的最佳温度，用 0.02mol/L HCl 和 0.02mol/L NaOH 溶液进行酸碱调节，底物预热 10min，E/S 4%，酶解 6h，沸水灭酶活 10min。冷却至室温后，3000r/min 离心 10min，取上清液，冻干得 PH-Ⅰ的酶解多肽粉。取冻干的多肽粉配成浓度分别为 2mg/ml、1.6mg/ml、1.2mg/ml、0.8mg/ml 和 0.4mg/ml 5 个浓度梯度的溶液，用于测量 ACE 抑制率，求出 PH-Ⅰ酶解多肽粉的 ACE 半抑制浓度 IC_{50}。

2）分析测定

水解度（%）测定：测定方法参照 3.2.1.2。

ACE 抑制活性测定：参照李莹等（2012）测定 ACE 抑制率方法。

3）PH-Ⅰ酶解工艺条优化

（1）酶解工艺单因素实验

从上述各酶酶解所得的多肽粉的 IC_{50} 看（表 3-16），PH-Ⅰ再次酶解用酶的最佳选择为木瓜蛋白酶。

表 3-16　5 种酶解液 ACEIP 的 IC_{50}

蛋白酶种类	温度（℃）	pH	酶切位点	IC_{50}（mg/ml）
木瓜蛋白酶	55	7.5	Arg-、Lys-	$2.028±0.110^{a}$
菠萝蛋白酶	55	6.5	Lys-、Ala-、Gly-、Tyr-	$2.727±0.051^{b}$
酸性蛋白酶	40	3.0	Phe-、Trp-、Tyr-	$3.277±0.117^{c}$
复合蛋白酶	50	6.5	复合型内切酶	$2.200±0.062^{d}$
风味蛋白酶	50	6.5	芳香型氨基酸	$2.660±0.030^{b}$

注：不同字母表示相互间有显著性差异（$P<0.05$）

确定木瓜蛋白酶作为酶解用酶后，以水解度为指标，对影响木瓜蛋白酶酶解效果的 E/S、酶解温度、pH、酶解时间等进行单因素实验。

E/S 单因素实验设计：E/S 设 5 个梯度，即 2%、3%、4%、5%、6%，其他条件为 pH 7.5，温度 55℃，时间 6h。

酶解时间单因素实验：设 5 个梯度，即 1h、3h、5h、7h、9h，其他条件为 pH 7.5，温度 55℃，E/S 5%。

pH 单因素实验：设 5 个梯度，即 5.5、6.5、7.5、8.5、9.5，其他条件为温度 55℃，E/S 5%，时间 7h。

酶解温度单因素实验：设 5 个梯度，即 45℃、50℃、55℃、60℃、65℃，其他条件为 E/S 5%，时间 7h，pH 7.5。

（2）酶解工艺响应面优化实验

根据（1）酶解工艺单因素实验结果，E/S 分别为 5%和 6%时，水解度最高，故 E/S 选定为 5%。对其他三因素（时间、pH 和温度）则通过响应面实验进行条件优化，确定最佳酶解工艺条件。实验因素水平见表 3-17。

表 3-17 木瓜蛋白酶酶解优化的响应面实验设计

水平	时间（h）	pH	温度（℃）
–1	6	6.5	55
0	7	7.5	60
1	8	8.5	65

4）分离纯化与结构鉴定

按照酶解优化工艺，PH-Ⅰ经木瓜蛋白酶酶解，获得酶解多肽。

首先，经凝胶层析进行初步分离纯化，得到了 5 个组分，分别记为 PH-Ⅰ1、PH-Ⅰ2、PH-Ⅰ3、PH-Ⅰ4 和 PH-Ⅰ5，分别测定这 5 个组分多肽的 ACE 抑制能力（李莹等，2012）和抗氧化能力（方法参照 3.2.2.2）。

其次，对 IC_{50} 较低的 3 个组分 PH-Ⅰ3、PH-Ⅰ4 和 PH-Ⅰ5，分别收集后冻干备用。

最后，分别取 PH-Ⅰ3、PH-Ⅰ4 和 PH-Ⅰ5 的冻干粉用蒸馏水复溶后，用 Agilent 1260 高压液相色谱仪半制备 RP-HPLC 系统并过 C18 柱作进一步的分离纯化。分离条件为：流动相 A 为乙腈［含 0.1%三氟乙酸（TFA），*V/V*］，流动相 B 为水（含 0.1% TFA，*V/V*）。半制备型色谱柱的类型及规格为：Agilent ZORBOXSB-C18 色谱柱，9.4mm×250mm，5μm。收集不同洗脱峰组分并保存于–20℃备用。

福林酚法（Folin）测定微量多肽浓度：参照刘建华等（2011）方法。

氨基酸组成和 ACE 抑制肽结构分析：氨基酸组成分析按 GB 5009.124—2016 中的方法测定；ACE 抑制肽结构分析基于 LC-MS/MS 的 *de novo* 测序及色谱-质谱连用。数据处理采用 Data Explorer 软件（AB SCIEX）进行，根据 b-y 离子对肽段碎片信息进行解析。

5）数据处理

采用 Excel、Origin 软件和 SPSS 分析软件进行数据分析及图表编辑，采用 Design-Expert 软件进行响应面数据分析。$P<0.05$ 为显著性差异。

3.2.3.3 结果与分析

1）最佳酶解蛋白酶

对所选的 5 种蛋白酶酶解 PH-Ⅰ所得溶液的 IC_{50} 的比较结果见表 3-16，酸性

蛋白酶的 IC_{50} 最大，菠萝蛋白酶和风味蛋白酶的 IC_{50} 次之，这三者的 IC_{50} 都要高于复合蛋白酶和木瓜蛋白酶（$P<0.05$）；其中，以木瓜蛋白酶的 IC_{50} 为最小[（2.028±0.110）mg/ml]。所以本实验选择木瓜蛋白酶作为酶解 PH-Ⅰ制备 ACE 抑制肽的蛋白酶。

2）木瓜蛋白酶单因素实验最佳条件

木瓜蛋白酶酶解 PH-Ⅰ制备 ACE 抑制肽的酶解条件经单因素实验，所得的最佳酶解条件为 E/S 5%、酶解时间 7h、pH 7.5、温度 60℃。

3）响应面优化结果

根据响应面实验结果（表 3-18），木瓜蛋白酶对 PH-Ⅰ进行酶解的最佳条件优化的回归方程为

$$\text{DH}(\%) = -445.704+15.236A+9.615B+12.608C+0.055AB-0.02AC-0.0345BC -0.965A^2-0.518B^2-0.1033C^2 \quad (3\text{-}4)$$

式中，A、B、C 分别表示酶解时间、pH 和酶解温度。

表 3-18 响应面实验表及结果

实验编号	时间（h）	pH	温度（℃）	水解度 DH（%）
1	0	–1	–1	17.64±0.28
2	0	0	0	20.06±0.10
3	0	–1	1	16.12±0.11
4	0	0	0	20.24±0.12
5	–1	–1	0	17.53±0.19
6	0	0	0	20.15±0.01
7	0	0	0	20.15±0.05
8	–1	0	1	14.91±0.30
9	1	0	1	16.39±0.02
10	0	0	0	20.14±0.12
11	–1	0	–1	16.61±0.10
12	1	–1	0	19.48±0.34
13	–1	1	0	17.74±0.39
14	0	1	1	16.11±0.34
15	0	1	–1	18.32±0.21
16	1	0	–1	18.49±0.40
17	1	1	0	19.91±0.13

方差分析见表 3-19。模型的 Prob>F(a)小于 0.01，表示该模型具有极显著意义。失拟项的 Prob>F(a)为 0.0585，大于 0.05，表明模型预测结果与实际结果相拟合，模型可靠。因此可用此模型来进一步优化 PH-Ⅰ酶解的工艺条件。

表 3-19 响应面方差分析

方差来源	平方和	自由度	均方	F 值	Prob>F(a)
模型	49.81	9	5.54	434.54	<0.001**
A-时间	6.99	1	6.99	548.81	<0.001**
B-pH	0.21	1	0.21	16.83	0.0046*
C-温度	7.09	1	7.09	556.17	<0.001**
AB	0.012	1	0.012	0.95	0.3623
AC	0.040	1	0.040	3.14	0.1197
BC	0.12	1	0.12	9.34	0.0184*
A^2	3.92	1	3.92	307.84	<0.001**
B^2	1.13	1	1.13	88.57	<0.001**
C^2	28.09	1	28.09	2203.99	<0.001**
余差	0.089	7	0.013		
失拟项	0.073	3	0.024	5.97	0.0585
纯误差	0.016	4	0.0041		
总离差	37.68	16			

注：**为差异极显著；*为差异显著

从式（3-4）及表 3-19 可以看出，木瓜蛋白酶受 AB（时间×pH）、AC（时间×温度）联合（交互）作用的影响并不明显。木瓜蛋白酶的活性受 A、C、A^2、B^2、C^2 的影响极显著，受 B、BC 的影响较为显著。因此，式（3-4）可调整为

$$\text{DH（\%）} = -445.704+15.236A+9.615B+12.608C-0.0345BC-0.965A^2 -0.518B^2-0.1033C^2 \quad (3\text{-}5)$$

式中，A、B、C 分别表示酶解时间、pH 和酶解温度。

从调整后的回归方程看，对于木瓜蛋白酶酶解 PH-Ⅰ，酶解时间和温度对酶解效果的影响都比较大，其次是 pH。求解该方程得到木瓜蛋白酶酶解 PH-Ⅰ的最佳工艺条件为：时间 7.5h、pH 7.72、温度 59℃，预测的水解度（DH）为 20.49%。

根据来自响应面优化所得的最佳工艺条件，我们进行了实验验证，实测水解度为（20.41±0.12）%，略小于预测值（20.49%），这说明 PH-Ⅰ木瓜蛋白酶酶解工艺优化效果较好。测得所得酶解液的 IC_{50} 为（1.897±0.072）mg/ml，与优化前的 IC_{50}［（2.028±0.110）mg/ml］相比，有显著提高（$P<0.05$）。

4）凝胶色谱层析分离

本实验中，PH-Ⅰ的木瓜蛋白酶酶解液，曾先采用 Sephadex G-25 进行分离，分离效果不佳。后改用 Sephadex G-15 进行分离，酶解液被分成 5 个组分（图 3-13，表 3-20）。根据分子筛的相关原理，这 5 个组分的分子量大小依次为 PH-Ⅰ1>PH-Ⅰ2>PH-Ⅰ3>PH-Ⅰ4>PH-Ⅰ5。

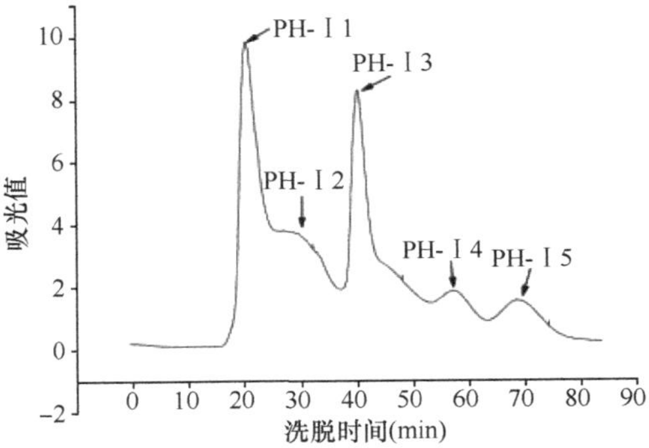

图 3-13　PH-Ⅰ酶解蛋白的 Sephadex G-15 蒸馏水洗脱曲线

表 3-20　PH-Ⅰ酶解蛋白的 Sephadex G-15 分离结果

组分	保留时间（min）	峰高	回收率（%）
PH-Ⅰ1	21.572	8360	37.57
PH-Ⅰ2	26.784	649	1.57
PH-Ⅰ3	42.064	6374	6.39
PH-Ⅰ4	59.763	637	12.66
PH-Ⅰ5	71.102	887	41.81

本实验分别测定了各分离组分的 IC_{50}，结果见图 3-14。

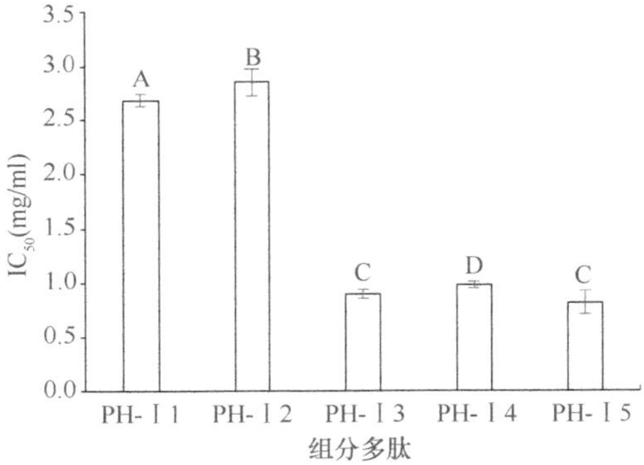

图 3-14　各组分多肽的 ACE 半抑制浓度（IC_{50}）比较

不同字母表示相互间显著性差异（$P<0.05$）

从图 3-14 中可以看出，PH-Ⅰ5 有最小的分子量，却有最强的降压能力，测得的 IC_{50} 为 0.814mg/ml；其次是 PH-Ⅰ3 和 PH-Ⅰ4 两个组分多肽，它们的 IC_{50} 分别为 0.896mg/ml 和 0.982mg/ml，PH-Ⅰ3 的降压能力与 PH-Ⅰ5 相比差异不大（$P>0.05$），都比 PH-Ⅰ4 略强（$P<0.05$）。这 3 个组分多肽的回收率分别为 6.39%、12.66%和 41.81%，三者占总回收率的 60.86%。

本实验对上述 5 个组分的抗氧化能力进行了分析，结果见表 3-21。

表 3-21 各组分多肽的抗氧化能力比较

组分	浓度（mg/ml）	抗氧化能力（%）		
		DPPH	Fe^{2+}	$O_2^{-\cdot}$
PH-Ⅰ1	1	64.58±0.96	21.41±0.27	14.01±0.72
PH-Ⅰ2	1	34.40±0.53	81.43±0.19	36.43±0.75
PH-Ⅰ3	1	55.79±1.06	21.44±0.27	11.42±0.35
PH-Ⅰ4	1	52.28±0.73	62.65±0.84	11.08±0.79
PH-Ⅰ5	1	37.32±0.62	89.60±0.09	11.58±0.11
BHT	0.5	68.44±0.58	—	—
EDTA	1	—	94.53±0.02	—
VC	0.1	—	—	91.24±0.31

从表 3-21 中可以看出，PH-Ⅰ1 的 DPPH 自由基清除能力较强，达 64.58%，接近于 0.5mg/ml 二丁基羟基甲苯（BHT）的清除能力；其次是 PH-Ⅰ3 和 PH-Ⅰ4，这两个多肽对 DPPH 自由基清除能力都超过了 50%。而 PH-Ⅰ5 和 PH-Ⅰ2 两个多肽对 DPPH 自由基清除率较低，但这两个组分多肽与 Fe^{2+}的螯合能力（还原力）却分别高达 89.60%和 81.43%，仅比同浓度的 EDTA（94.53%）稍低一点。另外，对超氧阴离子的清除能力，PH-Ⅰ2 组分多肽是较高的，为 36.43%，不过远低于 VC。

综合上述结果，从抗氧化能力看：组分多肽 PH-Ⅰ3 和 PH-Ⅰ4 的 DPPH 自由基清除率分别为 55.79%和 52.28%，PH-Ⅰ4 和 PH-Ⅰ5 与 Fe^{2+}的螯合能力分别为 62.65%和 89.60%。从降压能力看：PH-Ⅰ3、PH-Ⅰ4 和 PH-Ⅰ5 的 IC_{50} 分别为 0.896mg/ml、0.982mg/ml 和 0.814mg/ml。因此，综合分析认为 PH-Ⅰ3、PH-Ⅰ4 和 PH-Ⅰ5 这 3 个多肽有必要作进一步分离纯化和深入研究。

5）半制备型 RP-HPLC 分离

先通过分析型 HPLC 预实验，确定各组分多肽的最适半制备型分离条件。

（1）PH-Ⅰ3

确定的分离条件为：检测波长 220nm；进样量 10μl；流速 1ml/min；0～20min，0%～45%乙腈。在此条件下，对 PH-Ⅰ3 进行半制备分离。相关色谱条件为：流动相 0～35min，0%～32%乙腈，流速为 1ml/min；进样量 100μl。PH-Ⅰ3 被进一步分离为 5 个主要的小组分，所得制备型图谱（图 3-15a）与其分析型图谱基本相似。

分离到的 5 个小组分分别命名为 PH-Ⅰ31、PH-Ⅰ32、PH-Ⅰ33、PH-Ⅰ34、PH-Ⅰ35，测得的总回收率为 64.6%。其中，PH-Ⅰ33 和 PH-Ⅰ35 的回收率相对较高，分别为 18.8%和 13.9%（表 3-22）。还分别测定了这 5 个小组分的降压能力（图 3-15b）。其中，PH-Ⅰ35 的降压能力较强，IC_{50} 为（0.1028±0.0059）mg/ml，与分离前的 PH-Ⅰ3 相比，降压能力提高了 8 倍。

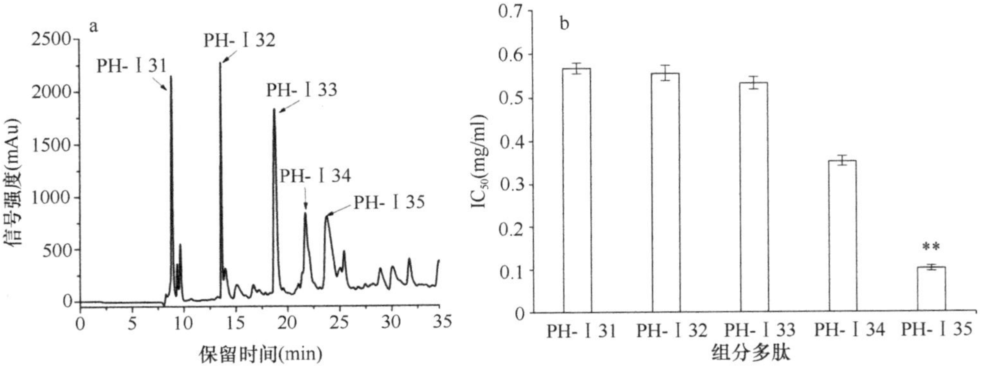

图 3-15 PH-Ⅰ3 的 RP-HPLC 分离纯化图谱及各分离组分的 ACE 抑制活性比较

**表示该组分与别的组分间有极显著性差异（P<0.01）

表 3-22 半制备型 RP-HPLC 对 3 个组分多肽的分离效果分析

组分	保留时间（min）	峰宽	峰面积（mAu*s）	回收率（%）
PH-Ⅰ31	8.851	0.168 5	24 817.5	12.5
PH-Ⅰ32	13.575	0.104 4	16 219.9	8.5
PH-Ⅰ33	18.730	0.337 4	37 452.2	18.8
PH-Ⅰ34	21.714	0.425 3	21 633.3	10.9
PH-Ⅰ35	23.756	0.675 7	27 605.8	13.9
PH-Ⅰ41	18.641	0.470 1	57 176.5	20.7
PH-Ⅰ42	26.496	0.489 7	90 574.5	32.7
PH-Ⅰ43	29.382	0.233 7	19 135.8	6.9
PH-Ⅰ44	35.178	0.376 6	56 226.6	20.3
PH-Ⅰ51	19.412	0.143 8	13 850.6	30.3
PH-Ⅰ52	20.667	0.278 7	19 513.1	42.7
PH-Ⅰ53	27.755	0.232 2	4 559.36	10.0

（2）PH-Ⅰ4

确定的分离条件为：检测波长 220nm；进样量 10μl；流速 1ml/min；洗脱梯度为 0～10min 为水，10～60min 为 0%～40%乙腈。在此条件下，对 PH-Ⅰ4 进行半制备分离。相关色谱条件：流动相 0～10min 为水，10～40min 为 0%～24%乙腈溶液；流速 1ml/min；进样量 100μl。PH-Ⅰ4 被进一步分离为 4 个主要的小组分，所得制备型图谱（图 3-16a）与分析型图谱基本相似。

分离到的 4 个小组分分别命名为 PH-Ⅰ41、PH-Ⅰ42、PH-Ⅰ43、PH-Ⅰ44，总回收率为 80.6%，其中 PH-Ⅰ42 回收率最高，为 32.7%（表 3-22）。分别测定这 4 个小组分的降压能力（图 3-16b），其中 PH-Ⅰ43 有较强的降压能力，IC_{50} 为（0.1787±0.0014）mg/ml，与 PH-Ⅰ4 相比提高了 5.5 倍。

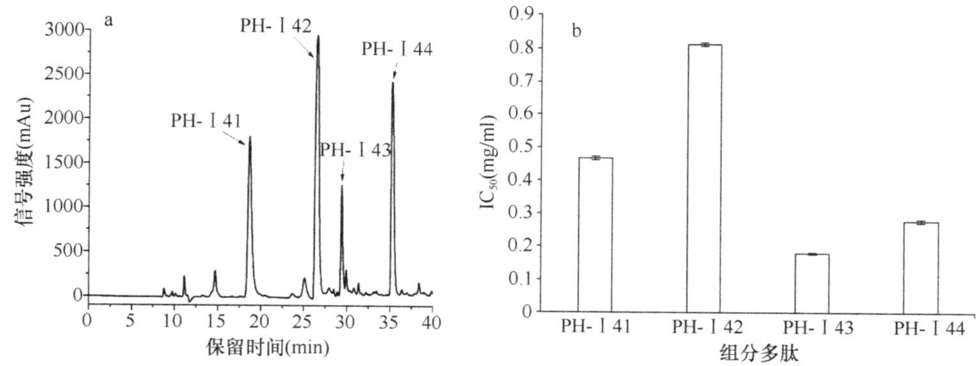

图 3-16　PH-Ⅰ4 的 RP-HPLC 分离纯化图谱及各分离组分的 ACE 抑制活性比较

（3）PH-Ⅰ5

确定的分离条件为：检测波长 220nm；进样量 10μl；流速 0.8ml/min；洗脱梯度为 0～60min 为 0%～50%乙腈。在该条件下，对 PH-Ⅰ5 进行半制备分离。相关色谱条件为：流动相 0～40min，0%～35%乙腈溶液；流速 0.8ml/min，进样量 100μl。PH-Ⅰ5 被进一步分为 3 个主要的小组分，所得制备型图谱（图 3-17a）与分析型图谱相似。

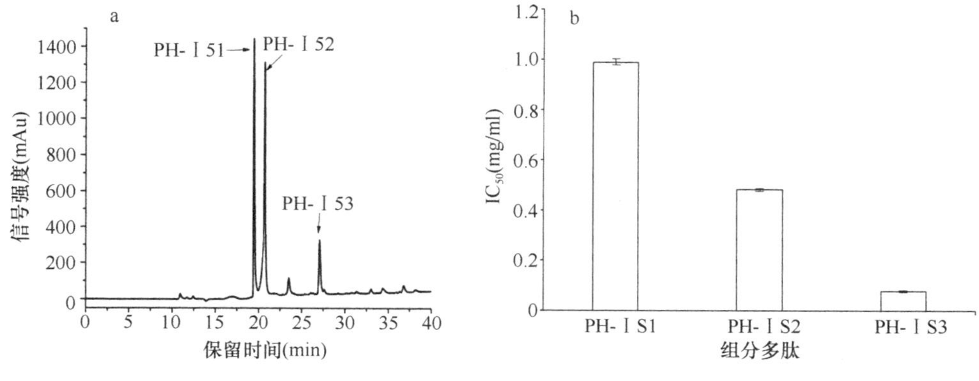

图 3-17　PH-Ⅰ5 的 RP-HPLC 分离纯化图谱及各分离组分的 ACE 抑制活性比较

分离到的 3 个小组分分别命名为 PH-Ⅰ51、PH-Ⅰ52、PH-Ⅰ53，总回收率为 83%，其中 PH-Ⅰ52 回收率最高，为 42.7%（表 3-22）。PH-Ⅰ53 显示有较强的降压能力，IC_{50} 值为（0.0759±0.0036）mg/ml（图 3-17b），提高了 10.7 倍。

6）一级结构确定

基于 LC-MS/MS 的 *de novo* 测序法，分别对 PH-Ⅰ35 和 PH-Ⅰ53 进行质谱分析。

（1）PH-Ⅰ35 的氨基酸组成

对 PH-Ⅰ35 的总离子流作分析，在保留时间为 16.672min 处有一个主峰，通过一级质谱扫描谱图，推断其分子量为 844.39Da。再进入二级质谱，根据离子峰之间的质量差来确定氨基酸残基。

PH-Ⅰ35 氨基酸的组成结果如下：

758.3714–671.3389=87.0325（Ser）；671.3389–508.2772=163.0617（Tyr）；

345.2148–248.1623=97.0525（Pro）；358.1811–244.1314=114.0497（Asn）；

357.178–244.1318=113.0462（Leu，Ile）；244.1318–187.1099=57.0219（Gly）。

推测多肽 PH-Ⅰ35 的氨基酸组成为 Pro+3Tyr+Ser+（Leu/Ile）+Gly。

（2）PH-Ⅰ53 的氨基酸组成

对 PH-Ⅰ53 的总离子流作分析，在保留时间为 19.940min 处有一个主峰，通过一级质谱扫描谱图，推断其分子量为 935.4968Da。再进入二级质谱，根据离子峰之间的质量差来确定氨基酸残基。

PH-Ⅰ53 氨基酸的组成结果如下：

834.4445–735.3745=99.07（Val）；735.3745–588.3075=147.067（Phe）；

588.3075–474.2665=114.041（Asn）；474.2665–403.1627=71.1038（Ala）；

288.2046–173.1305=115.0741（Asp）；771.4811–658.3986=113.0825（Leu）。

推测多肽 PH-Ⅰ53 的氨基酸组成为 Val+Phe+Asn+Asp+Ala+2Leu+Tyr。

3.3 糖 蛋 白

糖蛋白是指由寡糖与多肽链以共价键连接而成的一类结合蛋白（吴东儒，1987；Schachter et al.，1995）。在自然界中，糖蛋白广泛地分布于动物、植物和某些微生物体内，分子量从几万到十几万不等，是生物体内重要的大分子物质（孙册和莫汉庆，1988）。糖蛋白主要由糖链和肽链两大部分组成。糖链部分中的糖为目前已发现的自然界中的一些单糖，主要有阿拉伯糖、半乳糖和 *N*-乙酰葡萄糖胺等（马欢杰，2010）；肽链部分含有几乎所有的已知氨基酸。糖蛋白中的糖与氨基酸通过共价键结合形成糖肽键，目前已发现这种糖肽键有 *N*-糖肽键和 *O*-糖肽键两大类（陈国千，2000）。在一个糖蛋白分子中，通常可同时存在有许多的糖链，既有 *N*-糖肽键，也有 *O*-糖肽键的糖链。根据上述原理，我们把糖蛋白中的糖链称为糖形。糖形具有不均一特性，一个糖蛋白中存在的糖形多样性决定了该糖蛋白的生物学功能的多样性（王晨田和庚元，1995）。

现代医药研究表明，糖蛋白有抗氧化、抗衰老、抗肿瘤、消炎消肿、降血糖、降血脂及调节免疫等多种的生理功能，在食品、医药等领域应用广泛（孙册和莫汉庆，1988；Schachter et al.，1995；王晨田和庚元，1995；刘兴华和赵浩如，2006）。因此，对海马糖蛋白开展研究有现实意义。

3.3.1 海马糖蛋白提取工艺

本部分工作以管海马为原料，进行海马糖蛋白的提取及工艺优化。

通过超声波辅助稀盐浸提技术制备海马糖蛋白粗提取物，进一步分离纯化后获得目标糖蛋白，同时对其化学组成、结构特点等进行分析测定，并研究其生物功能特性，为海马糖蛋白的进一步开发与利用提供理论依据。

3.3.1.1 材料与方法

1）材料来源及预处理

人工养殖 1 龄管海马，来源同 2.1.1。经冻干粉碎后，超临界 CO_2 萃取脱脂处理，得脱脂海马全粉，–80℃保存备用。

2）方法

（1）分析测定

糖蛋白是由糖与多肽结合的复合蛋白，本实验中采取分别测定海马糖蛋白中糖含量（苯酚-硫酸法）和蛋白质含量（考马斯亮蓝法）的方法，以全面反映糖蛋白的提取效果（李婷婷等，2012）。

（2）海马糖蛋白提取工艺流程

单因素实验设计：采用稀盐水提法浸提脱脂海马全粉，并辅以超声波处理来提高糖蛋白的提取率。选取浸提时间、浸提液盐浓度、浸提温度、液料比 4 个因素进行单因素实验。实验设计为：浸提时间分别 1h、2h、3h、4h、5h、6h，其他条件为浸提液盐浓度 0.10mol/L、浸提温度 50℃、液料比 25∶1；浸提液盐浓度分别为 0mol/L、0.05mol/L、0.10mol/L、0.15mol/L、0.20mol/L、0.25mol/L，其他条件为浸提时间 4h、浸提温度 50℃、液料比 25∶1；浸提温度分别为 30℃、40℃、50℃、60℃、70℃、80℃，其他条件为浸提时间 4h、浸提液盐浓度 0.05mol/L、液料比 25∶1；浸提液与海马的液料比分别为 10∶1、15∶1、20∶1、25∶1、30∶1、35∶1，其他条件为浸提时间 4h、浸提液盐浓度 0.05mol/L、浸提温度 70℃。各样品先经超声波处理，超声波处理条件：功率 500W，时间 20min，然后再将样品置于水浴锅中浸提，每隔 30min 振摇一次，浸提完成后滤纸过滤，浸提液定容，待测。

响应面实验设计：在单因素实验基础上，选择浸提时间、浸提液盐浓度、浸提温度、液料比 4 个因素的较优范围进行响应面设计，以糖和蛋白质的含量为响应值，求解数学模型，根据实验数据分析各因素与响应值的关系。实验因素水平见表 3-23。

表 3-23　海马糖蛋白提取工艺因素响应面设计表

水平	因素			
	A：时间（h）	*B*：盐浓度（mol/L）	*C*：温度（℃）	*D*：液料比
1	3	0	60	15∶1
0	4	0.05	70	20∶1
–1	5	0.1	80	25∶1

3）数据处理

采用 Excel 软件和 SPSS 软件进行数据分析及图表编辑，Design-Expert 软件进行响应面数据分析。$P<0.05$ 为显著性差异。

3.3.1.2　结果与分析

1）单因素结果

经实验与分析，浸提时间 4h，浸提液盐浓度 0.05mol/L，浸提温度 70℃，液料比为 20∶1 时，最有利于脱脂海马全粉细胞内容物的充分释放，糖和蛋白质的得率均达到最大值。

2）响应面优化工艺

利用 Design-Expert 软件进行四因素五水平实验设计，共有 29 个实验组合，具体实验方案见表 3-24。对实验结果所得数据进行二次回归分析，得到回归方程：

$$Y_{糖}=0.64+0.039A+0.064B-0.050C+0.031D+0.034AB-0.012AC+0.010AD+8.75\times10^{-3}BC+0.051BD-0.019CD-0.079A^2-0.040B^2-0.026C^2-0.11D^2$$

$$Y_{蛋白质}=0.68-8.583\times10^{-3}A+0.036B+0.17C+0.013D-1.25\times10^{-3}AB-5.75\times10^{-3}AC+0.011AD+2.5\times10^{-3}BC-0.017BD-7.25\times10^{-3}CD-0.03A^2-0.081B^2-0.12C^2-3.983\times10^{-3}D^2$$

式中，*A*、*B*、*C*、*D* 分别代表浸提时间、浸提液盐浓度、浸提温度、液料比。

表 3-24　海马糖蛋白提取响应面分析方案及结果

实验号	*A*：时间	*B*：盐浓度	*C*：温度	*D*：液料比	糖	蛋白质
1	0	–1	–1	0	0.526±0.03	0.345±0.04
2	–1	0	0	1	0.421±0.02	0.628±0.02
3	0	1	0	–1	0.444±0.04	0.610±0.01
4	0	0	0	0	0.729±0.04	0.650±0.02
5	1	–1	0	0	0.530±0.03	0.494±0.02
6	0	0	1	1	0.469±0.02	0.770±0.01
7	0	–1	0	1	0.454±0.02	0.638±0.05
8	–1	1	0	0	0.459±0.04	0.633±0.04
9	0	0	0	0	0.440±0.03	0.689±0.04
10	0	0	0	0	0.686±0.02	0.638±0.02

续表

实验号	*A*：时间	*B*：盐浓度	*C*：温度	*D*：液料比	糖	蛋白质
11	0	−1	0	−1	0.406±0.02	0.554±0.03
12	−1	0	1	0	0.458±0.02	0.765±0.01
13	−1	0	0	−1	0.459±0.03	0.676±0.03
14	0	0	1	−1	0.452±0.03	0.730±0.03
15	1	0	−1	0	0.651±0.03	0.325±0.01
16	0	0	0	0	0.664±0.03	0.724±0.03
17	0	0	0	0	0.697±0.04	0.678±0.04
18	1	0	1	0	0.525±0.02	0.689±0.02
19	0	1	−1	0	0.697±0.03	0.333±0.03
20	0	−1	1	0	0.421±0.02	0.580±0.05
21	1	0	0	−1	0.455±0.05	0.607±0.02
22	1	0	0	1	0.458±0.02	0.602±0.01
23	0	0	−1	−1	0.525±0.04	0.309±0.02
24	−1	0	−1	0	0.537±0.04	0.378±0.02
25	−1	−1	0	0	0.472±0.01	0.431±0.02
26	0	1	0	1	0.698±0.01	0.626±0.02
27	1	1	0	0	0.653±0.02	0.691±0.03
28	0	1	1	0	0.627±0.04	0.578±0.04
29	0	0	−1	1	0.616±0.02	0.378±0.04

糖蛋白中糖和蛋白质的响应面模型*P*-value Prob>*F*值分别为0.0390和0.0002，都小于0.05（表3-25），表明所得的两个模型是显著的。

表3-25 海马糖蛋白中糖和蛋白质的回归方程方差分析

项目	平方和		df	均值		*F* 值		*P*-value Prob>*F*	
	糖	蛋白质		糖	蛋白质	糖	蛋白质	糖	蛋白质
模型	0.23	0.49	14	0.016	0.035	2.65	7.94	0.0390	0.0002
A-时间	0.018	<0.001	1	0.018	<0.001	2.99	0.20	0.1590	0.6623
B-盐浓度	0.049	0.015	1	0.049	0.015	8.14	3.45	0.0128	0.0843
C-温度	0.030	0.35	1	0.030	0.35	4.95	78.40	0.0430	<0.001
D-液料比	0.012	0.0021	1	0.012	0.0021	1.93	0.46	0.1859	0.5102
AB	0.0046	<0.001	1	0.0046	<0.001	0.76	0.0014	0.3970	0.9706
AC	<0.001	<0.001	1	<0.001	<0.001	0.091	0.030	0.7671	0.8655
AD	<0.001	<0.001	1	<0.001	<0.001	0.069	0.10	0.7961	0.7517
BC	<0.001	<0.001	1	<0.001	<0.001	0.051	0.0056	0.8253	0.9413
BD	0.011	0.0012	1	0.011	0.0012	1.75	0.26	0.2069	0.6179
CD	0.0014	<0.001	1	0.0014	<0.001	0.23	0.047	0.6418	0.8309

续表

项目	平方和		df	均值		F 值		P-value Prob>F	
	糖	蛋白质		糖	蛋白质	糖	蛋白质	糖	蛋白质
A^2	0.041	0.0059	1	0.041	0.0059	6.69	1.32	0.0215	0.2691
B^2	0.011	0.042	1	0.011	0.042	1.75	9.55	0.2070	0.0080
C^2	0.0043	0.097	1	0.0043	0.097	0.71	21.91	0.4125	0.0004
D^2	0.074	<0.001	1	0.074	<0.001	12.19	0.023	0.0036	0.8812
余差	0.085	0.062	14	0.0061	0.0044				
失拟项	0.031	0.058	10	0.0031	0.0057	0.23	5.01	0.9728	0.0671
纯误差	0.054	0.0046	4	0.013	0.0011				
总离差	0.31	0.56	28						

注：①*P*-value Prob>*F* 值的大小表示模型及各因素的显著水平；②*P*-value Prob>*F* 值大于 0.05 表示模型及各因素无显著影响，*P*-value Prob>*F* 小于 0.05 表示模型及各因素有显著影响，*P*-value Prob>*F* 小于 0.01 表示模型及因素有极显著影响

糖和蛋白质的模型失拟项 *P*-value Prob>*F* 值分别为 0.9728 和 0.0671，均大于 0.05（表 3-25），表明模型失拟项不显著，说明所得模型选择合适，可用此模型对管海马进行糖蛋白提取工艺优化。

根据 $Y_{糖}$和 $Y_{蛋白质}$的回归方程、表 3-25、图 3-18 和图 3-19，糖蛋白中糖回归方程中的 *B*、*C*、A^2 对糖得率的影响显著，二次项 D^2 影响极其显著，而交互项影响不显著；糖蛋白中蛋白质回归方程中的 *C*、B^2、C^2 对蛋白质得率有极显著影响，交互项影响不显著。由表 3-25 中可知，各因素对海马糖蛋白中糖得率的影响程度为：*F*（浸提时间）=2.99，*F*（浸提液盐浓度）=8.14，*F*（浸提温度）=4.95，*F*（E/S）= 1.93，即浸提液盐浓度>浸提温度>浸提时间>液料比；各因素对海马糖蛋白中蛋白质得率的影响程度为：*F*（浸提时间）=0.20，*F*（浸提液盐浓度）=3.45，*F*（浸提温度）=78.40，*F*（E/S）= 0.46，即浸提温度>浸提液盐浓度>液料比>浸提时间。

当糖和蛋白质得率同时达到极大值时，就得到了海马糖蛋白提取的最佳工艺参数：浸提时间 4.27h、浸提液盐浓度 0.08mol/L、浸提温度 72.77℃、液料比 21.41∶1。在此最优条件下，糖蛋白中糖的理论得率为 1.129%，蛋白质的理论得率为 5.908%。结合实际操作，提取工艺参数调整为：浸提时间 4.3h、浸提液盐浓度 0.08mol/L、浸提温度 73℃、液料比 22∶1。经 3 次实验验证，糖的实际得率为 1.123%，蛋白质实际得率为 5.898%。

3.3.2 海马糖蛋白纯化及结构与功能分析

要深入系统地研究海马糖蛋白，必须将粗提糖蛋白进行分离与纯化。

糖蛋白的纯化过程就是将提取得到的产物中的多余杂质去除，进而获得成分较为单一的糖蛋白的过程。有关报道认为，纯化的步骤将会直接影响后续有关活

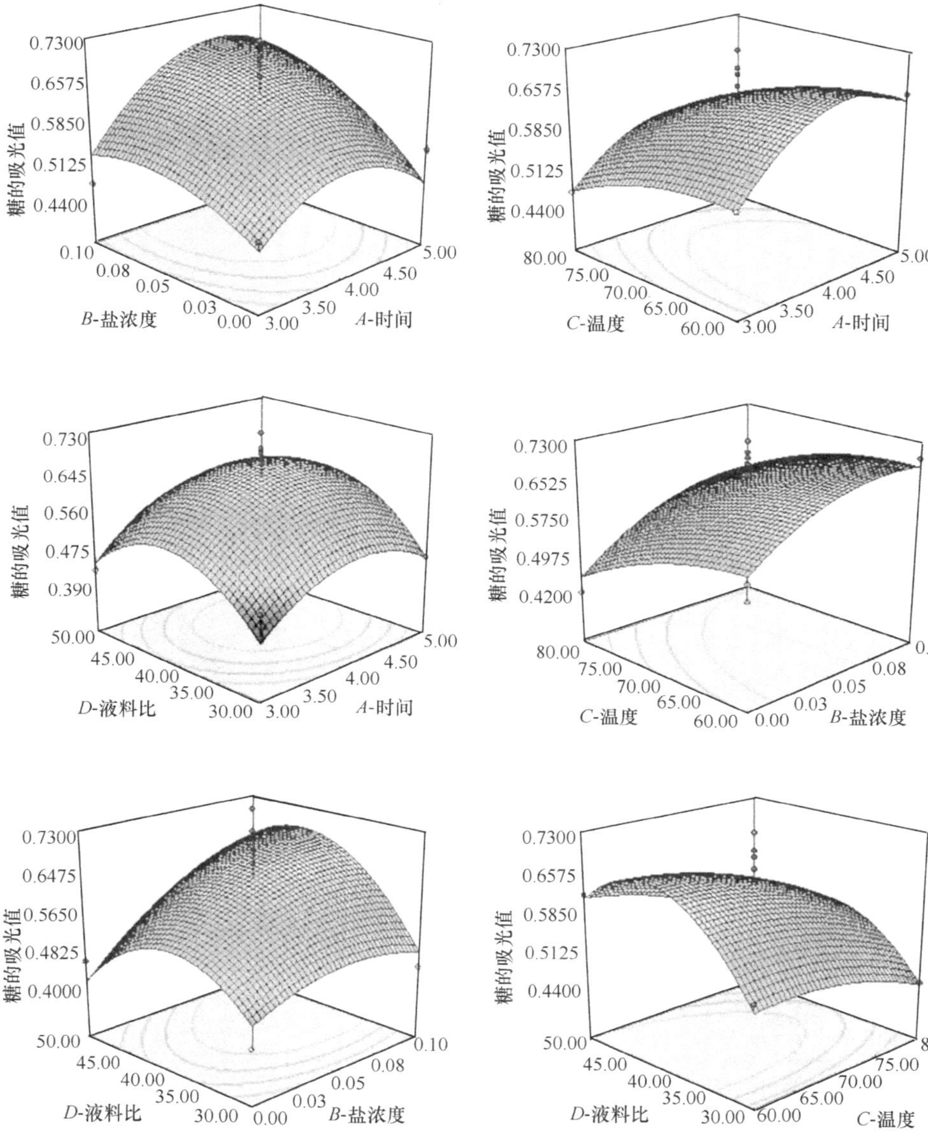

图 3-18 浸提时间、浸提液盐浓度、浸提温度及液料比对糖提取影响的响应面

（彩图请扫封底二维码）

性功效研究的可行性和真实性。另外，糖蛋白是糖和蛋白质所形成的共价化合物，这种稳定的结合使得糖-蛋白质复合物具备异于多糖和蛋白质的多种活性及生理功能。因此，糖蛋白活性功能与其化学组成、理化性质有着密切的关系。本节探讨海马糖蛋白的分离纯化及化学组成分析，旨在为海马糖蛋白活性与功效等的进一步深入研究奠定基础。

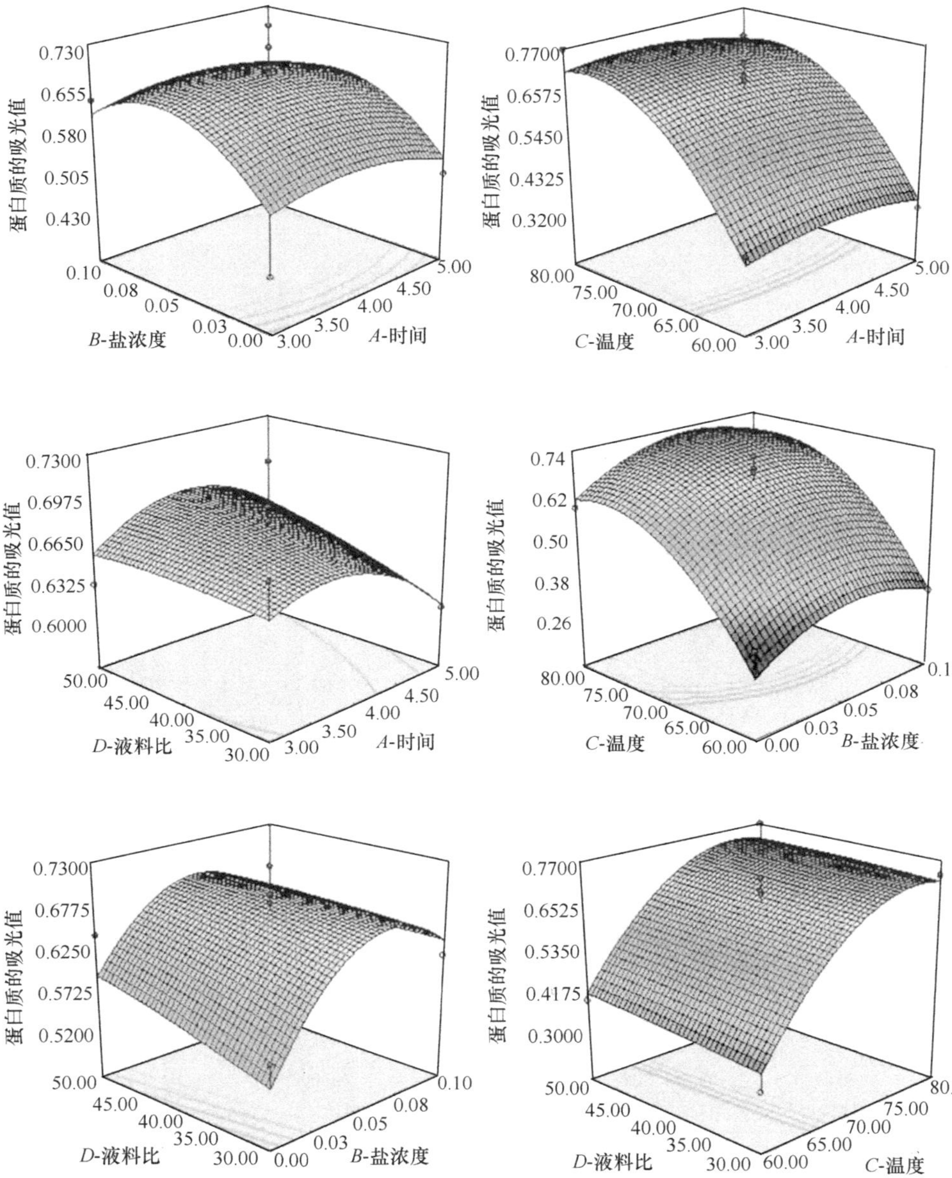

图 3-19　浸提时间、浸提液盐浓度、浸提温度及液料比对蛋白质提取影响的响应面
（彩图请扫封底二维码）

3.3.2.1　材料与方法

1）材料来源与处理

上述优化工艺所提取的海马糖蛋白的粗提物。

2）方法

（1）逐级纯化

海马糖蛋白纯化分为粗纯和精纯两步。粗纯采取 Sevag 法结合乙醇分级沉淀法，精纯采取柱层析法。

Sevag 法结合乙醇分级沉淀法：首先将海马糖蛋白粗提物溶液，经旋转蒸发浓缩至适当体积；采用 Sevag 法去除其中的游离蛋白。其步骤为：糖蛋白样品液∶Sevag 试剂 4∶1，氯仿∶正丁醇 5∶1，4℃静置过夜，脱蛋白一次，弃游离蛋白层；将收集的糖蛋白溶液层进行乙醇分级沉淀，分别进行 50%、60%、70%、80%、90%各级乙醇浓度沉淀，每个浓度 4℃沉淀 12h；最终将沉淀物收集，分别用丙酮、乙醚各洗涤 2 次；复溶后经 3500Da 透析袋透析，冷冻干燥，得海马糖蛋白粗纯品。

DEAE-52 柱层析：先选用 DEAE-52 层析柱进行洗脱。按吴红棉等（2008）和孙宇婧等（2011）方法先确定柱层析的洗脱液（分别用 0～2mol/L NaCl、0～1mol/L $NaHCO_3$ 进行梯度洗脱）及洗脱方式（以 0～1mol/L $NaHCO_3$ 进行梯度洗脱，并以 0.05mol/L、0.1mol/L、0.5mol/L $NaHCO_3$ 进行阶段性洗脱）。其具体步骤为：洗脱速度 1.0ml/min，5ml/管，逐管测定糖和蛋白质的吸光值，收集糖和蛋白质的重叠峰部分的洗脱液，透析脱盐后，冷冻干燥。

Sephadex G-100 柱层析：Sephadex G-100 填料处理与装柱同 3.2.2.2。取上述 DEAE-52 柱层析获得的糖蛋白 0.02g 样品，用去离子水配制成 10mg/ml 的溶液，0.5mm 针孔滤膜过滤。上 Sephadex G-100 柱，采用蒸馏水洗脱，洗脱速度 1.0ml/min，以 5ml/管分别收集，对收集液逐管进行糖和蛋白质的吸光值测定，回收糖和蛋白质的重叠峰部分的洗脱液，冷冻干燥，得海马糖蛋白精纯品。

（2）目标糖蛋白分析

纯度鉴定：方法参照吴红棉等（2008）。

单糖组成分析：采用高效液相色谱（HPLC）外标法。

氨基酸组成测定：按 GB 5009.124—2016 方法测定。

糖肽键特征分析：糖肽键特征检测采用紫外光谱法，测定 β-消去反应前后的紫外吸收光谱，观察 240nm 处紫外吸收值变化。

红外光谱分析：称取 2mg 样品，与 KBr 共压制成薄片，再使用傅里叶变换红外光谱仪进行测定，光谱扫描范围为 400～4000nm/cm。

抗氧化能力测定：方法参照 3.2.2.2。

3）数据处理

实验数据采用 SPSS 软件分析平均值、标准差和显著性水平，选取 Dunnett 多重比较检验进行数据的显著性检验。$P<0.05$ 表示差异显著。

3.3.2.2 结果与分析

1）DEAE-52 柱层析

（1）最佳洗脱液选择

海马糖蛋白 DEAE-52 柱层析的 NaCl 和 $NaHCO_3$ 溶液洗脱曲线见图 3-20。

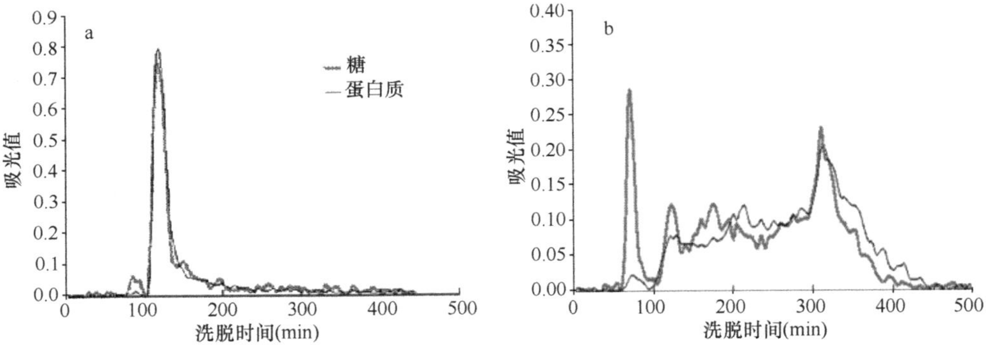

图 3-20 DEAE-52 柱层析的 NaCl（a）和 $NaHCO_3$（b）溶液的梯度洗脱曲线
（彩图请扫封底二维码）

从图 3-20 中可以看出，经 NaCl 溶液梯度洗脱的糖蛋白几乎同一时间从柱中流出（图 3-20a），未达到分离纯化的目的。而经 $NaHCO_3$ 溶液梯度洗脱的糖蛋白洗脱曲线（图 3-20b），能看出在一定程度上已将海马糖蛋白分开，但洗脱曲线的峰与峰之间没有彻底分开，需要进一步完善和优化洗脱方式。

（2）最佳洗脱方式选择

从图 3-21 可以看出，经 0.05mol/L、0.1mol/L、0.5mol/L 浓度的 $NaHCO_3$ 进行阶段性洗脱后可分离出 3 个峰，这些峰的峰型基本对称。首先洗脱出来的是一个糖峰，而后的两个峰都为糖+蛋白质的组合峰，收集这两个糖蛋白峰，分别命名为 HG-1、HG-2。经透析脱盐后，冷冻干燥，保存备用。

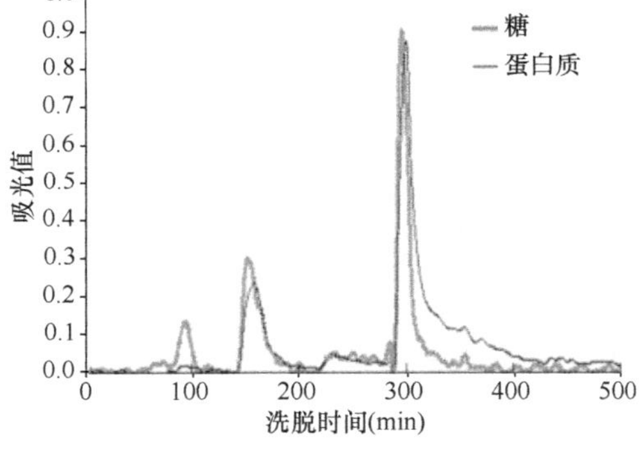

图 3-21 DEAE-52 柱层析的 $NaHCO_3$ 溶液阶段性洗脱曲线

2）Sephadex G-100 柱层析

由 DEAE-52 柱层析得到的两个糖蛋白 HG-1 和 HG-2，再经 Sephadex G-100 葡聚糖层析柱进一步分离纯化的洗脱曲线见图 3-22。

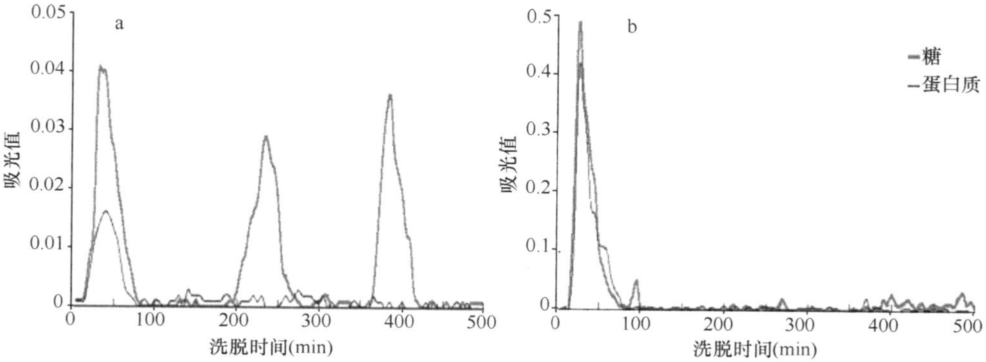

图 3-22　HG-1（a）和 HG-2（b）的 Sephadex G-100 洗脱曲线

HG-1 在 20～95min 时同时出现糖和蛋白质的特征吸收峰 HG-11，且峰型基本对称，无拖尾现象；在 180～270min 和 360～430min 时仅出现糖的特征吸收峰（图 3-22a）。

HG-2 在 15～75min 时同时出现糖和蛋白质的特征吸收峰 HG-21，峰型基本对称（图 3-22b）。分别收集 HG-11 和 HG-21，经冷冻干燥，得海马糖蛋白精纯品。

3）目标糖蛋白纯度测定

经测定分析，海马糖蛋白 HG-11 的糖、蛋白质的含量分别为 56.80%、30.55%；糖蛋白 HG-21 的糖、蛋白质的含量分别为 39.48%、51.75%。两个目标糖蛋白的糖和蛋白质的成分之和均高于 85%，且层析纯化峰的峰型对称，说明 HG-11、HG-21 为纯度较高的精纯品。

4）单糖组成分析

对比 6 种混合单糖标准品的图谱（图 3-23a）：出峰时间为 11.0763min 为甘露糖、14.6229min 为核糖、25.9763min 为葡萄糖、30.7963min 为半乳糖、32.0896min 为木糖、34.3096min 为阿拉伯糖。

从管海马中所分离的两个精纯糖蛋白 HG-11 和 HG-21 中的单糖组成看（图 3-23b、c）：两者的单糖组成不一样，就所比对的 6 种单糖成分，结果显示：HG-11 和 HG-21 均含有甘露糖、核糖、葡萄糖和半乳糖，不含木糖和阿拉伯糖。

5）氨基酸组成

在所有检测的 18 种氨基酸中，胱氨酸和色氨酸都未在 HG-11 和 HG-21 中检测到。此外，在 HG-21 中检测到了其余的 16 种氨基酸，而在 HG-11 中仅检测到其余 16 种中的 15 种氨基酸（表 3-26）。

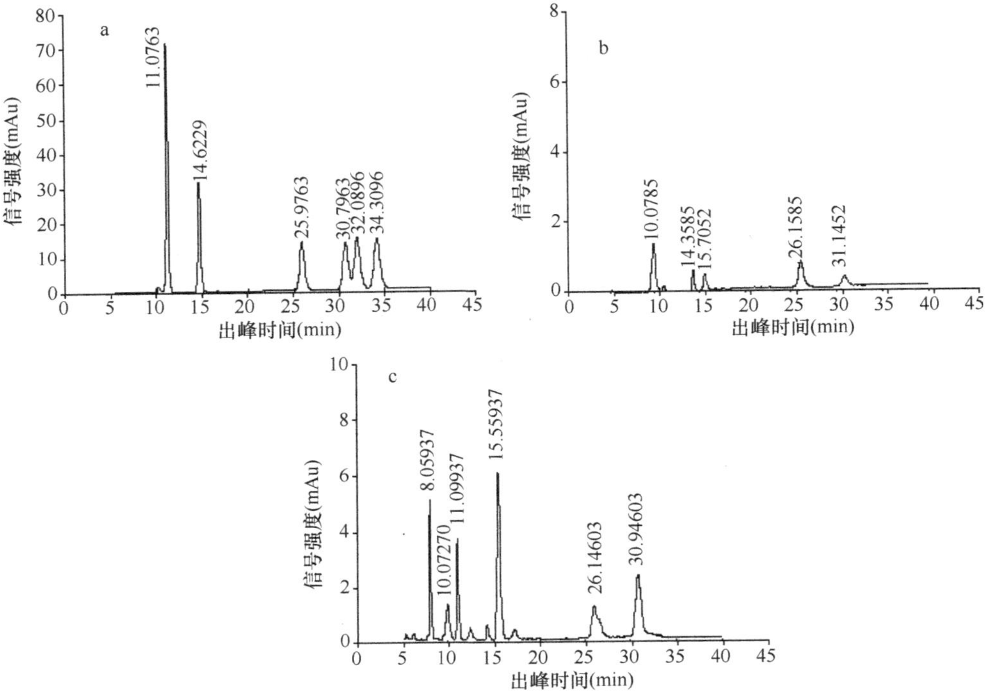

图 3-23　混合单糖标准品（a）、HG-11（b）和 HG-21（c）的高效液相色谱图

表 3-26　海马糖蛋白 HG-11、HG-21 的氨基酸组成

组成氨基酸	HG-11 含量（%）	HG-21 含量（%）	组成氨基酸	HG-11 含量（%）	HG-21 含量（%）
天冬氨酸（Asp）	3.59	9.99	酪氨酸（Tyr）	—	1.84
谷氨酸（Glu）	5.89	11.6	缬氨酸（Val）	3.19	3.81
丝氨酸（Ser）	2.7	5.37	甲硫氨酸（Met）	0.72	1.28
甘氨酸（Gly）	41.63	23.66	胱氨酸（Cys）	—	—
组氨酸（His）	0.54	1.73	异亮氨酸（Ile）	0.82	3.11
精氨酸（Arg）	4.62	3.96	亮氨酸（Leu）	1.58	4.69
苏氨酸（Thr）	2.13	3.26	苯丙氨酸（Phe）	1.37	2.75
丙氨酸（Ala）	14.36	8.61	色氨酸（Trp）	—	—
脯氨酸（Pro）	13.27	11.01	赖氨酸（Lys）	3.6	3.33

在所有检测到的氨基酸中，甘氨酸的含量是最高的，分别占 HG-11 和 HG-21 的 41.63%和 23.66%；其次，丙氨酸、脯氨酸、谷氨酸的含量也比较高。HG-11 和 HG-21 在氨基酸组成上有一些差异，在 HG-11 中并未检测到酪氨酸（表 3-26）；此外，HG-11 和 HG-21 中的氨基酸分布也不一样。这些都表明所分离的这两种糖蛋白的确存在差异，导致两种糖蛋白可能具有不同的生理功能。

6）红外光谱分析

目标糖蛋白 HG-11 和 HG-21 的红外光谱见图 3-24。

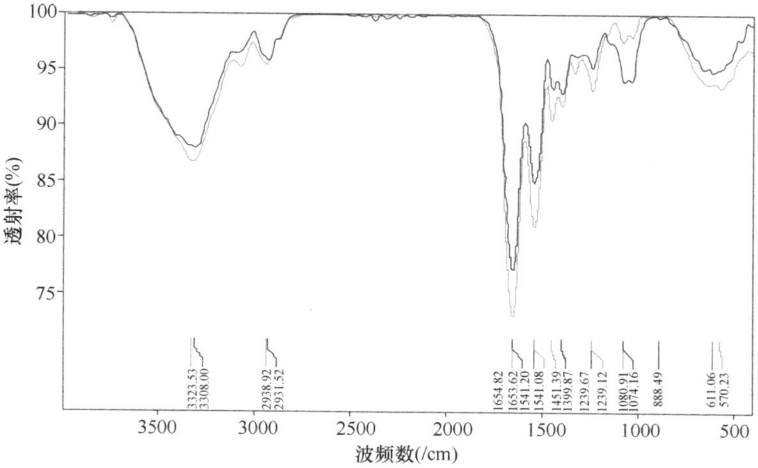

图 3-24 海马精纯糖蛋白 HG-11（灰）和 HG-21（黑）的红外光谱图

HG-11：3323.53/cm 处是羟基伸缩振动峰，2938.92/cm 处是 C-H 伸缩振动峰，这两个峰是糖的典型特征吸收峰；1654.82/cm 处是 NH1 吸收峰，1541.08/cm 处是 NH2 吸收峰，这两个峰是蛋白质的典型特征吸收峰。

HG-21：3308.00/cm 处是羟基伸缩振动峰，2931.52/cm 处是 C-H 伸缩振动峰，是典型糖峰；1653.62/cm 处是 NH1 吸收峰，1541.20/cm 处是 NH2 吸收峰，是典型蛋白质峰。红外光谱也再次证明了 HG-11、HG-21 是糖和蛋白质的复合物。

7）糖肽键特征

糖蛋白 HG-11 和 HG-21 经过碱处理后在 240nm 处的紫外吸收有明显增强的现象，说明两个糖蛋白都有发生 β-消去反应，该反应表明 HG-11 和 HG-21 的糖及蛋白质组分都是通过 *O*-糖苷键连接的。

8）海马糖蛋白的抗氧化活性

经测定，所提取的海马糖蛋白粗纯品具有较好的抗氧化能力，尤其是 DPPH 自由基清除能力较强。这种抗氧化能力随着糖蛋白浓度的提高而逐渐增强，在浓度为 4.0mg/ml 时，DPPH 自由基清除率达到最高，为 95.2%，与 VC 相近（$P>0.05$），而羟自由基清除能力、还原力和超氧阴离子清除能力等则明显要弱于 VC。

由于提纯品数量有限，仅测定了目标糖蛋白的 DPPH 自由基清除能力。在浓度为 0.2mg/ml 时，HG-11 和 HG-21 的 DPPH 自由基清除率分别为 45.72%和 55.44%，HG-21 的抗氧化活性略强于 HG-11。由于浓度不同，其实两者的抗氧化效果要远强于粗纯品。

3.3.2.3 讨论

在本节中，我们发展了海马糖蛋白的粗纯和精纯两步提纯法。粗纯提取采用Sevag法结合乙醇分级沉淀法进行，Sevag法能有效地脱除游离蛋白，且仅脱蛋白一次，避免了脱蛋白次数过多导致的糖蛋白损失，乙醇分级沉淀法能够有效地将不同分子量区段的糖蛋白纯化出来，保证了提取糖蛋白种类的完整性（Sun et al.，2011）。精纯提取时，先采用DEAE-52柱层析法（Sun et al.，2011），以0.05mol/L、0.1mol/L、0.5mol/L的$NaHCO_3$作阶段洗脱条件，获得了HG-1和HG-2两种海马糖蛋白粗品。而NaCl和蒸馏水的洗脱效果不佳，蒸馏水与阴离子柱间不存在离子交换，无法将吸附在阴离子柱上的组分洗脱下来，所以蒸馏水仅可洗脱出不带电荷的中性糖蛋白（Sun et al.，2011）；而NaCl作洗脱液也不能达到分离目的，综合说明了海马糖蛋白为酸性糖蛋白（或疏水性氨基酸含量高），只有用$NaHCO_3$作洗脱液时可以置换出吸附在阴离子柱上带负电荷的糖蛋白，且随着浓度升高，HCO_3^-浓度和pH也不断温和地增加，这种条件对洗脱酸性糖蛋白是非常有利的（Sun et al.，2011）。层析获得的粗品糖蛋白HG-1和HG-2再进行Sephadex G-100凝胶柱纯化，按糖和蛋白质重叠峰部分收集回收，最终获得HG-11和HG-21两种目标糖蛋白。经检测，HG-11和HG-21的糖、蛋白质含量分别为56.80%、30.55%及39.48%、51.75%，糖和蛋白质成分之和均超过了85%，且层析纯化峰的峰型对称，说明最终获得的目标糖蛋白具有较高的纯度。因此，本实验建立的海马糖蛋白的提取与分离纯化方法是可行的。

糖蛋白是复杂的生物大分子，是糖和蛋白质的共价复合物。糖蛋白在生物体内有很重要的作用，是今后生物大分子研究的重点方向（Sun et al.，2011）。为了深入研究糖蛋白的生物活性，本实验初步对所分离纯化的海马糖蛋白HG-11和HG-21进行了纯度验证、单糖组成、氨基酸组成、红外光谱分析及糖肽键结构分析等。结果表明，HG-11和HG-21都是通过*O*-糖苷键连接的，但HG-11和HG-21的单糖组成及氨基酸组成有一定的差异。作者进一步分析了两者的抗氧化能力，在浓度为0.2mg/ml时，HG-11和HG-21对DPPH自由基清除率分别为45.72%和55.44%。HG-21的抗氧化活性略强于HG-11，都远远高于粗纯品。两个糖蛋白的抗氧化能力都很强，应该与其疏水性氨基酸的高含量有密切关系。其他的生物功能还有待于进一步分析。

4 人工养殖管海马对野生管海马的替代性研究

海马已被广泛应用于医疗保健产业，目前以海马为原料的保健品和药品的数量达 20 多种，市场对海马的需求较大。据有关资料报道，2014 年我国海马年产量不足 50t，但市场需求在 300t 以上，且中国市场对海马的需求还以每年 10%以上的速度增长。野生海马的捕获量根本无法满足市场的巨大需求，导致海马药源原料匮乏，价格不断升高。同时由于野生海马资源的过度捕捞，加上近海环境的恶化及海马生境的破坏，自然海马资源濒临枯竭。《中国药典》所记载的 5 种药用海马已全部列入《IUCN 濒危物种红色名录》，同样也列入《中国物种红色名录》。除日本海马为易危（VU）等级外，其余 4 种海马都为濒危（EN）等级。

人工养殖是满足市场需求及保护自然海马资源的唯一途径，但人工养殖的海马产品是否能代替野生海马入药呢？按我国《新药审批办法》规定：野生变家养的动植物药材，按中药类新药第四类进行申报；如果家养的与野生的在外观与内在质量发生了变化，则按中药类新药第三类进行申报；其中，第四类新药需进行临床验证，而第三类新药还要求进行临床实验。这些都表明，海马养殖产品与野生药材海马间还需要进行详细的分析研究和功效比较后才能替代使用。

当前，学术界在此方面的相关研究报道较少。作者在人工养殖的管海马与野生的管海马两个类群间，开展了组成成分比较、活性成分比较（基于第 3 章的有关研究），以及生物功效比较等 3 个方面的详细分析、比较与评估，通过这些途径来考察两个类群间的异同。综合多方面的分析与比较，结果表明：完全可以用人工养殖的海马产品替代野生的海马进行配伍入药，并给出了最佳的替代选择方案。

4.1 组成成分比较

野生管海马和人工养殖管海马基本组成成分比较的有关结果详见第 2 章。

通过对两个类群的测定表明：各年龄段相对应的人工养殖和野生个体间，体长和体重无显著性差异，相应的水分和灰分的含量也无显著性差异。而随着海马年龄的增长，两组个体中的水分含量都逐渐减少，灰分不断积累。

两组个体均含有丰富的蛋白质，蛋白质含量占比为 50.66%～85.05%。总体上看，野生个体的蛋白质含量略高于人工养殖个体，蛋白质的分布存在组织差异（皮膜组织高于骨骼组织）、性别差异（半龄和 1 龄雌性高于雄性、2 龄雄性高于雌性）和年龄差异（1 龄个体含量最高），经比较发现年龄间的差异主要体现在皮膜蛋白含量上。

两组个体也均含有丰富的粗脂肪，粗脂肪含量占比为 4.61%～9.69%。总体上看，野生个体的粗脂肪含量低于人工养殖个体，也存在组织差异（皮膜组织高于骨骼组织）、性别差异（雄性低于雌性）和年龄差异（1 龄和 2 龄高于半龄）等。不过，在野生个体中，组织差异却相反，表现为骨骼高于皮膜，而年龄段间的差异不明显。

管海马中还含有丰富的微量元素如硒（Se）、锌（Zn）、铁（Fe）、锰（Mn）、铜（Cu）及常量元素钙（Ca）。其中，Ca 含量约为干重的 10%。与野生个体相比，人工养殖个体中的 Se、Zn、Cu 含量与野生相当，而 Fe 含量减少、Mn 含量增加。元素的分布也有组织差异，骨骼中的 Zn、Fe、Mn、Ca 含量高于皮膜，Cu 却低于皮膜；两性间仅 Fe 和 Ca 含量有差异，雄性略高；而所有元素都随年龄增长而不断积累（表现为灰分的增加）。

综上，从基本成分看，人工养殖的管海马与野生的管海马基本相似。尤其是 1 龄的管海马个体，两个类群间基本无显著性差异。可能原因是不管在野外环境中还是在人工养殖条件下，1 龄的个体都是最主要的繁殖群体，该群体的生命力最为旺盛，是用作药材的最佳选择。

4.2 活性成分比较

本节是在第 3 章中所发展的脂类（包括 EPA、DHA 和胆甾醇）、氨基酸、活性多肽与糖蛋白等活性成分相关的提取、分离、纯化及生物功效分析工作的基础上，选用 1 龄的人工养殖和野生的管海马作为测定分析材料，比较了两个类群的管海马个体活性成分的异同，进一步分析和评估了人工养殖产品替代野生海马入药的可能性与可行性。

4.2.1 材料

选取 1 龄野生的和 1 龄人工养殖的管海马作为实验材料，两个类群海马个体的有关生物学参数见表 4-1。从体长、体重、体丰度等生物学参数看，两类个体间不存在显著性差异情况。

表 4-1 野生和人工养殖 1 龄管海马的有关参数

	体长（cm）	湿重（g）	冻干重（g）	CF 值
人工养殖海马	15.54±1.36	12.33±3.42	3.76±0.35	10.02±0.13
野生海马	15.11±2.13	13.29±4.76	3.88±0.96	11.24±1.54

注：CF（体丰度）=冻干重/体长 ^{3}

相关材料的预处理同第 2 章，经清洗、冻干、粉碎、过筛后，保存备用。

4.2.2 方法

4.2.2.1 氨基酸测定与品质评价

海马全粉的氨基酸测定与分析，按 GB 5009.124—2016 中的方法进行。

蛋白质和氨基酸的品质评定：根据中国预防医学科学院营养与食品卫生研究所的鸡蛋蛋白质模式（刘志皋，1991）和世界卫生组织（WHO）/联合国粮食及农业组织（FAO）的人体必需氨基酸均衡模式（Pellett and Young，1980）进行蛋白质和氨基酸的品质评定。评定指标包括：氨基酸计分（amino acid score，AAS）、化学计分（chemical score，CS）和必需氨基酸指数（essential amino acid index，EAAI）等。有关计算公式为

$$\text{AAS}=\frac{\text{待评价蛋白质氨基酸含量}}{[\text{FAO/WHO评分模式中同种氨基酸含量}]} \tag{4-1}$$

$$\text{CS}=\frac{\text{待评价蛋白质氨基酸含量}}{\text{鸡蛋蛋白质中同种氨基酸含量}} \tag{4-2}$$

$$\text{EAAI}=\left(\frac{100\text{赖氨酸}t}{\text{赖氨酸}s}\times\frac{100\text{亮氨酸}t}{\text{亮氨酸}s}\times\cdots\times\frac{100\text{缬氨酸}t}{\text{缬氨酸}s}\right)^{1/n} \tag{4-3}$$

式中，n 为比较的氨基酸数目；t 为待评价蛋白质；s 为鸡蛋蛋白质。

4.2.2.2 脂肪酸与甾醇的提取与分析

按 3.1.1.2 中三氯甲烷-甲醇提取法提取 1 龄管海马全粉中的油脂。

按 GB 5009.6—2016 中的方法进行海马油脂中的脂肪酸组成与含量测定及总固醇含量测定。

根据水产品中的油脂营养价值衡量指标——必需脂肪酸含量和不饱和脂肪酸含量（Simopoulos，2006），以及 WHO/FAO 推荐的∑PUFAn-3/∑PUFAn-6 日常膳食的值（FAO/WHO，1993）进行脂肪酸评价。

4.2.2.3 活性多肽分离提取及能力分析

按 3.2.1.2 中的方法，采用复合酶（胰蛋白酶+碱性蛋白酶）酶解海马全粉，对酶解多肽采用超滤膜过滤方法分离成 5 个不同区段分子量的多肽：PH-Ⅰ（>20kDa），PH-Ⅱ（10～20kDa），PH-Ⅲ（5～10kDa），PH-Ⅳ（2.5～5kDa）和 PH-Ⅴ（<2.5kDa）。收集所分离的 5 个区段的分子量多肽，经冻干后保存备用。

将 PH-Ⅴ用去离子水复溶后配成浓度为 1.5mg/ml 的溶液，按 3.2.2.2 中的方法

测定该溶液的 DPPH 自由基清除率和还原力，表示其抗氧化能力。

按 3.2.3.2 中的方法，将 PH-Ⅰ再用木瓜蛋白酶酶解，Sephadex G-15 分离其中的 PH-Ⅰ5 组分，测定该组分对 ACE 的半抑制浓度 IC_{50}，表示其降压能力；测定该组分与亚铁离子（Fe^{2+}）的螯合能力，表示其抗氧化能力。

4.2.2.4 糖蛋白分离测定

按 3.3.1.1 方法提取分离两类管海马的粗品糖蛋白后，再先后通过 DEAE-52 柱层析和 Sephadex G-100 柱层析处理，获得了海马糖蛋白的精纯品（HG-11 和 HG-21）。计算得率，然后把粗纯品和精纯品都配成浓度为 0.2mg/ml 的溶液，按成静等（2009）方法测定 DPPH 自由基清除率（%）。

4.2.2.5 数据分析

所有数据用 Mean±SD 表示，采用 SPSS 软件包对所测定的数据进行单因素方差分析（one-way ANOVA），数据的显著性检验选取 Dunnett 多重比较检验进行，$P<0.05$ 为显著性差异。

4.2.3 结果与分析

4.2.3.1 氨基酸

1）氨基酸的组成与含量比较

1 龄的野生和人工养殖管海马的氨基酸组成与含量的分析结果见表 4-2。

表 4-2 氨基酸组成与含量分析 （单位：g/100g DW）

组成氨基酸	野生海马			人工养殖海马		
	皮膜	骨骼	全粉	皮膜	骨骼	全粉
Asp	$4.039±0.03^{f}$	$3.741±0.02^{g}$	$3.981±0.03^{f}$	$6.425±0.04^{a}$	$5.606±0.03^{c}$	$6.267±0.04^{b}$
Thr	$1.847±0.02^{g}$	$1.617±0.01^{i}$	$1.803±0.02^{h}$	$2.959±0.01^{a}$	$2.231±0.02^{e}$	$2.818±0.03^{b}$
Ser	$1.999±0.02^{f}$	$1.723±0.02^{g}$	$1.946±0.03^{f}$	$3.424±0.04^{a}$	$2.332±0.02^{d}$	$3.213±0.03^{b}$
Glu	$6.046±0.04^{f}$	$5.141±0.03^{h}$	$5.871±0.03^{g}$	$9.197±0.04^{a}$	$8.027±0.04^{c}$	$8.971±0.05^{b}$
Gly	$8.953±0.05^{d}$	$8.622±0.03^{f}$	$8.889±0.04^{e}$	$9.305±0.04^{b}$	$8.032±0.01^{h}$	$9.059±0.04^{c}$
Ala	$4.797±0.02^{f}$	$4.263±0.03^{i}$	$4.694±0.03^{g}$	$9.278±0.06^{a}$	$5.171±0.03^{d}$	$8.485±0.05^{b}$
Cys	$0.291±0.01^{f}$	$0.201±0.02^{g}$	$0.274±0.03^{f}$	$0.392±0.00^{cd}$	$0.490±0.02^{a}$	$0.411±0.01^{bc}$
Val	$2.119±0.03^{f}$	$1.781±0.03^{h}$	$2.054±0.04^{g}$	$3.571±0.04^{a}$	$2.834±0.02^{c}$	$3.429±0.03^{b}$
Met	$1.286±0.01^{g}$	$1.055±0.02^{i}$	$1.241±0.03^{h}$	$2.193±0.02^{a}$	$1.787±0.03^{c}$	$2.115±0.03^{b}$
Ile	$1.270±0.00^{e}$	$0.993±0.01^{g}$	$1.217±0.02^{f}$	$1.923±0.02^{c}$	$2.013±0.03^{b}$	$1.940±0.03^{c}$
Leu	$2.425±0.03^{e}$	$1.869±0.02^{h}$	$2.318±0.03^{f}$	$3.753±0.05^{c}$	$3.874±0.02^{a}$	$3.776±0.04^{c}$

续表

组成氨基酸	野生海马			人工养殖海马		
	皮膜	骨骼	全粉	皮膜	骨骼	全粉
Tyr	1.171±0.02[e]	0.863±0.01[h]	1.112±0.03[f]	1.328±0.02[d]	1.553±0.03[b]	1.371±0.03[c]
Phe	1.608±0.02[f]	1.297±0.02[h]	1.548±0.02[g]	2.570±0.04[a]	2.238±0.02[c]	2.506±0.03[b]
Lys	2.645±0.04[f]	2.038±0.02[h]	2.528±0.04[g]	4.472±0.05[a]	4.106±0.03[c]	4.401±0.03[b]
His	0.919±0.00[e]	0.886±0.01[f]	0.913±0.01[e]	1.456±0.02[a]	1.379±0.02[b]	1.441±0.01[a]
Pro	4.044±0.03[e]	3.624±0.02[g]	3.963±0.02[f]	5.166±0.04[a]	4.134±0.02[d]	4.967±0.04[b]
Arg	3.925±0.02[g]	3.493±0.02[i]	3.842±0.02[h]	7.425±0.06[a]	4.737±0.02[c]	6.906±0.05[b]
TAA	49.384±0.29[g]	43.207±0.28[i]	48.191±0.28[h]	74.837±0.60[a]	60.544±0.41[c]	72.077±0.56[b]
EAA	13.200±0.11[f]	10.650±0.07[h]	12.708±0.10[g]	21.441±0.24[a]	19.083±0.17[c]	20.986±0.22[b]
NEAA	36.184±0.18[f]	32.557±0.21[g]	35.484±0.18[f]	53.396±0.36[a]	41.461±0.24[c]	51.091±0.34[b]
E/T（%）	26.73±0.09[a]	24.65±0.15[b]	26.37±0.11[a]	28.65±0.12[c]	31.52±0.18[d]	29.12±0.11[c]
E/NE（%）	36.48±0.21[a]	32.71±0.16[b]	35.81±0.19[a]	40.15±0.22[c]	46.03±0.24[d]	41.08±0.20[c]

注：同行间不同字母表示有显著性差异（$P<0.05$）

从表 4-2 中看，两个类群的管海马中均含有所检测的 17 种氨基酸（未测色氨酸），包含有人体必需的 7 种必需氨基酸（EAA）。EAA 占总氨基酸（TAA）的比例在两组间较为相近，约为 30%，且各类氨基酸的含量都很均衡，表明不管野生的还是人工养殖的管海马都含有非常优质的蛋白质。总体上看，养殖个体中的总氨基酸含量显著高于野生个体（$P<0.05$），相应地，养殖个体中的各组成氨基酸的含量（包括 EAA）也相应地要高于野生个体；此外，EAA 与 TAA 比（E/T），以及 EAA 与非必需氨基酸（NEAA）比（E/NE）也都是养殖个体显著高于野生个体（$P<0.05$）。从各组织的氨基酸含量看，野生个体的皮膜中各组成氨基酸的含量要高于骨骼，并与全粉中各氨基酸变化相一致；而养殖个体中的一些组成氨基酸变化却略有不同，如 Ala、Arg 等在皮膜中的含量要比骨骼中高，而 Cys、Ile、Leu、Tyr 与 TAA、EAA 的含量也与在全粉中的变化不完全一致。

2）氨基酸营养评价

人工养殖和野生的管海马的氨基酸计分（AAS）、化学计分（CS）和必需氨基酸指数（EAAI）的计算结果见表 4-3。

表 4-3　氨基酸评分与化学评分的比较

指标	限制性氨基酸	野生海马			人工养殖海马		
		皮膜	骨骼	全粉	皮膜	骨骼	全粉
CS	Met+Cys	0.33	0.31	0.32	0.51	0.63	0.54
	Lys	0.48	0.44	0.47	0.78	0.99	0.82

续表

指标	限制性氨基酸	野生海马			人工养殖海马		
		皮膜	骨骼	全粉	皮膜	骨骼	全粉
CS	Val	0.38	0.38	0.38	0.62	0.69	0.63
	Phe+Tyr	0.39	0.36	0.39	0.53	0.72	0.57
	Leu	0.36	0.33	0.36	0.54	0.77	0.58
	Ile	0.31	0.28	0.30	0.45	0.65	0.48
	Thr	0.51	0.52	0.51	0.78	0.82	0.78
AAS	Met+Cys	0.57	0.54	0.57	0.90	1.11	0.94
	Lys	0.62	0.57	0.61	1.01	1.29	1.06
	Val	0.55	0.54	0.55	0.88	0.98	0.90
	Phe+Tyr	0.67	0.62	0.66	0.91	1.23	0.97
	Leu	0.44	0.40	0.43	0.65	0.94	0.71
	Ile	0.41	0.38	0.40	0.59	0.86	0.64
	Thr	0.59	0.61	0.60	0.91	0.95	0.92
EAAI		38.90	36.85	38.51	58.83	74.42	61.84

从 AAS 看，两类管海马中的限制性氨基酸都为 Ile 和 Leu；除这两个氨基酸外，人工养殖组的其余氨基酸的 AAS 值都接近 1，而野生组的相应值稍偏低，仅在 0.5～0.7，表明人工养殖海马中的氨基酸组成要优于野生的海马。从 CS 看，两类海马中的限制性氨基酸都为 Ile 和 Met+Cys；CS 值也显示了人工养殖海马中的氨基酸组成要优于野生的。再从 EAAI 看，两类海马中的变化趋势类似于 AAS 和 CS，分别为 61.84 和 38.51，人工养殖个体的必需氨基酸指数较高。

比较不同组织的氨基酸评分指标，AAS 结果表明两类海马的皮膜和骨骼中的限制性氨基酸都等同于全粉，都为 Ile 和 Leu；而 CS 结果却有不同，野生个体的皮膜和骨骼中的第一及第二限制性氨基酸都与全粉一致，而人工养殖个体的皮膜也与其全粉一样，但骨骼中 Met+Cys 要比 Ile 的计分更低（表 4-3），表明 Met+Cys 是骨骼中的第一限制性氨基酸。两类的 EAAI 结果也不完全一致，野生个体皮膜的 EAAI 高于骨骼，而人工养殖个体则相反，骨骼中的 EAAI 很高，达 74.42，远高于皮膜和全粉。

4.2.3.2 脂肪酸

1）组成与含量比较

两个类群管海马的总脂得率和各组成脂肪酸含量的分析结果见表 4-4。

表 4-4 脂肪酸含量比较

化合物	野生海马			人工养殖海马		
	皮膜	骨骼	全粉	皮膜	骨骼	全粉
总脂得率（%干全粉）	5.56	5.32	5.51	7.83	7.65	7.80
饱和脂肪酸（%总脂肪酸）	54.70±0.02[a]	53.37±0.03[c]	54.46±0.03[b]	53.44±0.04[c]	53.05±0.02[d]	53.38±0.02[c]
C14:0	8.02±0.02[a]	6.71±0.02[c]	7.77±0.03[b]	3.40±0.03[h]	3.53±0.02[g]	3.43±0.02[h]
C15:0	1.76±0.02[a]	1.27±0.03[c]	1.67±0.02[b]	0.96±0.01[e]	1.02±0.00[d]	0.97±0.01[e]
C16:0	31.57±0.03[d]	26.12±0.02[f]	30.52±0.04[e]	35.03±0.07[a]	34.40±0.02[c]	34.91±0.02[b]
C17:0	1.98±0.02[a]	1.54±0.01[d]	1.90±0.03[b]	1.71±0.01[c]	1.74±0.02[c]	1.72±0.02[c]
C18:0	11.04±0.04[d]	17.15±0.03[a]	12.22±0.03[b]	11.98±0.03[c]	12.02±0.08[c]	11.99±0.04[c]
C22:0	0.33±0.01[c]	0.58±0.02[a]	0.38±0.02[b]	0.36±0.01[bc]	0.34±0.00[c]	0.36±0.00[bc]
单不饱和脂肪酸（%总脂肪酸）	31.64±0.03[a]	28.41±0.02[d]	31.02±0.03[b]	27.90±0.04[f]	29.36±0.02[c]	28.18±0.02[e]
C16:1	0.25±0.03[g]	4.62±0.03[d]	1.09±0.01[e]	0.52±0.02[f]	0.54±0.20[f]	0.52±0.01[f]
C16:1t	11.06±0.03[a]	5.17±0.02[f]	9.92±0.02[b]	5.52±0.05[e]	6.29±0.04[c]	5.67±0.02[d]
C18:1	13.80±0.05[c]	13.68±0.07[d]	13.78±0.05[c]	16.40±0.04[b]	16.61±0.03[a]	16.44±0.03[b]
C18:1t	5.07±0.02[a]	4.00±0.04[e]	4.86±0.03[b]	4.45±0.02[d]	4.85±0.03[b]	4.53±0.02[c]
C20:1	1.46±0.02[c]	0.94±0.00[g]	1.36±0.02[d]	1.01±0.01[f]	1.07±0.01[e]	1.02±0.01[f]
C22:1	—	—	—	—	—	—
C24:1	—	—	—	—	—	—
多不饱和脂肪酸（%总脂肪酸）	9.31±0.03[i]	13.00±0.04[g]	10.02±0.03[h]	14.11±0.02[d]	13.08±0.02[f]	13.91±0.03[e]
C18:2	2.20±0.05[d]	2.63±0.03[b]	2.28±0.03[c]	4.41±0.04[a]	4.41±0.03[a]	4.41±0.02[a]
C18:3n-3	0.44±0.01[c]	0.39±0.00[cd]	0.39±0.01[cd]	0.91±0.02[ab]	0.89±0.01[b]	0.93±0.02[a]
C18:3n-6	0.39±0.00[c]	0.24±0.01[g]	0.38±0.01[c]	0.88±0.01[a]	0.85±0.02[b]	0.85±0.01[b]
C20:4（ARA）	1.96±0.03[d]	3.72±0.03[a]	2.30±0.01[b]	1.74±0.01[e]	1.67±0.02[f]	1.73±0.01[e]
C20:5（EPA）	1.07±0.01[h]	1.84±0.00[d]	1.22±0.00[f]	1.32±0.02[e]	1.09±0.00[g]	1.28±0.02[e]
C22:4	0.66±0.03[d]	1.36±0.02[a]	0.80±0.02[c]	0.89±0.01[b]	0.86±0.02[b]	0.88±0.01[b]
C23:5	1.11±0.03[d]	1.40±0.03[a]	1.17±0.02[c]	1.41±0.02[a]	1.35±0.01[b]	1.40±0.01[a]
C22:6（DHA）	1.48±0.01[h]	1.51±0.00[g]	1.49±0.01[h]	2.55±0.02[d]	1.96±0.02[f]	2.44±0.02[e]
脂肪酸指数						
UFA	40.95±0.03[i]	41.41±0.03[g]	41.04±0.02[h]	42.01±0.03[f]	42.44±0.04[d]	42.09±0.03[e]
∑PUFAn-3	2.99±0.02[i]	3.74±0.03[g]	3.10±0.01[h]	4.78±0.02[d]	3.94±0.02[f]	4.65±0.03[e]
∑PUFAn-6	4.55±0.03[e]	6.59±0.04[c]	4.96±0.03[d]	7.03±0.03[a]	6.93±0.03[b]	6.99±0.04[ab]
∑PUFAn-3/∑PUFAn-6	0.65	0.57	0.63	0.68	0.57	0.67

注：同行不同字母表示有显著性差异（$P<0.05$）；“—”表示未检出或含量<0.1%

从表 4-4 中可以看出，两类海马中都检测到 17 种脂肪酸，其中饱和脂肪酸 6 种，不饱和脂肪酸 11 种，主要的组成脂肪酸均为十六碳酸、十八碳酸、十八碳烯酸、二十碳五烯酸和二十二碳六烯酸等。两类海马均含有丰富的二十碳四烯酸

(ARA)、EPA 和 DHA 等。

从提取的脂肪酸的组成看，野生个体中的饱和脂肪酸含量占其总脂肪酸的比例为 54.46%，略高于人工养殖个体的 53.38%；而不饱和脂肪酸含量则刚好相反，人工养殖个体中的占比要略高于野生个体：其中单不饱和脂肪酸、多不饱和脂肪酸的占比及∑PUFAn-3/∑PUFAn-6 分别为 28.18%、13.91%、0.67（人工养殖海马）和 31.02%、10.02%、0.63（野生海马）。

从不同组织含量看，两类海马各自的皮膜和骨骼在脂肪酸组成与含量上都无太大的差别，仅不饱和脂肪酸的比例及∑PUFAn-3/∑PUFAn-6 间存在少许不同，野生个体骨骼中的不饱和脂肪酸含量略高于其皮膜中的含量，人工养殖海马也是如此；而∑PUFAn-3/∑PUFAn-6 则刚好相反，皮膜高于骨骼（表 4-4）。

2）ARA、EPA、DHA 比较

两类管海马中的主要多不饱和脂肪酸（ARA、EPA、DHA）含量见表 4-4 和图 4-1。

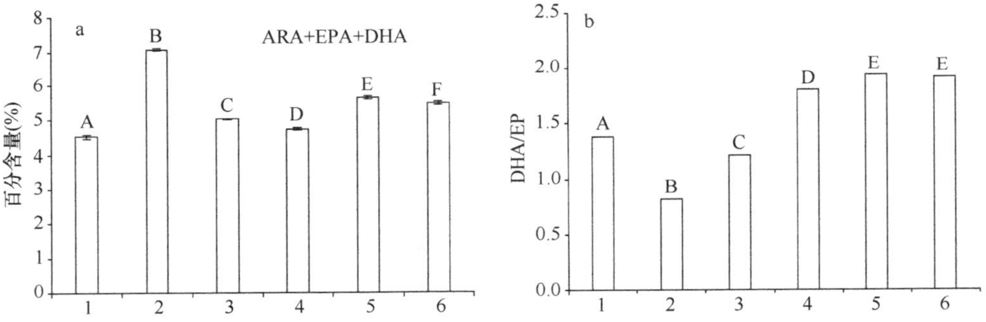

图 4-1　野生与人工养殖管海马的 ARA、EPA、DHA 总和（a）及 DHA/EPA（b）的比较

1. 野生皮膜；2. 野生骨骼；3. 野生全粉；4. 人工养殖皮膜；5. 人工养殖骨骼；6. 人工养殖全粉

不同大写字母表示组间显著性差异（P<0.05）

野生海马中的 ARA 稍高，但 DHA 和 EPA 都不如人工养殖个体。ARA+EPA+DHA 三者之和及其与总脂肪酸的比例，也是人工养殖的要略高于野生的；此外，DHA/EPA，也是人工养殖海马要高，高于野生个体（P<0.05）。

野生个体骨骼中的 ARA、EPA 和 DHA 含量高于其皮膜，而人工养殖个体则相反，皮膜却更高（表 4-4）；三者之和在野生个体中也是骨骼高于其皮膜，在人工养殖海马中也是如此。此外，DHA/EPA 在不同组织间也差异很大，野生的皮膜高于骨骼，而养殖组（比值≈2）整体上要大大高于野生组（比值<1.5），且在骨骼中更高（图 4-1）。

4.2.3.3　胆甾醇

1 龄人工养殖与野生管海马中的胆甾醇含量见图 4-2。所测的含量分别为

（14.67±0.53）mg/g 和（15.21±0.47）mg/g（占全粉干重），人工养殖组略高，但两者的差异不明显（P>0.05）。

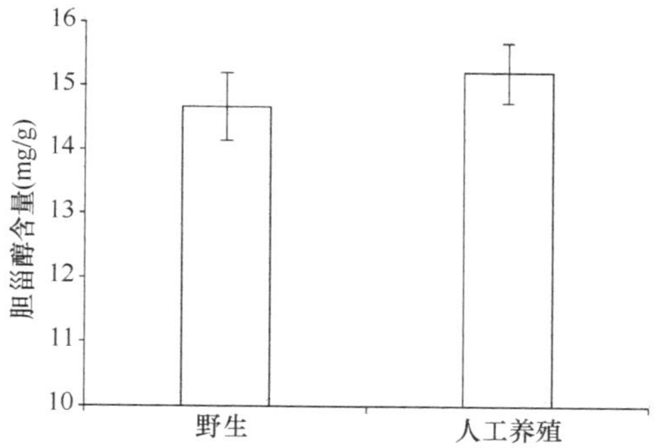

图 4-2 野生与人工养殖管海马的胆甾醇含量比较

4.2.3.4 活性多肽

人工养殖的和野生的管海马全粉经复合酶解及超滤膜超滤处理后，所得的 5 个分子量区段多肽的总回收率分别为（59.37±1.58）%和（54.89±1.33）%。其中 PH-Ⅰ（>20kDa）和 PH-Ⅴ（<2.5kDa）的回收率分别为（27.22±0.34）%、（14.63±0.31）%（人工养殖海马）和（31.42±1.16）%、（9.37±0.57）%（野生海马）。经方差分析，两个类群海马的酶解多肽的总回收量无显著性差异，但Ⅰ和Ⅴ两个区段的回收量却有明显差异（P<0.05）。人工养殖海马的酶解液中的小分子多肽（区段Ⅴ）的含量明显要多于野生海马，而大分子多肽 PH-Ⅰ却相反。

此外，两类海马中所分离的 PH-Ⅴ多肽的抗氧化能力也有所差异（图 4-3）。野生组的抗氧化能力，包括 DPPH 自由基清除率和还原力，都要略低于人工养殖组（P<0.05）。结合上述回收率的差异，推测可能与两类 PH-Ⅴ中所含的小分子多肽的物质的量及有关氨基酸组成有关，尤其是疏水性氨基酸的浓度有所差异。

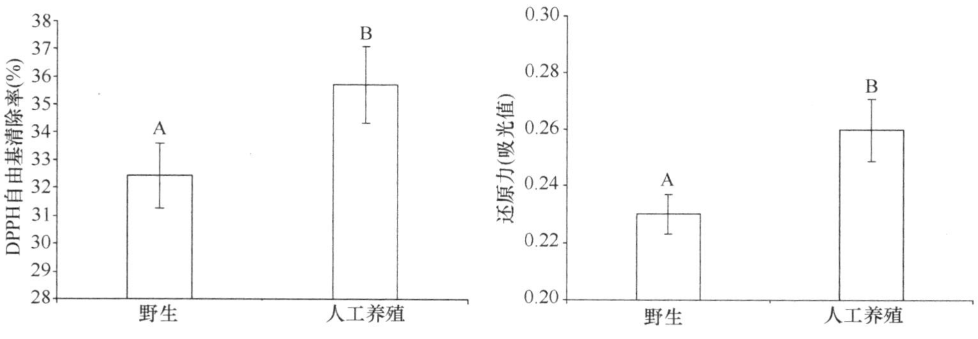

图 4-3 野生与人工养殖管海马 PH-Ⅴ的抗氧化能力比较

不同大写字母表示有显著性差异（P<0.05）

两类海马中所分离的PH-Ⅰ5多肽的抗氧化能力及降压能力的比较如图4-4所示。野生组的PH-Ⅰ5的降压能力（IC_{50}）略高于人工养殖组，而抗氧化能力（Fe^{2+}螯合能力略低于人工养殖组，经检验，两者间存在显著性差异（*P*<0.05）。

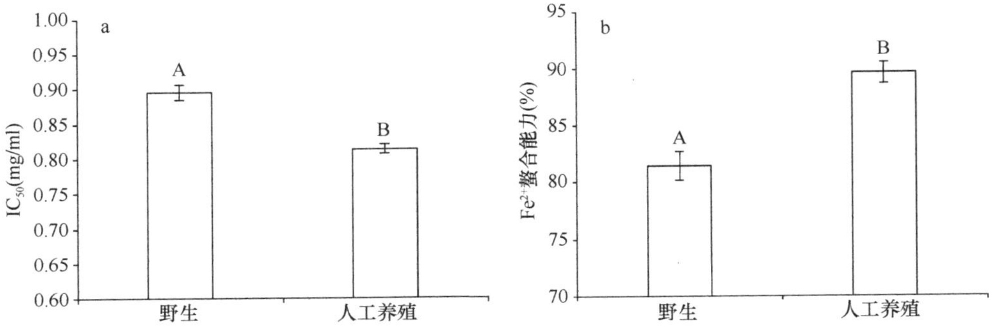

图4-4　野生与人工养殖管海马的PH-Ⅰ5的降压（a）和抗氧化（b）能力比较

不同大写字母表示有显著性差异（*P*<0.05）

4.2.3.5　糖蛋白

从两类管海马中所获得的粗糖蛋白得率相似，约占脱脂全粉的7%，经测定所获粗提物的抗氧化能力也相近（*P*>0.05）。柱层析后获得的糖蛋白精纯品HG-11和HG-21的总得率，经测定不到脱脂全粉的1%，两组间在得率上也无显著性差异（*P*>0.05）。

从两组精纯品的抗氧化能力（DPPH自由基清除率）比较看（图4-5）：两者的HG-11清除DPPH自由基的能力相近（*P*>0.05），而人工养殖海马中分离所得的HG-21的抗氧化能力要显著高于野生海马（*P*<0.05）。

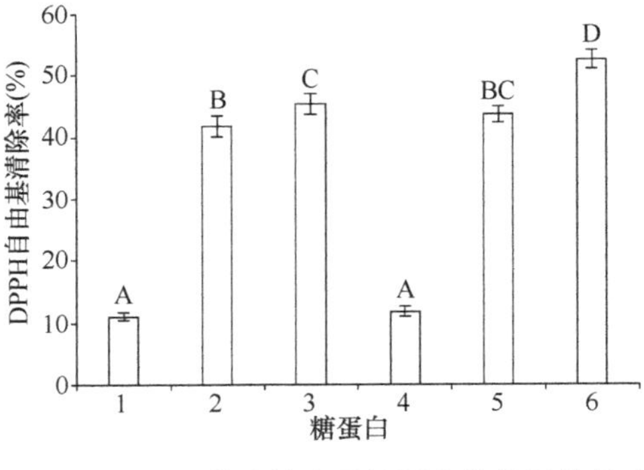

图4-5　野生和人工养殖管海马糖蛋白的抗氧化能力比较

1. 野生粗提；2. 野生HG-11；3. 野生HG-21；4. 人工养殖粗提；5. 人工养殖HG-11；6. 人工养殖HG-21

不同大写字母表示有显著性差异（*P*<0.05）

4.2.4　讨论

本节工作重点分析与比较了 1 龄的野生与人工养殖管海马间的有关功效成分的组成和含量。

4.2.4.1　野生资源的高效利用

从分析结果看，首先明确了一点，即海马的不同组织间（如皮膜和骨骼）、氨基酸及脂肪酸等组成不存在显著性差异，民间传统对海马加工要去除内脏、去除皮膜的做法（谢忠明，2004），不利于海马资源的充分利用。其次，在管海马中测得有 17 种氨基酸，通过氨基酸评估，可能的限制性氨基酸为 Ile 和 Leu，蛋白质营养价值取决于其氨基酸组成及含量，含有人体所需氨基酸种类越多、含量越高的蛋白质营养价值越高（刘志皋，1991），表明海马蛋白品质越好。尤其是皮膜的蛋白品质更优质，这就为海马资源利用指明了方向。最后，脂肪酸与人体很多的功能密切相关，其中 ARA、EPA、DHA 是人体不可缺少但自身不能合成的重要营养素，具有补脑益智、预防心脑血管疾病等功效，其含量通常作为产品品质的评价指标（FAO/WHO，1993）。从管海马的脂肪酸组成与含量看，皮膜的总脂含量、不饱和脂肪酸含量都高于骨骼，这与一般水生动物相类似（刘志皋，1991）。尽管野生海马皮膜中 ARA、EPA、DHA 等必需脂肪酸的含量稍低，但皮膜所含的 DHA/EPA 更接近于最佳比例（DHA/EPA=2）（丁兆坤等，2007）。搞清楚海马不同组织及不同时期的各类物质的分布，可为高效利用海马的生物资源提供参考。

4.2.4.2　野生海马资源替代的初步探讨

海马应用广泛，市场需求大。尽管目前对于海马治疗阳痿、遗尿、不育、虚喘及神经系统疾病的生物功效并未找到直接明确的对应物质，但有大量的文献报道表明海马中有效的功能物质主要集中于蛋白质（多肽、氨基酸）、脂类（脂肪酸、甾醇）、微量元素及复合大分子（如糖蛋白、脂蛋白）等中（Chen et al.，2015a，2015b），上述功效物质在药理上表现为抗氧化、抗疲劳、提高免疫力等（Chen et al.，2015b）。本书第 3 章内容着重研究与探讨了海马的这几类功效物质，包括提取方法的优化、组成与结构分析，以及活性功能的测定等。然后我们把完善的方法应用于本章研究中，从而对人工养殖与野生的海马进行这些功效物质的提取和比较，进而探讨两类海马间替代的可能性。

从分析结果看，两类海马的蛋白质含量高，氨基酸丰富，组成氨基酸均衡，尤其含有较高的必需氨基酸，表明海马是人类优质的蛋白源。其中，人工养殖个体的蛋白质含量略高于野生个体，经氨基酸营养学评价，人工养殖个体的 EAA 指标也要好于野生个体，说明人工养殖海马的EAA组成较野生海马更均衡，且含量更丰富，因此品质更好（施永海等，2013）。从氨基酸组成比较看，两组海马主要组成氨基酸都是甘氨酸、谷氨酸、精氨酸、丙氨酸和脯氨酸，而限制性氨基酸都为Ile和Leu（或Met+Cys）。精氨酸可增强机体免疫力、提高抗感染能力，甘氨酸、谷氨酸、丙氨酸、脯氨酸等和精氨酸一起组成的多肽可以提高人体的再生与组织恢复能力（李勇等，2012）。因此，人工养殖海马和野生海马是一样的，都有抗衰老、抗疲劳、提高机体免疫力等功能，且在人工养殖个体中含量还略高些。从蛋白质和氨基酸的角度看，用人工养殖产品替代野生海马入药是可行的。

管海马中脂肪酸丰富，共测得有18种脂肪酸，主要为十六碳酸、十八碳酸、十八碳烯酸、二十碳五烯酸和二十二碳六烯酸。人工养殖个体中的多不饱和脂肪酸（EPA、DHA）含量要略高于野生个体；人工养殖个体中脂肪酸组成的均衡性也要好于野生个体，尤其是人工养殖管海马中的DHA/EPA远远优于野生个体。一般把∑PUFAn-3与∑PUFAn-6比值也作为一个重要的营养价值评价指标，海马中的这个值要好于世界卫生组织（WHO）和联合国粮食及农业组织（FAO）推荐的比值（FAO/WHO，1993），说明海马是很好的食品，而人工养殖的海马该值更好，更接近于2，说明人工养殖的海马更利于人体健康（FAO/WHO，1993）。胆甾醇含量比较也表明，人工养殖个体中的胆甾醇含量相对较高。从脂类（脂肪酸、胆甾醇）角度看，用人工养殖产品替代野生海马入药也是可行的。

另外，从分析的其他活性成分（如抗氧化多肽和糖蛋白）的含量与活性看，人工养殖管海马也都稍优于野生管海马。因此，对于1龄管海马来说，可以用人工养殖产品替代野生个体。

4.3 生物功效比较

上述结果还需要进一步开展生物功效的比较以作最终确定，因此，本节将开展两个类群管海马的有关生物功效比较与验证，进一步探讨人工养殖产品对野生海马的替代性。

4.3.1 材料

4.3.1.1 材料来源与处理

野生和人工养殖的1龄管海马来源同2.1.1，经冷冻干燥和超微粉碎，制成全粉保存备用。

取两组全粉混悬于0.5%的CMC（羧甲基纤维素）溶液中，各配制成浓度为100mg/ml的混悬液（记为海马全粉组）；此外，两组全粉分别与红枣、枸杞（购于本地中药店）配伍（1∶1∶1）制成混合粉剂，然后再混悬于0.5%的CMC溶液中，同样配制成浓度为100mg/ml的配方混悬液（记为海马配方组）；作为阳性对照的为金匮肾气丸（北京同仁堂出品，购于本地药店）混悬液（记为金匮组）。存放于–20℃冰箱中保存备用。

4.3.1.2 实验动物

健康的ICR小鼠，雄性108只、雌性18只购于浙江省实验动物中心，小鼠规格为体重（20±2.3）g，周龄3～5周。

4.3.2 方法

4.3.2.1 小鼠饲养与灌喂

新购买的小鼠于实验室中适应7d，如有不合格者剔除。

将健康的雄性小鼠随机分为6组，每组18只。6组分别标记为：空白对照组，简称空白组，以生理盐水灌喂；海马全粉组（简称海马组）共2组（野生海马组、养殖海马组），海马配方组（简称配方组）共2组（野生配方组、养殖配方组）。各处理中每只小鼠的灌喂量都为每日5g/kg体重；阳性对照组即金匮肾气丸组（简称金匮组），按服用说明经换算为每日1.3g/kg体重。上述剂量一天内分成两次灌喂，即每次灌喂混悬液0.5ml，共持续3周。每组的18只小鼠再分为3个小组，每小组6只，分别于不同时间点进行实验和取样用于交配实验、生化指标测定、耐寒实验等，实验灌喂期间小鼠正常饮食饮水。

4.3.2.2 交配实验

在实验设定的时间梯度时刻，每次每组取6只小鼠进行交配观察。交配实验前先对各组的全部小鼠进行称重。设定梯度时间为连续给药的第7、14、21天，在当日第二次给药后的60min内进行交配实验。实验开始前，预先将雄性小鼠（单只）放入交配箱（交配箱规格为30cm×15cm×15cm）中适应5min，然后放进1只雌性小鼠，记录交配潜伏期（即合笼至第一次交配的时间间隔），以及从合笼起开始计时20min内交配的次数（每组做3～6个重复）。小鼠交配实验进行时，环境保持安静和弱光条件，具体参照莫志贤等（2006）及Pilakouta和Smiseth（2017）。

4.3.2.3 抗疲劳实验

采用负重游泳法测定各组小鼠的抗疲劳效果。按卫生部（现为国家卫生健康委员会）《保健食品标识规定》的标准评价程序，如果有1项以上（含1项）运动实验和2项以上（含2项）生化指标为阳性，就说明该受试物具有抗疲劳作用（卫监发［1996］第 38 号）。因此，本实验选择用小鼠游泳时间、血乳酸含量、血清尿素氮（BUN）含量为测定指标反映受试物（海马及其配伍组合）对小鼠抗疲劳能力的影响。

1）小鼠游泳时间测定

于实验第 7 天和第 21 天，在当日第一次灌喂后的 30min 内，根据小鼠体重于其尾根部加载负荷为其体重 4%的铅丝，再把小鼠放入游泳箱（70cm×70cm×60cm）中游泳，箱内水深 50cm，水温 25℃，自然光照。按组进行实验，从入水开始计时至小鼠力竭为止，逐只准确记录运动时间，力竭标准为小鼠头部浸入水中 8s 未能游回水面（张晶莹等，2017）。在小鼠力竭后，为避免小鼠出现死亡，需迅速将其捞出，并在保温箱中用吹风筒吹干后再放回笼子中，保持正常饲喂。

2）血乳酸含量测定

分别在泳前安静时、泳后 20min 和 50min 各取小鼠的尾血 1 次。取到的血液先在室温 30℃时静置 30min 使血液凝固，再在离心机上以 5000r/min 离心 10min，分离出血清，置–80℃冰箱中冷藏备用，要求每次整个采血过程必须在 30s 内完成。血乳酸含量的测定严格按照试剂盒说明书的要求进行。

3）血清尿素氮含量测定

仅于泳后 50min 采血一次，具体操作及血液样的处理同“血乳酸含量测定”中的方法。严格按照试剂盒上的说明操作。

4.3.2.4 耐寒能力测定

于灌喂第 7、14、21 天时，取 5～6 只体重相近的小鼠进行耐寒能力观察。在给药 60min 后，将小鼠放入–18℃冰箱内，观察小鼠存活情况，以呼吸停止为终点记录死亡时间（min）（张晶莹等，2017）。

4.3.2.5 性激素指标测定

分别于实验第 8、22 天（小鼠游泳实验恢复 1d 后），采集小鼠血液样本，进行性激素指标测定。采用眼球取血方法，将收集到的血液样本进行离心（3000r/min，10min），收集上层血清，于–20℃存放备用。严格根据睾酮（T）测定试剂盒、黄体生成素（LH）测定试剂盒、促卵泡激素（FSH）测定试剂盒上说明书的操作方法，测定相应的含量。

4.3.2.6 小鼠脏器系数测定

眼球取血后，采用颈椎脱臼方法将小鼠处死，称量体重，然后解剖取出其肾、肝、脾、精囊腺、前列腺、睾丸和附睾组织等并分别进行称重，然后计算相应的脏器系数：脏器系数（%）=脏器质量（g）/体重（g）×100%。

4.3.2.7 数据分析

数据均用 Mean±SD 表示，采用 SPSS 软件包对所测定数据进行单因素方差分析（one-way ANOVA），数据显著性选取 Dunnett 多重比较检验进行，$P<0.05$ 为显著性差异。

4.3.3 结果与分析

4.3.3.1 小鼠交配行为

与同期的空白对照组相比较，灌喂第 7、14、21 天后，实验组（海马组、配方组及金匮组）中小鼠的交配潜伏期都有所缩短，20min 内小鼠的交配次数都有所增加（表 4-5），经方差分析，两指标在实验组与对照组间都有显著性差异（$P<0.05$）。

表 4-5 不同给药时间对小鼠交配指数的影响

灌喂天数	组别	交配潜伏期（s）	交配次数
7d	对照组	355.9±75.83[a]	3.70±1.77[b]
	养殖海马组	225.2±51.87[b]	7.60±2.91[a]
	野生海马组	243.2±47.24[b]	6.10±2.33[a]
	养殖配方组	202.5±52.27[b]	8.20±3.36[a]
	野生配方组	251.4±55.35[b]	6.40±2.58[a]
	金匮组	276.6±69.44[ab]	3.90±2.11[b]
14d	对照组	361.3±82.34[a]	3.65±2.31[b]
	养殖海马组	211.7±47.74[b]	8.62±3.89[a]
	野生海马组	221.3±48.55[b]	9.57±2.77[a]
	养殖配方组	197.7±41.32[b]	11.32±3.23[c]
	野生配方组	205.8±53.36[b]	10.53±3.72[ac]
	金匮组	252.3±55.67[b]	5.39±1.52[ab]
21d	对照组	352.3±78.66[a]	3.50±2.17[b]
	养殖海马组	214.2±45.34[b]	9.80±3.75[a]
	野生海马组	238.1±52.67[b]	9.30±3.62[a]
	养殖配方组	163.4±27.28[c]	11.84±3.22[c]
	野生配方组	187.5±37.41[bc]	10.86±4.19[c]
	金匮组	261.6±57.76[ab]	5.44±1.76[ab]

注：同列中不同字母表示组间有显著性差异（$P<0.05$）

实验期间，不管是海马全粉还是配伍的处理中，人工养殖组中小鼠的交配潜伏期和 20min 内交配次数这两个指标数据都要略优于野生组，但两者间的差异不显著（$P>0.05$）。

实验期间，不管是野生组还是人工养殖组的处理中，在给药初期（第 7 天），海马组与配方组间小鼠的交配指数并没有显著性差异；至 14d 时，交配潜伏期指标仍无显著性差异，但配方组的交配次数有所增加，要显著高于海马组（$P<0.05$）；至 21d 时，配方组小鼠的所有交配指数都已全面优于海马组（$P<0.05$）。

4.3.3.2 抗疲劳功能

1）对小鼠体重的影响

体重能反映出动物在实验条件下是否慢性中毒，而体重减轻是中毒致生长发育影响的一个较为显著的外观表现（Kline and Hollinger，1993）。随着实验时间延长，实验各组小鼠的体重在平稳增加（表 4-6），表明本实验所提供的实验环境符合小鼠生长需求，且实验各组对小鼠也没有明显的毒性作用。至灌喂 21d，金匮组和野生海马组与对照组间差异不明显（$P>0.05$）；而配方组和养殖海马组与对照组间差异显著（$P<0.05$），尤其是养殖海马配方组增重最为明显。

表 4-6 实验前后小鼠体重变化 （单位：g）

组别	灌喂 0d	灌喂 7d	灌喂 21d
对照组	19.85±1.63	20.16±1.85	23.86±1.76[b]
养殖海马组	19.68±1.34	22.21±2.33	25.32±2.39[a]
野生海马组	19.62±1.21	22.06±2.28	24.68±2.47[ab]
养殖配方组	20.23±1.74	22.73±2.77	26.74±2.24[a]
野生配方组	19.83±1.66	22.67±2.56	26.13±2.71[a]
金匮组	20.11±1.69	22.16±2.07	24.22±2.65[ab]

注：同列不同字母表示组间显著性差异（$P<0.05$）

2）对小鼠负重游泳时间的影响

灌喂 7d，实验各组小鼠的负重游泳时间较对照组有显著的增加（$P<0.05$），但实验各组间的差异还不明显；至 21d，实验各组间的差异已显现，首先金匮组小鼠的负重游泳时间出现增幅减缓现象，与海马组及配方组间出现显著性差异（$P<0.05$）；其次海马组与配方组间也出现了显著性差异，配方组小鼠的负重游泳时间明显地长于海马组（$P<0.05$）；而养殖组与野生组间的差异不显著（表 4-7）。从表 4-7 中还能看出，随着海马粉（不管是野生的还是人工养殖的）灌喂时间延长，实验小鼠的负重游泳时间都在增长（表明耐久力增强），21d 的游泳时间远远大于 7d（$P<0.05$），而阳性对照物金匮肾气丸的效果不明显。

表 4-7 小鼠负重游泳时间的影响 （单位：min）

组别	灌喂 7d	灌喂 21d
对照组	32.35 ± 7.63^{a}	34.21 ± 7.45^{a}
养殖海马组	51.62 ± 11.31^{b}	71.73 ± 14.17^{c}
野生海马组	46.54 ± 10.72^{b}	63.52 ± 11.37^{c}
养殖配方组	53.53 ± 10.63^{b}	87.32 ± 15.51^{d}
野生配方组	49.92 ± 14.49^{b}	81.36 ± 13.38^{d}
金匮组	47.67 ± 13.25^{b}	53.21 ± 9.36^{b}

注：不同字母表示有显著性差异（$P<0.05$）

3）对小鼠血清指标的影响

灌喂 7d，实验各组小鼠在运动后的血乳酸含量和血清尿素氮含量要明显低于空白对照组（$P<0.05$），表明海马粉与金匮肾气丸均能减少血乳酸生成和加快运动后血乳酸消除，不过海马粉组与金匮组间差异还不显著（$P>0.05$），但配方组已经优于上述各组（$P<0.05$）。至 21d，可以明显看到，海马组与配方组对于血清尿素氮的清除效果逐渐增加，并优于金匮组（$P<0.05$）。另外，从配方组与海马组间的差异减少直至消除情况看，我们可以认为对血清尿素氮的清除作用主要是海马粉的功效，配方中的红枣和枸杞等配伍药物仅起到提前发挥药效的作用。对血乳酸的清除情况基本类似于血清尿素氮，表明管海马可显著且快速地降低小鼠游泳后体内的血乳酸积累，减轻运动后的疲劳（表 4-8），并且随着灌喂时间的延长，降疲劳效果越发明显。

表 4-8 灌喂 7d、21d 负重游泳血清指标测定结果

灌喂天数	组别	血乳酸含量（mmol/L）			尿素氮含量（mmol/L）
		泳前	泳后 20min	泳后 50min	
7d	对照组	5.35 ± 1.13	11.32 ± 1.66^{a}	9.57 ± 1.83^{a}	7.58 ± 0.19^{a}
	野生海马组	5.12 ± 1.31	9.39 ± 1.43^{b}	5.52 ± 1.46^{b}	5.73 ± 0.17^{b}
	养殖海马组	5.27 ± 1.24	9.19 ± 1.67^{b}	5.39 ± 1.45^{b}	5.64 ± 0.33^{b}
	野生配方组	5.15 ± 1.22	9.25 ± 1.44^{b}	5.46 ± 1.23^{b}	4.65 ± 0.29^{c}
	养殖配方组	5.08 ± 1.31	9.03 ± 1.32^{b}	5.27 ± 1.24^{b}	4.97 ± 0.37^{c}
	金匮组	4.97 ± 1.34	9.74 ± 1.82^{b}	5.72 ± 1.47^{b}	5.78 ± 0.42^{b}
21d	对照组	5.23 ± 1.17	11.44 ± 1.78^{a}	9.83 ± 1.79^{a}	7.28 ± 0.63^{a}
	野生海马组	4.84 ± 1.33	6.68 ± 1.52^{bc}	5.02 ± 1.12^{b}	3.44 ± 0.22^{c}
	养殖海马组	4.93 ± 1.34	6.81 ± 1.43^{bc}	5.23 ± 1.26^{b}	3.28 ± 0.34^{c}
	野生配方组	5.02 ± 1.31	5.27 ± 1.16^{c}	4.71 ± 1.02^{b}	3.59 ± 0.62^{c}
	养殖配方组	4.91 ± 1.41	5.71 ± 1.22^{c}	4.79 ± 1.11^{b}	3.17 ± 0.55^{c}
	金匮组	5.13 ± 1.27	7.56 ± 1.66^{b}	5.69 ± 1.43^{b}	4.45 ± 0.74^{b}

注：同列不同字母表示组间有显著性差异（$P<0.05$）

4.3.3.3 性激素指标

实验开始第 8 天时，各组小鼠血清中的性激素含量就出现了明显的差异（表 4-9）。海马组和配方组与金匮组及对照组相比：小鼠血液中的睾酮含量（T）、黄体生成素（LH）含量都高（$P<0.05$），而促卵泡激素（FSH）含量在各组间的表现不一，总体上金匮组要低于其他各组（$P<0.05$）；至第 22 天时，对照组在实验前后始终保持着相似的 T 和 LH 浓度，而海马组、配方组及金匮组等的 T 浓度在实验前后也相似，但 LH 浓度却出现大幅度下降，22d 时已明显低于对照组（$P<0.05$）；所有组的 FSH 含量在 22d 时比 8d 时都有大幅下降，包括对照组在内，至实验结束，各组间不存在明显差异现象（表 4-9）。

表 4-9 海马对小鼠性激素含量的影响

灌喂天数	组别	睾酮（pg/ml）	黄体生成素（pg/ml）	促卵泡激素（U/L）
8d	对照组	2115.3±206.33[a]	1031.3±117.86[a]	2.77±0.339[a]
	野生海马组	2675.2±232.46[c]	1349.5±121.75[b]	2.37±0.267[ab]
	养殖海马组	2633.6±212.56[c]	1311.6±112.97[b]	2.16±0.214[b]
	野生配方组	2652.4±253.37[c]	1376.3±136.31[b]	2.42±0.231[ab]
	养殖配方组	2610.1±217.67[c]	1317.8±122.23[b]	2.01±0.177[bc]
	金匮组	2331.9±201.56[b]	1111.4±119.27[c]	1.78±0.243[c]
22d	对照组	2245.6±237.86	1176.3±171.45	0.57±0.132
	野生海马组	2773.7±321.89	789.4±93.34	0.72±0.065
	养殖海马组	2722.4±313.76	867.8±92.83	0.77±0.038
	野生配方组	2797.7±278.65	729.7±81.62	0.46±0.027
	养殖配方组	2737.5±354.23	663.4±76.33	0.54±0.023
	金匮组	2312.9±331.43	968.1±122.52	0.74±0.142

注：同列不同字母表示组间显著性差异（$P<0.05$）

4.3.3.4 脏器系数测定结果

比较各组小鼠的脏器系数（表 4-10），肾、精囊腺等的脏器系数在海马组和配方组中都较高，均高于金匮组与对照组（$P<0.05$）；配方组的睾丸、前列腺系数也显著高于金匮组与对照组（$P<0.05$）；而肝、脾系数等在各组间无显著性差异。此外，各脏器系数在野生组与养殖组、海马组与配方组间也无显著性差异表现。

4.3.3.5 耐寒能力测定结果

海马组和配方组明显延长了小鼠的耐寒时间，灌喂天数越长，耐受能力越强，呈现良好的量效关系；金匮组的效果不甚理想，与对照组间无显著性差异（$P>0.05$）。此外，配方组比海马组的效果更好（$P<0.05$），但养殖组与野生组间无显著性差异（表 4-11）。

表 4-10 小鼠脏器系数变化

组别	体重（g）	肝	脾	肾	睾丸	附睾	精囊腺	前列腺
对照组	23.86±1.76[b]	3.64±0.24	0.43±0.03	1.42±0.02[a]	0.26±0.01[a]	0.10±0.01	0.40±0.02[a]	0.03±0.00[a]
养殖海马组	25.32±2.39[a]	3.53±0.31	0.45±0.02	1.51±0.03[b]	0.29±0.00[b]	0.12±0.01	0.43±0.01[b]	0.04±0.01[a]
野生海马组	24.92±2.55[a]	3.58±0.22	0.45±0.02	1.48±0.03[b]	0.27±0.02[a]	0.12±0.01	0.42±0.02[b]	0.04±0.01[a]
养殖配方组	25.33±2.75[a]	3.54±0.19	0.45±0.03	1.51±0.04[b]	0.29±0.01[b]	0.12±0.00	0.43±0.03[b]	0.05±0.02[b]
野生配方组	25.03±2.47[a]	3.55±0.20	0.46±0.01	1.49±0.02[b]	0.28±0.02[b]	0.11±0.01	0.43±0.02[b]	0.05±0.01[b]
金匮组	24.58±2.66[a]	3.59±0.25	0.45±0.03	1.44±0.04[a]	0.27±0.02[a]	0.11±0.01	0.41±0.02[a]	0.04±0.01[a]

注：同列不同字母表示组间显著性差异（$P<0.05$）

表 4-11 小鼠耐寒时间 （单位：min）

组别	灌喂 7d	灌喂 14d	灌喂 21d
对照组	31.5±3.62[aA]	30.8±3.27[aA]	31.2±3.54[aA]
养殖海马组	35.6±3.31[bA]	41.3±4.17[bB]	43.7±4.23[bB]
野生海马组	35.1±2.41[bA]	40.6±3.37[bB]	42.9±3.22[bB]
养殖配方组	39.3±4.47[cA]	47.4±4.45[cB]	49.7±3.86[cB]
野生配方组	38.7±3.21[bcA]	44.8±4.67[bcB]	46.7±4.83[cB]
金匮组	33.4±2.66[abA]	35.1±3.53[abA]	36.7±3.25[abA]

注：同列不同小写字母表示组间显著性差异，同行不同大写字母表示不同灌喂天数间显著性差异（$P<0.05$）

4.3.4 讨论

4.3.4.1 对小鼠交配能力的影响

交配实验是性功能主要的评价指标，若结果为阳性，则可判定饲喂物对受试动物具有改善性功能的作用（Rudi et al.，2016）。本节小鼠交配实验的结果表明野生与人工养殖的海马都能提高实验小鼠的交配能力，海马全粉与海马配伍也都可提高实验小鼠的交配能力，这都表明海马有提高小鼠性功能的功效。这与许东晖等（2011）和张朝晖等（1995）的研究结果相一致。本实验结果还显示，1 龄人工养殖的海马比野生海马对小鼠性功能的提升与促进效果更好，海马配伍比单独使用效果更好。

本实验中与海马配伍的有红枣和枸杞等药材。《本草纲目》中提及红枣有滋阴补阳之功效；枸杞能益精血，具有抗衰老、抗疲劳、增强免疫功能和提高抗病能力之功效。这两味药物加入后，不但整个配方的功效表现速度加快（提前）了，而且海马全粉资源的利用效率提高了 3 倍。从实验结果看，配方表现的功效与全粉是完全一致的，因此，可以肯定所表现出的功效是来自于海马，也证实了海马的补肾壮阳之功效，与文献报道相一致（张朝晖等，1995；许东晖等，2011；Chen et al.，2015b）。

4.3.4.2 对小鼠抗疲劳能力的影响

机体疲劳主要表现为能量和力量的下降，因此，持续运动时间长短能反映疲劳的程度。负重游泳实验是常用的一种测定小鼠持续运动时间的模型，可反映机体耐力的强弱（张颖捷和杜万红，2012）。通过对小鼠的负重游泳实验，得到的结果为：灌喂 7d，海马组及配方组中的小鼠负重游泳时间较对照组有显著增加；且随灌喂天数延长，游泳时间增加，呈现出良好的量效关系，也证实海马能够延缓运动性疲劳出现的时间。

疲劳过程也是有机体一系列生理生化指标发生变化的过程，如乳酸含量升高、血清尿素氮含量增高、糖原含量下降、肌酸激酶含量增高等。因此，可用这些指标的变化来反映机体的疲劳程度（Zhao et al.，2017）。灌喂含有海马成分的实验组中，乳酸在体液中的堆积量明显地低于对照组，表明海马能够使机体中的乳酸清除速度加快、减少运动时小鼠血液中乳酸的生成，以及加快运动后乳酸的清除，同时也能降低血清尿素氮的含量；含有海马的药物有效地降低了游泳运动后小鼠的血清乳酸和尿素氮含量，可能是海马中的活性成分在机体内发挥了积极作用，降低了葡萄糖的无氧酵解，改善了小鼠有氧供能的能力，从而使得机体的耐力提高了（Ozsoy et al.，2008）。

4.3.4.3 对小鼠性激素水平的影响

中医认为，肾乃人体先天之本，肾功能与神经、内分泌、免疫、生殖等系统密切相关（杜江等，2010）。肾阳虚与人体内的三腺轴（肾上腺轴、甲状腺轴、性腺轴）紊乱及免疫力下降有关（杜江等，2010），而三腺轴的调控都需要通过下丘脑和垂体的作用，如下丘脑-垂体-性腺轴控制人体性激素分泌。下丘脑合成促性腺激素释放激素（GnRH），促使垂体细胞分泌 LH 和 FSH。LH 作用于睾丸，促使睾酮（T）合成与分泌；FSH 作用于睾丸曲细精管，帮助形成生精管，并与 T 共同作用，促进精子形成（段志文等，2001）。因此，当血清中 T 含量过高时，通过反馈作用抑制垂体，减少 LH、FSH 分泌；而 T 含量较低时，上述抑制解除，增加 LH、FSH 分泌（杜维祥等，2010；Macks et al.，2011）。

T 是一种雄性激素，血清中 T 含量作为一个重要指标可以反映雄性动物的睾丸功能（娄敬和米华，2014）。本实验各组小鼠血清中的 T 含量，灌喂 1 周就表现出非常明显的差异，海马组与配方组远高于金匮组与对照组，并在后续的实验中，含量始终保持上升的趋势。这是因为海马中含有较高的胆甾醇成分，胆甾醇是雄性激素的前体物质，在生物体内可以转化为 T（Andres and Sierra，2008）。T 含量的上升，会不断地促进生殖细胞的增殖与分化，促进精子的形成（段志文等，2001）。3.1.2 节实验也证实海马油脂可以促进小鼠精子的浓度、活动力及存活率的提高，这应该是与海马中有较高含量的胆甾醇，服用后高效转化为 T，进而形成高质量的精子密切相关，这将对于男性弱精、少精等不孕不育的治疗有一定的功效。通过三腺轴的作用，也促进了机体肾功能的提升，这是海马促进小鼠交配能力提升，体现补肾壮阳功效的根本所在。

在灌喂 1 周后，实验各组的小鼠血液中都有较高含量的 LH 和 FSH。按上述分析，T 含量升高后，LH 和 FSH 含量因为反馈调节将出现下降趋势，两者在血液中的浓度应该下降，且保持较低状态，不应该出现同时上升的现象。分析原因可能是，T、LH 和 FSH 三者同时在精子的合成及分泌过程中发挥着重要调节作用，作为生命力旺盛的 1 龄海马，是自然野生状态下和人工养殖条件下的主要生育群体。因此，本身海马体内的 T、LH 和 FSH 含量就比较高，另可能还与三腺轴的反馈调节速率没有这么快有关，在灌喂 3 周时检测到，LH 和 FSH 在小鼠中的含量已大幅下降了，证实了高浓度 T 反馈作用于垂体，减少及抑制促性腺激素释放激素、LH 和 FSH 的分泌（杜维祥等，2010；Macks et al.，2011）。这说明海马可以增加有关激素的分泌量，但长时间摄入或摄入过多后反而会降低 FSH 的活力（熊瑞等，2015）。结合前面的实验结果，服用管海马 2 周左右能维持较高的 T、LH 和 FSH 含量。因此，可以初步推断，海马的服用周期（疗程）为服用 2 周，停止 2 周，再服用的效果会更佳。

4.3.4.4 对小鼠脏器及耐寒能力的影响

本实验还测定了小鼠在灌喂不同周期时的耐寒能力及灌喂 3 周后的脏器系数。有关结果表明：各实验组均能明显有效地延长小鼠对寒冷的耐受时间，给药天数越多，耐受寒冷的时间越长，呈现良好的量效关系。一个可能的原因是海马中的一些活性成分，服用后可缓解小鼠神经系统的紧张，提升了应急反应能力，因此促进耐寒能力的上升（熊瑞等，2015）；另一可能的原因就是海马的服用整体性地提高了小鼠机体各方面的性能，促使机体全面抵抗寒冷能力的提升。

脏器系数是环境毒理学实验中比较常用的指标之一。一般认为：脏器系数增大，代表该脏器有充血、水肿或增生肥大等现象；反之，则表示该脏器可能萎缩或有其他退行性的改变发生等（孙建新等，2009）。本实验中小鼠的各脏器系数分析结果表明，肝系数和脾系数在各组间无显著性差异，肝是解毒及物质代谢的器官，脾行免疫调节作用，各实验组间这两个脏器系数无显著性差异，表明实验中小鼠所食材料无毒性作用，是安全可服用的。而肾、睾丸、精囊腺和前列腺等脏器系数在海马组和配方组中较高，高于金匮组与对照组，表明所食的材料对这些脏器有作用，结合前面的论述表明，这些脏器系数升高应该具有好的、正向的作用，中医药学也认为海马甘温入肾，能温补肾阳、填精益肾（陈素红等，2009），这些方面都与肾、睾丸、精囊腺和前列腺等器官有密切关系。因此，这些器官重量增加后，可提高小鼠的生殖功能。

5 人工养殖管海马的利用开发研究

我国传统的中医药正逐步走向世界，这是顺应世界“回归自然”的大潮流，中医药以确切的疗效、高度的安全性已得到世界的关注，并在一些规模化的流行病和慢性病的治疗中发挥出良好的优势。

中药的药效与每味药的产地、使用部位、采收时节、收藏保管、服食方法及注意事项等有密切关系。天然药物产地复杂、采集困难，又因自然环境变动性大、药效成分不稳定等，故现代中医药已大量采用种植、驯养的动植物药材等入药。按我国《新药审批办法》规定：野生变家养的动植物药材，按中药类新药第四类进行申报；如果家养的与野生的在外观与内在质量发生了变化，则按中药类新药第三类进行申报；其中，第四类新药需进行临床验证，第三类新药还要求进行临床实验。这些都表明，养殖产品与野生药材间需要进行详细的分析研究和比较后才能替代使用。

本章针对人工养殖的管海马，探讨对其的开发与利用，尤其是对传统古医药名方中以人工养殖的海马产品替代野生海马，利用现代方法进行二次开发。所获得的二次开发的海马保肾丸方对于治疗肾阳虚证有较好的疗效，功效与市售金匮肾气丸相当。在成本上，本方的海马保肾丸仅为金匮肾气丸（按市售价比）的1/3。此外，本方还能提升雄性小鼠个体的精子浓度、精子活力，以及延长精子在体外的存活时间等，表明本方还应该有改善男性少精、弱精等不育症的功效作用。此外，新开发的海马保肾丸方全部采用人工种植、养殖的药材，成本和品质可控，有进一步开发上市的潜力。

5.1 替代后成方的优化

传统的古医名方——海马保肾丸，选自《北京市中药成方选集》（北京市公共卫生局，1961），该方为龟龄集方的缩减版，成方由海马、人参、鹿茸、熟地黄、肉苁蓉、枸杞子六味中药组成，皆选自龟龄集方中用于改善性功能障碍及调节肾阳虚功能的中药。

方解：海马补肾阳、调气活血；人参补元气、健脾益肺、止渴生津、安神明智；鹿茸壮元阳、补气血、益精髓、强筋骨；熟地黄滋阴清热、凉血补血；肉苁蓉补肾阳不足、温补精血、保肝润燥；枸杞子滋补肝肾、耐寒暑，轻身不老。从六味药的味性与功效来看，均属于温阳益气、补肾益精之精品。因此，该方以补气固肾为主，阴阳互补，互根互生，相辅相成（世界卫生组织，2007），形成一个固肾壮阳、益气活血的滋补妙方。

李晓萍等（2009）在《走近中药丛书——海马》一书中对海马保肾丸成方进行了量化，成方为：海马（10g）、人参（10g）、鹿茸（10g）、肉苁蓉（15g）、熟地黄（15g）、枸杞子（15g）。

我们以该量化的海马保肾丸成方为基础，采用了人工养殖的 1 龄管海马、人工养殖的鹿茸，以及人工种植的人参、肉苁蓉等入药，重新对成方进行配方优化。

5.1.1 材料来源及处理

人工养殖 1 龄管海马，来源同 2.1.1。其余 5 种配方组分的中药材均购于本地药店，都为养殖或种植产品。所有药材原料都先经–80℃冷冻干燥后，单独超微粉碎，分别收集保存备用。

健康 ICR 级小白鼠，购于浙江省实验动物中心，规格为体重（20.0±2.3）g，周龄 3～5 周，暂养于宁波大学实验动物中心。

5.1.2 方法

5.1.2.1 分析测定

把上述各组分的冻干超微粉按李晓萍成方组分比例配制成成药，按以下水提条件浸提：温度 70℃、提取时间 4.2h、液料比 210∶1。水浴前先超声处理 20min 辅助提取，超声波功率为 500W；然后将样品置于预先恒温好的水浴锅中浸提，每 30min 人工振摇一次。浸提结束后用中速滤纸过滤，先旋转蒸发浓缩，然后冷冻干燥后，–80℃保存备用。

将提取物用磷酸缓冲盐溶液（PBS）配制成终浓度为 1mg/ml、2.5mg/ml、5mg/ml、7.5mg/ml、10mg/ml 的海马保肾丸溶液。

以颈椎脱臼方法处死 1 只小鼠，解剖取出小鼠的附睾，立即将附睾放入 5ml 37℃水浴的小鼠精子培养基中（精子浓度约为 10^7/ml），用眼科剪及镊子将附睾剪成几段，水浴 10min，使精液流出，分散于培养基中。

取上述精子溶液 6 份，分别加入等体积的 5 个浓度的海马保肾丸溶液，另一份加入 PBS 溶液作为对照。置于恒温水浴箱中培养，培养温度为 37℃，并分别于 30min、1h、2h、24h，按照 WHO 推荐的方法及操作步骤（世界卫生组织，2010）进行，显微镜下观察各组精子的存活率。

经检验分析，选择出最佳的海马保肾丸溶液的用药浓度及最适宜检测精子的时间点，作为下述单因素实验及响应面实验的 2 个标准化指标。

5.1.2.2 单因素实验设计

选取上述 4 种药材（管海马、鹿茸、人参、肉苁蓉）进行配方的单因素实验。肉苁蓉单因素实验设计设 5 个含量梯度为 10g、12.5g、15g、17.5g、20g，其余各材料组成不变；人参单因素实验设 5 个含量梯度为 6g、8g、10g、12g、14g；鹿茸设 5 个含量梯度为 6g、8g、10g、12g、14g；最后海马设 5 个含量梯度为 6g、8g、10g、12g、14g。各组方的操作方法同 5.1.2.1 部分，以小鼠精子的存活率作为指标，筛选各药材在配方中的最佳含量配比。

5.1.2.3 响应面 Box-Benhnken 实验设计

在上述单因素的基础上，选择管海马、鹿茸、人参、肉苁蓉 4 个因素中的较优水平进行响应面设计，同样以精子的存活率作为响应值，得出有关数学模型，根据实验数据分析各因素与响应值的关系。实验因素水平见表 5-1。

表 5-1　海马保肾丸二次开发响应面设计表　（单位：g）

水平	因素			
	A：管海马	*B*：人参	*C*：鹿茸	*D*：肉苁蓉
1	8	10	8	12.5
0	9	11	10	15
−1	10	12	12	17.5

5.1.2.4 数据处理

采用 Excel 软件和 SPSS 软件进行数据分析及图表编辑，Design-Expert 软件进行响应面数据分析。$P<0.05$ 为显著性差异；$P<0.01$ 为极显著性差异。

5.1.3 结果与分析

5.1.3.1 分析测定结果

结果显示，海马保肾丸提取液在体外培养时对精子的存活率有一定的促进效果（图 5-1）。精子体外培养 2h 后，5～10mg/ml 的方剂组中精子的成活率保持有较好效果，与对照组间存在显著性差异（$P<0.05$）；培养 24h 后，5mg/ml 和 7.5mg/ml 的方剂组中的精子存活率最高。从各方面考虑，选择 5mg/ml、体外培养 2h 作为分析测定的指标，用于成方的优化实验。

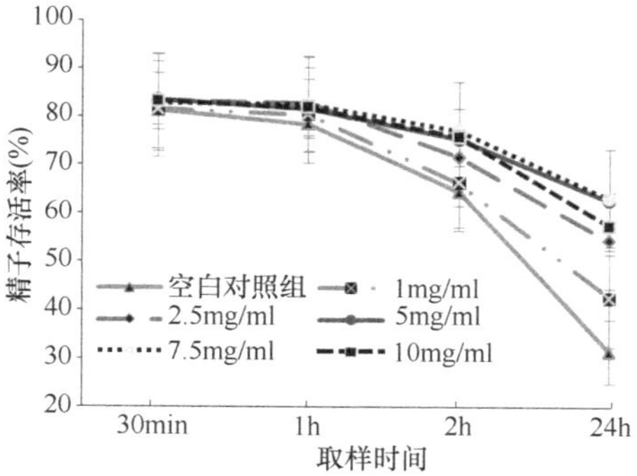

图 5-1 体外小鼠精子存活率的变化

5.1.3.2 单因素结果

通过 4 组的单因素实验，经分析与检验，结果为海马、鹿茸、人参、肉苁蓉 4 种药材的适宜用量分别为 8～10g、8～12g、10～12g、15～17.5g。加上熟地黄 15g、枸杞子 15g，该组方方剂有最佳的效果，最有利于保持体外精子的存活率。

5.1.3.3 响应面优化结果

利用 Design-Expert 软件进行四因素三水平实验设计，共 29 个实验组合，所得实验结果见表 5-2。对所得的实验数据进行回归分析，得到一个二次多项回归方程：

$$Y_{精子存活率}=75.04+6.62A+2.27B+1.46C+1.73D+0.83AB+0.60AC+0.025AD +0.73BD-0.42CD-1.00A^2+0.57B^2+0.18C^2+1.28D^2 \quad (5\text{-}1)$$

式中，A、B、C、D 分别代表海马、人参、鹿茸和肉苁蓉。

表 5-2 海马保肾丸二次开发响应面分析方案及结果

实验号	A：海马	B：人参	C：鹿茸	D：肉苁蓉	精子存活率（%）
1	0（9g）	−1（12g）	−1（12g）	0（15g）	79.4±5.33
2	−1（10g）	0（11g）	0（10g）	1（12.5g）	80.6±6.52
3	0（9g）	1（10g）	0（10g）	−1（17.5g）	76.3±7.44
4	0（9g）	0（11g）	0（10g）	0（15g）	77.9±5.14
5	1（8g）	−1（12g）	0（10g）	0（15g）	70.3±7.13
6	0（9g）	0（11g）	1（8g）	1（12.5g）	71.9±6.82
7	0（9g）	−1（12g）	0（10g）	1（12.5g）	75.8±7.21
8	−1（10g）	1（10g）	0（10g）	0（15g）	77.3±5.04
9	0（9g）	0（11g）	0（10g）	0（15g）	74.0±4.13
10	0（9g）	0（11g）	0（10g）	0（15g）	72.9±8.32

续表

实验号	A：海马	B：人参	C：鹿茸	D：肉苁蓉	精子存活率（%）
11	0（9g）	−1（12g）	0（10g）	−1（17.5g）	80.2±7.22
12	−1（10g）	0（11g）	1（8g）	0（15g）	78.7±6.22
13	−1（10g）	0（11g）	0（10g）	−1（17.5g）	83.5±8.03
14	0（9g）	0（11g）	1（8g）	−1（17.5g）	77.3±7.58
15	1（8g）	0（11g）	−1（12g）	0（15g）	68.3±7.24
16	0（9g）	0（11g）	0（10g）	0（15g）	76.1±6.16
17	0（9g）	0（11g）	0（10g）	0（15g）	74.3±8.11
18	1（8g）	0（11g）	1（8g）	0（15g）	66.9±9.17
19	0（9g）	1（10g）	−1（12g）	0（15g）	74.7±7.03
20	0（9g）	−1（12g）	1（8g）	0（15g）	77.1±8.02
21	1（8g）	0（11g）	0（10g）	−1（17.5g）	70.2±6.85
22	1（8g）	0（11g）	0（10g）	1（12.5g）	67.4±8.93
23	0（9g）	0（11g）	−1（12g）	−1（17.5g）	80.3±6.14
24	−1（10g）	0（11g）	−1（12g）	0（15g）	82.5±8.33
25	−1（10g）	−1（12g）	0（10g）	0（15g）	85.4±6.21
26	0（9g）	1（10g）	0（10g）	1（12.5g）	74.8±9.79
27	1（8g）	1（10g）	0（10g）	0（15g）	65.5±9.72
28	0（9g）	1（10g）	1（8g）	0（15g）	72.4±8.84
29	0（9g）	0（11g）	−1（12g）	1（12.5g）	76.6±7.76

该响应面模型的 *P*-value Prob>*F* 值小于 0.0001，表明所得的模型是极显著的。而该模型中的失拟项 *P*-value Prob>*F* 值为 0.9456，大于 0.05（表 5-3），表明该模型的失拟项不显著，说明所得的模型选择合适，可以用此模型对海马保肾丸进行二次优化开发，优化该方剂配方中的海马、人参、鹿茸和肉苁蓉的最佳配比，获得最佳的功效。

表 5-3　回归方程方差分析

项目	平方和	df	均值	*F* 值	*P*-value Prob>*F*
模型	678.33	14	48.45	25.09	<0.0001
A-海马	525.36	1	525.36	272.08	<0.0001
B-人参	61.65	1	61.65	31.93	<0.0001
C-鹿茸	25.52	1	25.52	13.22	0.0027
D-肉苁蓉	35.71	1	35.71	18.49	0.0007
AB	2.72	1	2.72	1.41	0.0248
AC	1.44	1	1.44	0.75	0.4024
AD	0.0025	1	0.0025	0.0013	0.9718

续表

项目	平方和	df	均值	F 值	P-value Prob>F
BC	<0.001	1	<0.001	<0.001	1.0000
BD	2.10	1	2.10	1.09	0.0344
CD	0.72	1	0.72	0.37	0.5505
A^2	6.53	1	6.53	3.38	0.0872
B^2	2.12	1	2.12	1.10	0.3125
C^2	0.22	1	0.22	0.11	0.7407
D^2	10.70	1	10.70	5.54	0.0337
余差	27.03	14	1.93		
失拟项	11.52	10	1.15	0.3	0.9456
纯误差	15.51	4	3.88		
总离差	705.36	28			

注：①P-value Prob>F 值的大小表示模型及各因素的显著水平；②P-value Prob>F 值大于 0.05 表示模型及各因素无显著影响，小于 0.05 表示模型及各因素有显著影响；P-value Prob>F 小于 0.01 表示模型及因素有极显著影响

根据所得的回归方程和表 5-3 可知，二次开发优化的回归方程中 A、B、C、D、AB、BD 及 D^2 对精子存活率的影响是显著的，其中 4 种配伍成分 A、B、C、D 的影响极其显著，而其余各项的影响都不显著。因此，式（5-1）可进一步优化：

$$Y_{\text{精子存活率}}=75.04+6.62A+2.27B+1.46C+1.73D+0.83AB+0.73BD+1.28D^2 \quad (5\text{-}2)$$

式中，A、B、C、D 分别代表海马、人参、鹿茸和肉苁蓉。

由此可见，对于体外精子存活率的影响，海马保肾丸方中各组分的单独作用是最主要的，但海马与人参及人参与肉苁蓉间也有一定的协同作用效果。由表 5-3 还可知，实验的这 4 种组分对药效的作用程度大小，即各组分对精子存活率的影响程度分别为：F（海马）=272.08，F（人参）=31.93，F（鹿茸）=13.22，F（肉苁蓉）=18.49，即对精子存活率的影响程度海马>人参>肉苁蓉>鹿茸。

5.1.3.4 响应面优化条件确定及验证

对优化后的回归方程式（5-2）进行求解，得到海马保肾丸中主要的 4 种组分的最佳配比为：海马 10g、人参 12g、鹿茸 12g、肉苁蓉 17.44g。在此优化配比的条件下，5mg/ml 的海马保肾丸理论上可保持体外小鼠精子 2h 89.76%的存活率。

5.2 新方海马保肾丸的功效测定

5.2.1 材料

5.1 节中二次开发的海马保肾丸。

金匮肾气丸（阳性对照）：北京同仁堂科技发展股份有限公司，生产批号

16032865。

氢化可的松：华中药业股份有限公司，生产批号 20170702。

实验动物：ICR 级小白鼠 60 只，雄性，规格为体重（20±2.0）g，周龄 3～5 周，购于浙江省实验动物中心。实验在宁波大学医学院动物管理中心进行。

5.2.2 方法

5.2.2.1 混悬药液制备

将海马、人参、鹿茸、熟地黄、肉苁蓉、枸杞子等中药材置于真空冷冻干燥机中冻干至恒重，再分别经超微粉碎机粉碎成超微细粉（枸杞由于含糖量高，在液氮中研磨成细粉），按 5.1 节中二次开发方剂的配方比例混合配伍形成中成药——新的海马保肾丸。根据成人每日推荐食用量，按照人和动物间体表面积折算的等效剂量比率表换算出小鼠的日服用剂量，取设定计量的海马全粉、海马保肾丸粉等混悬于 0.5% CMC 溶液中制成各混悬药液，浓度均为 26mg/ml，存放于–20℃冰箱中保存备用。

取金匮肾气丸适量研碎，粉末过筛后加入 0.5% CMC 溶液中也制成相应的混悬药液，浓度为 52mg/ml，于–20℃冰箱中保存备用。

5.2.2.2 建模、分组及给药

把暂养的雄性健康小鼠随机分成 5 组，分别为空白对照组（C）、模型组（M）、海马全粉组（S）、海马保肾丸组（SB）及阳性对照组（即金匮肾气丸组，KC），每组各 12 只小鼠。除 C 组外，其余各组均采用腹腔注射（ip）方式注射氢化可的松（25mg/kg），每天 1 次，连续注射 10d，用以制备肾阳虚模型小鼠（施明珠等，2009）。该方法所获得的模型是较为经典的肾阳虚动物模型（何帮剑，2012），该模型在病理方面与肾阳虚证很大程度上相一致，小鼠症状表现也较好地符合肾阳虚证的辨证诊断特性（外在表现为精神不振、反应迟钝、被毛疏松脱落、失去光泽、消瘦、肢尾冷、体温降低、体重降低、畏寒等，与体内不同激素含量的上升或降低相一致）（秦文艳等，2017）。各组自第 11 天，开始给予对应的混悬药液，S 组、SB 组和 KC 组的给药量分别为 13mg/d、13mg/d（该量为按 0.65g/kg 经计算所得）、26mg/d，每日 9:00～10:00 灌喂 1 次，灌喂药液体积为 0.5ml（含相应的药量），C 组和 M 组以等体积的生理盐水代替。正常饲喂食物和水，连续实验 30d。

5.2.2.3 检测指标设定

1）小鼠生理表现观察

建模开始后（开始以腹腔注射方式注射氢化可的松），每日上午先观察，再称重（隔日一次），然后 ip 注射。观察记录各组小鼠的外在表现，如精神状态、毛

发光泽度、进食饮水、排便及死亡情况（林海雄等，2016）。

2）小鼠体重、体温检测

建模前，对各组小鼠称重，并用红外温度计测定各组所有小鼠的体温（测定位点为小鼠左耳腔中，为耳蜗温度，时间统一为 8:30～9:00）（施明珠等，2009）；建模过程中，每 2d 对各组小鼠称重和测体温；建模后（药液灌喂实验时），每 2～3d 称重和测温一次。分析各组小鼠的体重和体温变化情况。

3）小鼠自主活动观察

分别于建模前后和药液灌喂第 7、14、29 天，对各组的小鼠进行自主活动观察。自主活动观察采用旷场实验箱法，方法参照秦文艳等（2017）。实验于黑暗状态中进行，通过观察箱正上方的视频拍摄系统记录各组小鼠的自主活动情况。小鼠进入旷场实验箱前要先称体重，进入旷场实验箱后先适应 3min，然后开始记录小鼠在 5min 内的活动情况，分析小鼠的直立次数及运动总距离。

4）小鼠负重游泳

负重游泳于灌喂的第 29 天开始实验，在测定了小鼠的自主活动后进行。在小鼠尾根部负荷其体重 4%的铅丝，放入水温 25℃、水深 30cm、内壁光滑的游泳箱（50cm×40cm×40cm）内，观察小鼠的负重游泳时间，每次观察一只小鼠。负重游泳期间如发现小鼠有偷懒休息者，要用棍棒刺激其游动，当发现小鼠沉入水中不能浮出水面达 8s 则认为小鼠已力竭，记录每只小鼠从开始游泳至力竭的时间，并作为小鼠的负重游泳时间（农生斌等，2017）。当小鼠力竭后，为避免其死亡，需迅速将其从水池中捞出，在保温箱中吹干毛发后再放回培养笼。

5）生化指标测定

分别于小鼠负重游泳实验前和游泳后 20min 时断尾取血，血液经 3500r/min 离心 15min，分离血清。然后，严格按照试剂盒说明书中的要求和步骤测定各血清中血乳酸（LA）与尿素氮（BUN）的浓度。

在末次给药后（在灌喂实验的第 30 天），对各组小鼠禁食 24h，通过摘眼球方式取血，血液经 3500r/min 离心 15min 分离血清，严格按照试剂盒说明书要求和步骤测定各组小鼠血清中的促肾上腺皮质激素（ACTH）、促卵泡激素（FSH）和睾酮（T）含量。

6）体重和脏器系数

挖眼取血后，采用颈椎脱臼方法处死小鼠，解剖剥离取出小鼠的肝、肾、肺、脾、附睾、睾丸等脏器组织，分别称重后计算出各脏器系数，评价各受试药液对小鼠脏器重量的影响。脏器系数=脏器重（mg）/体重（g）。

5.2.2.4 统计分析

采用 SPSS 软件对所得实验数据进行统计与分析，结果均以 Mean±SD 表示，

P<0.05 为显著性差异。

5.2.3 结果与分析

5.2.3.1 小鼠肾阳虚模型建立

1）体表生理特征

经腹腔注射（ip）氢化可的松 10d 后，各建模组（M、S、SB、KC）小鼠都出现以下的外观症状：懒动、消瘦、进食量明显减少、拱背、体毛枯萎（有脱毛现象）、精神不振、反应迟缓、肛门周边有粪便污染、有便溏现象等，各组的外观描述见表 5-4。从上述症状可初步判定小鼠已出现肾阳虚症状（何帮剑，2012）。

表 5-4 建模期间小鼠外观特征变化

处理	对照组	建模组
建模前	活动自如、反应灵敏、毛发稀疏，可见红色皮肤	活动自如、反应灵敏、毛发稀疏，可见红色皮肤
ip 3d	食欲旺盛，活动性强，大便黄褐色，粒状	活动减少，易抱团，皮毛无光泽，肢尾发冷
ip 5d	沿笼子四周爬行，前肢直立取食，活动性强	不能长时间直立取食，懒动，眼神涣散，腹部胀气
ip 7d	反应灵敏，机警，对四周环境敏感，饮食正常	消瘦，精神倦怠，肛周有污染，便溏，小鼠出现死亡
ip 10d	喜抱团，体型健壮，腹部肌肉突出，肥硕	萎靡不振，体毛枯萎，无进食量，拱背蜷曲，大便困难

2）小鼠体重变化

建模前后各处理组小鼠的体重变化见表 5-5。

表 5-5 建模前后各组小鼠体重变化 （单位：g）

处理	C	M	S	SB	KC
建模前	20.93±1.81	21.00±1.71	21.07±1.87	21.67±1.14	22.27±1.35
ip 3d	24.00±0.72	23.87±0.46	23.80±1.11	24.20±1.72	24.07±1.55
ip 5d	25.87±0.95	24.07±0.83	22.63±1.60	23.53±1.12	24.00±0.87
ip 7d	27.20±1.23*	24.13±0.50	23.40±1.51	22.47±2.12	23.47±1.80
ip 10d	27.13±1.14*	23.67±0.95	23.53±1.63	23.47±1.01	23.93±1.70

注：*表示组间存在显著性差异（P<0.05）

建模前，各组小鼠间体重的差异不明显；建模开始前期，即腹腔注射 3d（ip 3d），各组小鼠的体重与建模前都有较大幅度增长，但 C 组与其余各组间并没有出现显著性差异（P>0.05）；随着腹腔注射的进行，各组间逐渐出现差异，C 组小鼠的体重在建模过程中均匀增加，而其余各模型组的小鼠体重自 ip 5d 开始几乎都停滞、不增长甚至体重减轻。与外观特征的描述比较吻合，小鼠出现消瘦、体重下降等症状。至 ip 7d，各模型组与对照组间小鼠的体重出现了显著性差异

（$P<0.05$）。

3）小鼠体温变化

建模前后，各组小鼠的体温变化情况见表 5-6。建模前，各组小鼠的体温差异不大；建模的前 3d，各模型组小鼠的体温都出现较大幅度的下降，并与对照组间有显著性差异（$P<0.05$）；随后至 ip 10d，各建模组小鼠的体温基本保持稳定在低位，模型各组之间的差异不大，波动也不大，但始终与对照组有显著性差异（$P<0.05$），表明模型各组的小鼠已经出现肢尾发冷、体温下降等症状。

表 5-6　建模前后各组小鼠体温变化　（单位：℃）

处理	C	M	S	SB	KC
建模前	35.00±0.59	34.87±0.45	35.06±0.60	35.27±0.14	34.80±0.40
ip 3d	35.57±0.79**	29.28±0.82*	29.02±0.77*	29.28±1.04*	28.69±1.03*
ip 5d	35.57±0.85	28.89±2.16	28.99±0.78	28.83±0.45	28.67±0.59
ip 7d	35.43±1.14	29.13±1.38	27.98±0.64	29.48±0.99	27.99±0.68
ip 10d	35.04±0.41**	28.85±1.24*	28.31±1.04*	29.04±2.28*	27.91±0.58*

注：*表示组间存在显著性差异（$P<0.05$），**表示组间存在极显著性差异（$P<0.01$）

4）对小鼠自主活动的影响

本实验选取了考察小鼠自主活动较为常用的直立次数和总运动距离两个指标来反映建模期间小鼠的自主活动能力（何帮剑，2012），结果见表 5-7。建模前，各组小鼠直立次数与总运动距离并无统计学上的差异；建模后（ip 10d），经测定：C 组小鼠的直立次数比建模前略有下降，但远不如各建模组中小鼠的直立次数下降明显，建模组与 C 组间差异显著（$P<0.05$）。从总运动距离看，情况也与直立次数指标类似。C 组小鼠在建模前后的总运动距离差异不大，而建模各组中小鼠的总运动距离却大大下降，并显著低于 C 组（$P<0.05$），表明建模各组小鼠已经出现懒动、进食运动少、精神萎靡和反应迟钝等症状。

表 5-7　建模前后各组小鼠自主活动变化情况

处理	直立次数		总运动距离（cm）	
	建模前	建模后	建模前	建模后
C	46.00±3.61	39.00±1.00**	632.33±96.13	640±205.25**
M	48.00±3.61	14.00±3.61	665.33±162.03	105.67±19.86
S	46.00±6.56	13.33±1.53	678.00±84.08	107.67±19.43
SB	47.67±6.80	17.67±4.04	675.67±194.76	98.67±22.14
KC	47.67±6.80	14.00±3.61	666.33±126.06	101.33±14.01

注：**表示组间存在极显著性差异（$P<0.01$）

结合上述各建模组小鼠的外观特征、体重、体温及自主活动强度等指标的变化，能明确判断经过 10d 的氢化可的松腹腔注射后，各建模组小鼠已患肾阳虚症状，建模成功（何帮剑，2012；秦文艳等，2017）。

5.2.3.2 给药效果分析

1）肾阳虚症状恢复情况

（1）体表生理特征

由表 5-8 可知各给药组 S、SB、KC 在不同时间段的小鼠外观特征变化。灌喂第 7 天，各组小鼠的肢尾温度均有所上升，SB 组小鼠便溏情况好转，KC 组小鼠活动能力增强，S 组小鼠胀气情况有好转，不过 M 组的小鼠状态仍低迷，畏寒喜暖。灌喂第 14 天，各给药组小鼠饮食情况好转，精神状态与第 7 天时相比差异不大。灌喂第 21 天，SB 组小鼠大便深褐色呈粒状，精神状态好，KC 组肛周无污染，大便粒状，S 组肛周污染情况好转，但大便还不成形。灌喂第 30 天，各给药组和 C 组相比，小鼠在外观体型和活动能力等指标的差异都已不显著，各给药组小鼠抓力增强、体力恢复、毛发柔顺且有光泽，但 M 组小鼠仍表现出肾阳虚外观特征。

表 5-8 灌喂期间小鼠外观特征变化

处理	灌喂 7d	灌喂 14d	灌喂 21d	灌喂 30d
C	小鼠活动自如，反应灵敏	肥硕，机警，眼神犀利，灌喂较困难	体型健壮，好动，大便黄褐色，粒状	毛发柔顺有光泽，好动，反应灵敏
M	小鼠精神萎靡，蜷缩抱团，便溏	眼神无光，毛发枯燥无光泽，活动范围略有增加	眼神涣散，肛周污染，嗜睡	萎靡不振，体毛枯萎，拱背蜷曲
S	小鼠肢尾温度恢复正常，胀气情况好转，便溏，懒动	肢尾温度正常，绕笼子四周爬行，欲饮食	精神奕奕，肛周污染情况好转，大便不成形	机警，好动，大便黄褐色，呈粒状
SB	小鼠肢尾温度上升，前肢可直立取食，便溏情况好转	精神饱满，饮食情况好转，抱团情况减少	大便深褐色，粒状，反应灵敏，活动自如	体型恢复正常，毛发柔顺有光泽，精神饱满，机警
KC	小鼠肢尾温度恢复正常，可绕笼子四周爬行	饮食有增加，肛周污染情况好转，但大便不成形	进食量增加，体力稍有恢复，眼神集中，大便粒状	抓力增加，精神饱满，毛发有光泽，对环境敏感

（2）小鼠体重变化

灌喂给药期间，小鼠体重随着给药时间不同，也呈现不同变化趋势（表 5-9）。C 组的小鼠在灌喂期间的前 14d 体重上升较快，而后体重稳定维持在较高水平；M 组的小鼠由于停止了氢化可的松的注射，体重在缓慢上升，至 30d 时，已与 C 组无显著性差异（$P>0.05$）；3 个药物干预组中的小鼠，在开始的第 1 周内，体重变化与 M 组相似，随后 1 周，体重增加速度超过 M 组，并于第 14 天，各组小鼠的平均体重都大于 M 组，尤其是 KC 组，体重增加最为明显，已接近于 C 组

（P>0.05）；在第 3 周时，3 个药物干预组依然保持着快速增长的趋势，至第 21 天，都已经与 C 组间无显著性差异了，但这期间 KC 组的增加速度有所放缓，平均体重反而不如 S 组和 SB 组；第 4 周（灌喂 30d），各组的变化情况与第 3 周很相似，其中 SB 组增长最快，已经超过了 M 组（P<0.05），药物干预各组的小鼠完全从建模的药物影响中恢复。

表 5-9　灌喂期间各组小鼠体重变化　　（单位：g）

处理	ip 10d	灌喂 1d	灌喂 7d	灌喂 14d	灌喂 21d	灌喂 30d
C	27.13±1.14	28.46±0.83	31.67±1.15[a]	35.00±0.82[a]	35.10±0.90[a]	34.60±0.92[ab]
M	23.67±0.95	24.27±1.61	26.40±2.12[b]	27.20±3.61[b]	28.93±2.00[b]	29.60±3.36[b]
S	23.53±1.63	24.30±2.01	26.37±2.57[b]	28.50±4.34[b]	32.83±1.94[ab]	33.40±1.64[ab]
SB	23.47±1.01	24.43±1.91	26.20±3.12[b]	28.60±3.80[b]	33.40±1.25[ab]	35.53±1.01[a]
KC	23.93±1.70	24.33±1.63	26.73±3.40[b]	30.27±4.37[ab]	31.93±4.88[ab]	32.80±5.29[ab]

注：同列不同字母表示组间显著性差异（P<0.05）

（3）小鼠体温变化

灌喂期间，小鼠的体温随着给药时间不同呈现不同的变化趋势（表 5-10）。C 组小鼠的体温比较正常，一直较为稳定；M 组小鼠在 30d 的实验中，体温略有上升，但始终没有恢复到正常水平；3 个药物干预组小鼠的体温，在给药第 7 天就已恢复到正常水平，与对照无显著性差异，并在后续的实验中一直保持较为稳定的状态。

表 5-10　灌喂期间各组小鼠体温变化　　（单位：℃）

处理	ip 10d	灌喂 7d	灌喂 14d	灌喂 21d	灌喂 30d
C	35.04±0.41	35.61±0.72[a]	35.91±0.66[a]	35.56±0.99[a]	35.61±0.83[a]
M	28.85±1.24	31.30±0.99[b]	30.46±1.30[b]	30.70±0.83[b]	29.96±0.84[b]
S	28.31±1.04	35.11±1.03[a]	35.69±1.13[a]	35.99±0.55[a]	34.96±0.84[a]
SB	29.04±2.28	35.00±1.13[a]	35.33±0.19[a]	35.83±0.68[a]	35.46±0.99[a]
KC	27.91±0.58	34.81±0.42[a]	36.20±0.56[a]	35.44±0.51[a]	34.78±0.28[a]

注：同列不同字母表示组间显著性差异（P<0.05）

（4）小鼠自主活动变化

（i）直立次数的变化：灌喂期间，小鼠的直立次数随着给药时间不同呈现不同的变化趋势（表 5-11）。C 组小鼠的活动比较正常，直立次数一直维持在 40 次上下；M 组小鼠在整个实验期间中，直立次数略有上升，但前后差异不大，都在 20 次以下；3 个药物干预组小鼠的直立次数，在给药第 7 天就已经恢复到与对照组无显著性差异，其中 S 组和 SB 组在随后的实验中保持稳定状态，而 KC 组前后略有波动，导致该组小鼠总体平均的直立次数不如C组、S组和SB组。

表 5-11 灌喂期间各组小鼠直立次数变化

处理	ip 10d	灌喂 7d	灌喂 14d	灌喂 21d	灌喂 29d
C	39.00±1.00	44.67±1.63[a]	41.00±5.00[a]	38.33±1.53[a]	36.33±1.35[a]
M	14.00±3.61	19.67±1.00[b]	19.00±1.00[c]	17.33±2.52[b]	15.67±2.52[b]
S	13.33±1.53	32.00±13.45[ab]	38.33±3.21[ab]	38.67±3.51[a]	37.67±9.07[b]
SB	17.67±4.04	35.00±7.00[ab]	38.33±3.21[ab]	36.33±2.52[a]	39.33±2.52[a]
KC	14.00±3.61	29.00±14.73[ab]	32.67±5.03[b]	34.33±2.52[a]	29.33±10.69[a]

注：同列不同字母表示组间显著性差异（P<0.05）

（ii）运动总距离的变化：灌喂期间，小鼠的总运动距离随着给药时间不同呈现不同的变化趋势(表5-12)。C组小鼠的活动比较正常，总运动距离维持在600cm左右；M组小鼠在30d的实验中，活动强度始终没有恢复，总运动距离保持在150cm以下；3个药物干预组小鼠的总运动距离，在给药的前3周过程中缓慢增加，至第4周（灌喂29d）时，才恢复到与对照组间相近（P>0.05）。

表 5-12 灌喂期间各组小鼠运动总距离变化 （单位：cm）

处理	ip 10d	灌喂 7d	灌喂 14d	灌喂 21d	灌喂 29d
C	640.00±205.25	544.67±64.61[a]	630.67±72.80[a]	617.00±36.35[a]	557.00±26.0[a]
M	105.67±19.86	106.00±14.73[c]	118.00±14.73[c]	143.00±10.00[c]	145.67±6.11[b]
S	107.67±19.43	287.67±13.32[b]	390.33±11.59[b]	449.67±24.03[b]	507.00±22.87[a]
SB	98.67±22.14	305.33±14.36[b]	403.00±13.45[b]	483.67±14.98[b]	551.00±31.75[a]
KC	101.33±14.01	314.00±15.39[b]	394.33±6.11[b]	459.00±42.57[b]	544.00±42.57[a]

注：同列不同字母表示组间显著性差异（P<0.05）

2）对小鼠负重游泳相关指标的影响

各处理组小鼠的负重游泳时间及相关血液中的乳酸（LA）和尿素氮（BUN）的含量变化见表5-13。

表 5-13 各处理组小鼠的负重游泳相关指标变化

处理	负重游泳时间（min）	血乳酸含量（mmol/L）		尿素氮含量（mmol/L）	
		泳前	泳后	泳前	泳后
C	16.00±3.00[a]	10.41±0.29[b]	12.24±0.28	10.70±1.33[b]	13.07±1.89[a]
M	6.67±1.53[b]	12.19±0.70[a]	14.97±1.78	12.67±0.32[a]	14.06±0.18[a]
S	13.00±2.00[a]	10.70±1.33[b]	12.13±2.52	10.91±1.27[b]	12.01±1.43[ab]
SB	15.33±4.51[a]	10.76±0.13[b]	11.51±3.17	10.40±0.61[b]	11.24±0.37[b]
KC	14.33±1.53[a]	10.70±0.43[b]	11.60±0.96	10.82±0.02[b]	11.31±0.39[b]

注：同列不同字母表示组间显著性差异（P<0.05）

从负重游泳时间看，3 个给药组（S、SB、KC）经 30d 的给药后，负重游泳时间已恢复到与 C 组间无显著性差异（$P>0.05$），而 M 组的负重游泳时间远低于其他组，差异显著（$P<0.05$）。

从血液生理生化指标看，在负重游泳前，各给药组小鼠血液中的 LA 和 BUN 都低于 M 组，与 C 组相似。而泳后 20min 的 LA 和 BUN 的含量显示，LA 在各实验组间的浓度略有差异，但各组间的差异并不显著。而 BUN 与 LA 略有不同，在 C 组和 M 组间无显著性差异，而给药组的 BUN 要比 C 组和 M 组略低，经方差分析，S 组与 C 组和 M 组间不存在差异，而 SB 组与 KC 组却要显著低于 C 组和 M 组（$P<0.05$），这两组间也不存在差异。

3）对小鼠性激素指标的影响

各处理组小鼠的性激素指标，包括促肾上腺皮质激素（ACTH）、促卵泡激素（FSH）和睾酮（T）含量的分析测定结果见表 5-14。经 30d 给药灌喂后，各组小鼠的 3 种性激素指标都产生了差异。T 含量在 M 组中最高，其次是 S 组和 KC 组，C 组和 SB 组最低，M 组与 S 组及 KC 组、KC 组与 C 组及 SB 组间差异显著（$P<0.05$）。FSH 含量也是 M 组最高，而其余 4 组间的差异却不显著。ACTH 含量却是 M 组最低，C 组、SB 组和 KC 组都要显著高于 M 组（$P<0.05$），而后三组间差异不显著。

表 5-14 各处理组小鼠的性激素指标变化

处理	睾酮 T（pg/ml）	促卵泡激素 FSH（U/ml）	促肾上腺皮质激素 ACTH（pg/ml）
C	5.71 ± 0.01^{c}	1.42 ± 0.01^{b}	7.92 ± 0.73^{a}
M	7.75 ± 0.25^{a}	1.52 ± 0.04^{a}	6.42 ± 0.55^{b}
S	5.90 ± 0.01^{bc}	1.44 ± 0.04^{b}	7.12 ± 0.45^{ab}
SB	5.73 ± 0.01^{c}	1.42 ± 0.02^{b}	8.15 ± 1.15^{a}
KC	5.95 ± 0.09^{b}	1.44 ± 0.01^{b}	8.18 ± 0.42^{a}

注：同列不同字母表示组间显著性差异（$P<0.05$）

4）对小鼠脏器系数的影响

各处理小鼠的脏器系数，包括肝、肾、肺、脾、附睾及睾丸等脏器系数的测定结果见表 5-15。可以看出：与 C 组相比，M 组小鼠各器官的脏器系数中，肝偏大，肾、脾、附睾和睾丸偏小，仅肺无显著性差异。肝是消化腺也是新陈代谢的重要器官；脾是重要的淋巴器官，有造血、滤血和参与免疫反应等功能。氢化可的松腹腔注射导致各模型组小鼠的肝增大、脾缩小，表明该药物有一定的毒性并能影响免疫功能；肾也参与解毒与排泄，还有可能影响内分泌功能，因此肾与附睾和睾丸一起，脏器系数都有所下降。而 3 个给药组 S、SB 和 KC 中，到实验结束时，肝、肺、脾和睾丸等器官的脏器系数已经与 C 组无显著性差异，不过肾的脏器系数仅 SB 组恢复到正常水平，附睾的脏器系数仅 SB 组和 KC 组恢复正常。

表 5-15 小鼠脏器系数（%）

处理	肝	肾	肺	脾	附睾	睾丸
C	4.57±0.31[b]	1.74±0.09[a]	0.60±0.02	0.24±0.02[b]	0.49±0.07[a]	0.91±0.06[a]
M	5.43±0.18[a]	1.45±0.14[b]	0.63±0.05	0.14±0.14[a]	0.25±0.02[c]	0.83±0.05[b]
S	4.8±0.37[b]	1.48±0.06[b]	0.54±0.08	0.26±0.02[b]	0.38±0.02[b]	1.01±0.07[a]
SB	4.56±0.14[b]	1.63±0.07[ab]	0.58±0.08	0.27±0.04[b]	0.60±0.05[a]	1.02±0.10[a]
KC	4.78±0.34[b]	1.52±0.11[b]	0.57±0.03	0.33±0.04[b]	0.53±0.10[a]	1.03±0.10[a]

注：同列不同字母表示组间显著性差异（$P<0.05$）

5.2.4 讨论

5.2.4.1 肾阳虚模型的建立

目前用于评价肾阳虚模型的指标尚无标准化的判定依据，大多数都是以造模动物的一般体征变化是否有人的肾阳虚证临床表现作为观察指标，或少数以生化指标如体内激素含量上升或下降作为辅助以判定肾阳虚模型是否构建成功（戴冰等，2017）。本实验通过小鼠的外观特征、体温、体重、自主活动能力（直立次数、总运动距离）等参数变化，判定了腹腔注射 10d 氢化可的松的小鼠符合上述的依据和标准，认为已成功建立了肾阳虚模型。实验结果表明，ip 3d 后小鼠的体温和体重就开始下降，与此同时，小鼠表现出肢尾冰凉、食欲不振等症状，两者间相吻合，表明氢化可的松已开始发挥作用（秦文艳等，2017）。ip 5d，建模各组小鼠的体重、体温与 ip 3d 时相比还在呈现下降的趋势，此时小鼠四肢无力，前肢无法长时间直立取食，常蜷缩在角落，出现胀气情况等，小鼠的饮食量明显减少，与小鼠体重下降直接相关，该阶段为小鼠肾阳虚模型构建的重要时期（何帮剑，2012；戴冰等，2017）。至 ip 7d，C 组小鼠体重稳定，而建模各组小鼠体重已明显下降了，两者间有了显著性差异；另外，各组的体温与 ip 5d 相比稍有浮动，但与 C 组相比，下降是明显的，导致小鼠精神倦怠、嗜睡，甚至出现了死亡情况，外观的体征表明氢化可的松长时间的胁迫严重地影响了小鼠的生活和生长，且个别耐受能力稍弱的小鼠个体已有死亡倾向（秦文艳等，2017；戴冰等，2017）。ip 10d 各组小鼠的体重与 ip 7d 相比略有上升，可能与小鼠的腹部胀气有关，但小鼠的体温与 C 组相比下降明显；对比建模前后各组小鼠的自主活动能力，建模各组小鼠的直立次数及总运动距离明显低于 C 组。至此，建模各组小鼠表现出懒动、消瘦、进食量明显减少、身体蜷曲拱背、体毛枯萎脱落、精神萎靡不振、反应迟钝、肛门周边组织和毛发有粪便污染、有便溏现象等外观特征，体温、体重、直立次数、总运动距离等与对照组相比显著下降，这些特征都符合肾上腺皮质激素被抑制所致的肾阳虚证动物模型的一般规律，表明氢化可的松腹腔注射建立肾阳虚小鼠模型已成功（秦文艳等，2017；戴冰等，2017）。采用腹腔注射氢化可的松方法建立肾阳虚模型，这一方法为较经典的肾阳虚建模方法（何帮剑，2012），其特点是该模型能够反映肾阳虚证的病变机制，且建模方法简单易重复，建模的成功率也很高（陈英华等，2003；何帮剑，2012；秦文艳等，2017）。建立该模型的主要目的是对中药温肾壮阳功效的评价及补肾壮阳药材的筛选（陈英华等，2003；何帮剑，2012）。

5.2.4.2 海马保肾丸对肾阳虚的治疗效果

患有肾阳虚证的小鼠表现为：神淡、精神不振、反应迟钝、被毛疏松、失去光泽及脱毛、消瘦、肢尾冷、畏寒、拱背蜷曲等外形衰弱及寒象，在体重、体温、直立次数、总运动距离等方面均明显下降。古代中医认为“肾藏精，主骨生髓，滋助五脏阴阳，为一身阴阳之本”“阳气者，精则养神，柔则养筋”（王莉等，2018）。现代医学研究发现，肾阳虚证与神经-内分泌-免疫系统（下丘脑-垂体-靶腺轴系）的功能变化有密切关系。而靶腺三轴系（肾上腺轴、甲状腺轴和性腺轴）的功能障碍或损伤是造成肾阳虚证的基础（Pereira-Da-Silva et al.，2003）。三腺轴系中任何一轴功能不足都会产生肾阳虚证（Qin et al.，2005；张子怡等，2014）。西医研究也显示：下丘脑-垂体-腺体功能如有损伤，就会抑制垂体对促肾上腺皮质激素（ACTH）的合成与分泌，导致 ACTH 的不足，进而引起肾上腺和性腺的萎缩，以及性功能下降，同时下丘脑细胞也出现损害与功能紊乱（Pereira-Da-Silva et al.，2003）。

中西医药都认为可通过药物干预来改善肾阳虚症状。海马保肾丸有“固肾壮阳，益气活血”之功效，能有效改善肾阳虚症状（李晓萍等，2009）。本实验对患有肾阳虚证的小鼠进行海马保肾丸 30d 的灌喂，结果显示：灌喂期间，C 组小鼠一切正常，体重增加明显，呈规律性增长；体温变化及自主活动强度等都在正常范围内；而 M 组小鼠在停止腹腔注射后的整个灌喂期间，体重也有所上升，但增幅非常小，始终与对照组间存在显著性差异。除体重外，其他指标如体温、自主活动能力等也非正常态，表明尽管停止服用胁迫药，但这种阳虚证还难以在较长的时间内完全消除，甚至可能永久性地无法消除。在进行药物干预的各处理中，即灌喂了海马保肾丸组（SB）的小鼠尽管前 2 周小鼠的体重恢复缓慢，与 M 组相比两组间差异不大，但这期间 SB 组小鼠的体温和自主运动能力都在逐渐恢复，部分指标已恢复到正常的水平（与 C 组对比），表明海马保肾丸的灌喂，使得小鼠逐渐消除了氢化可的松胁迫造成的毒害影响。至第 4 周时，SB 组小鼠的所有各项指标都已恢复到与 C 组无异，甚至有些指标还优于空白对照组，表明肾阳虚模型小鼠各方面都恢复正常，外观上看，毛发柔顺有光泽，精神饱满，机警。因此，从传统和现代的中医角度来看，海马保肾丸对于小鼠肾阳虚证治疗是有效果的（郝志红等，2008；王莉等，2018）；而从西医角度看，海马保肾丸也显著提高了 SB 组小鼠血液中的 ACTH 含量，降低了 FSH 和 T 水平，使三者激素含量趋于正常水平（与 C 组对比），表明小鼠的下丘脑-垂体-性腺轴调节功能得以恢复（Qin et al.，2005；张子怡等，2014）。因此，证实海马保肾丸具有改善肾功能的功效，且服用 3～4 周后，小鼠在各方面的能力（如御寒、抗疲劳等）也都大大加强。

5.2.4.3 复方配伍的二次开发功效优化验证

本实验二次开发的海马保肾丸方剂是以人工养殖的 1 龄管海马等入药，并采用响应面法进行了优化，形成的新配方。

与单一海马全粉进行比较看，海马保肾丸在各方面指标上都要优于海马全粉的表现。该配方方剂中含有六味中药材，该六味中药材都可温补阳气、改善精神萎靡状态；更主要是配伍中的四味主药材间有一定的协同作用，如海马与人参、人参与肉苁蓉间都有一定的协同作用，可加强和促进方剂功效的进一步发挥。但毕竟中药材的药效发挥速度较慢，需长期治疗，不过配伍中各药材的药性温和，加之有熟地黄的阴阳协调和枸杞子的健脾虚、去温湿的功效，该方可长期服用。

与阳性对照组比较看，两者（SB、KC）都能很好地改善和恢复小鼠的肾阳虚证，但具体从各指标看还是略有差异的。外观特征上，SB 组灌喂 7d 就能使肢尾温度上升，行动恢复正常，摄食量增加；体重变化上，KC 组能更早使小鼠恢复正常状态，但后期却不如 SB 组；体温变化上，两者相似；自主活动能力提升方面，SB 组更早恢复接近于 C 组，而 KC 组直到灌喂 30d 时，才与 C 组无显著性差异。自主运动能力常作为小鼠精神状态与自主活动能力的检测指标（Qin et al.，2005；Rygula et al.，2006），KC 组的恢复能力不如 SB 组，但在整个疗程结束时两者间的差异不大。抗疲劳方面，患肾阳虚证小鼠的全身机能都大幅降低，代谢速率下降，从而体温开始下降，肢尾发冷，抗寒抗疲劳能力也大大减弱。因此，会造成血液中乳酸含量增高、尿素氮含量增高、糖原含量下降、肌酸激酶含量增高等现象（罗琼等，2006；Zhao et al.，2017）。尿素氮（BUN）是蛋白质分解代谢的产物，通过肾排泄，当肾发生各种病变，正常排泄功能遭到破坏，导致血清中尿素氮浓度升高。乳酸是体内无氧酵解的代谢产物，也通过肾排泄加以清除，因此血液中尿素氮含量及乳酸含量是肾功能变化的重要指标（宋昕恬等，2013；李改英等，2015），这两类物质如不及时排出体外，则将积蓄在血液中，导致这两个指标的血液浓度升高。本实验中，SB 和 KC 两组小鼠在负重游泳时间上，以及血乳酸含量和血液尿素氮消除速率上也都较为相似，表明两者对于患肾阳虚证小鼠的肾功能方面的治疗功效相似。

从性激素指标看，3 种特征激素（T、LH 和 FSH）在血液中的浓度是动态变化的。当小鼠注射氢化可的松后，氢化可的松可作为外源性的糖皮质激素，将会抬升小鼠血液中的皮质激素水平，通过下丘脑-垂体-靶腺的反馈调节，从而抑制了垂体合成和分泌促肾上腺皮质激素（ACTH）（张子怡等，2014）。而 ACTH 的功能是促进肾上腺细胞释放皮质醇和皮质酮，从而促进 LH 和 FSH 分泌（郝志红等，2008）。注射氢化可的松后发生的一系列调节作用将引起 ACTH 的减少，导致 LH 和 FSH 分泌不足，结果是睾丸内细胞不能启动 T 的合成与分泌，难以形成相关的生物学效应（郝志红等，2008）。因此，肾上腺轴、甲状腺轴和性腺轴三轴中任何一个功能损伤都会造成肾阳虚证（张子怡等，2014）。停止注射氢化可的松后，外源糖皮质激素消失了，慢慢地 ACTH、LH 和 FSH 重新被合成与分泌，T 的合成与分泌程序也会重新启动，促进和反馈调节的机制将重新运行，从而维持血液中性激素浓度的稳定，维持各项生物学效应（Ferrini and Barrett-Conner，1998；胡华刚等，2014），但由于血液中仍存留有氢化可的松，这个过程将是比较缓慢的。对比本实验中的 SB 和 KC 两处理组的性激素含量，显然两种中成药都可加快小鼠体内氢化可的松的消除，显著提高血清中的 ACTH 浓度，降低 FSH 和 T 含量，使 3 种激素在血液中的含量趋于正常水平，表明两组药方都具有温补肾阳之功效。

脏器系数是毒理学实验中较常用的重要指标之一，某脏器的系数增大表示该脏器可能出现充血、水肿或增生肥大等症状；而系数变小则表示该脏器萎缩退化（孙建新等，2009）。因此，一定程度上可以用免疫器官的脏器系数变化反映机体的免疫功能变化，如脾是外周免疫器官，是免疫细胞聚集和免疫应答的场所，脾系数的变化可间接反映小鼠的免疫功能状况（孙建新等，2009）。肝和肾是重要的解毒与排毒器官（梁灿璨等，2017），肝系数和肾系数也可反映小鼠肝功能和肾功能的状况。从本实验的脏器系数结果看，实验模型各组小鼠在建模过程中，各脏器系数（肾、脾、附睾、睾丸）都有显著降低，表明各器官都有所损伤，都在退化萎缩，不能发挥应有功能。通过药物的干预后，如灌喂海马保肾丸和金匮肾气丸 30d 后，SB 和 KC 两处理组中的小鼠的睾丸、肾和附睾等脏器系数都得以一定程度上的提高及恢复，表明小鼠的肾阳虚症状得到了明显的改善和恢复（梁灿璨等，2017）。

6　人工养殖管海马作为商品药材的产品标准及等级划分

海马的市场需求日益庞大，据报道中国的年消耗量超 4000 万尾，绝大多数入药。上一章的研究已证实人工养殖海马可替代野生海马入药。这为缓解海马的供需矛盾，减缓野生海马资源衰退压力，以及大力发展海马人工养殖业提供了有力的依据。

但当前作为药材的海马并没有权威的相关产品标准和等级划分用以判断产品好坏和功效优劣。有关中药材海马的标准和分级研究较少，市场上仅是以规格（大小及重量）来定价，按照个体大小通常分为大（>15cm）、中（8～15cm）、小（<8cm），出售时大小和重量能有更细的分化，但没有严格的标准可依。

“看货评级、分档议价”是传统中药材品质评定的经验方法，市场上也最为常用。针对海马来说，如何看“货”（外观特征）来评定等级，以及相关参照的产品标准是什么等问题亟需开展研究，此外也可使海马产品或海马类药材的质量控制有所依据。

本章针对人工养殖的管海马产品，首先，建立了管海马的红外指纹图谱，直观快捷地用于管海马的真伪和优劣鉴别。其次，依据市场现状和操作可行性，采用主成分分析方法，将判别指标由 37 个（外观特征指标）精简为 17 个，再结合内在化学成分作进一步精简，确定了管海马分级评定指标体系为：形态（体重、体全长、躯干长/体宽、体全长/头长、头长/吻长）、色泽（L*、b*）、气味（R2、R5、R9）等外观性状和内在化学成分（疏水性氨基酸、糖蛋白和甾醇）。由此建立了海马产品质量的评判与分级的标准，形成分级判定模型，把养殖管海马划分为四等（优等、一等、二等、三等）八级（优等一级、优等二级，一等一级、一等二级，二等一级、二等二级，三等一级、三等二级）。最后，明确上述可量指标都与海马的体全长和体重呈正相关。

体重、体全长在本章建立的判定方法中的贡献率较大，可作为首要指标，其原因：一方面，与传统的经验评价结果基本吻合，可以对现有的方法起到传承的作用；另一方面，本研究依据实验数据建立的等级判别模型使分级的正确率更高、更具体化、更明确可靠，是对传统方法的发展，能更准确地区别真伪，更精确地区分人工养殖海马药材的质量及进行等级划定。这种分析模式也可为其他药材商品的等级划分研究提供参考依据。

6.1 人工养殖管海马外观性状的量化分析

以不同批次的人工养殖管海马产品为原料，根据中药材“辨状”内容，从外观性状（大小、形态、色泽、硬度、气味等五方面）对海马产品进行量化，依据多元统计学分析原理，通过分析后初步筛选出分级评定的外观性状指标，并进行了客观归类，为海马药用品质分级的相关研究提供部分依据。

6.1.1 材料

人工养殖管海马材料由宁波甬禾生物科技有限公司养殖基地提供，年龄从 4 月龄至 3 年龄的样品共计 126 份，同时从本地的药材市场购得的人工养殖管海马共 51 份，总计 177 份（每份 10 尾，共计 1770 尾），编号 1#～177#。

6.1.2 方法

6.1.2.1 形态性状指标测定

依据 Lourie 等（2004）及 Choo 和 Liew（2006）方法，用游标卡尺测量所有材料海马样品的外观体征指标，包括：胸鳍和背鳍的长度与高度、体全长（体全长=头长+躯干长+尾长）、头长、躯干长、尾长、体高（冠顶至尾部底端的距离）、体厚（躯干部左右两侧间最厚处的长度）、体宽（躯干部背腹之间最宽处的长度）、吻宽、眼径、吻长。用电子天平称量所有海马样品的湿重，以及 50℃烘箱恒温干燥 48h 后的体重。上述重量指标单位为 g，长度指标单位为 mm。

根据上述指标计算出管海马的体形参数指标（二元体形参数），包括：胸鳍长/胸鳍高、背鳍长/背鳍高、体全长/尾长、吻长/吻宽、躯干长/体宽、头长/吻长、体全长/头长、体全长/躯干长等。

6.1.2.2 色泽测定

采用色彩色差计测定所有海马样品的外部色泽，用 L*、a*、b*色空间表示（黄学思等，2009）。每个海马样品选取体表 5 个点（头部、第三个躯干环、两侧倒数第二个躯干环、第三个尾环处）进行测定，以均值为最终测定结果。

6.1.2.3 硬度测定

采用质构仪测定所有海马样品的硬度，每个样品重复测量 5 次（选取位点同色泽测定），以均值为最终测定结果。经多次预实验后，硬度测定的优化检测条件为：P5 探头，测试速度 0.5mm/s，弹性形变 50%。

6.1.2.4 气味测定

用中药粉碎机把各份海马样品粉碎后混匀，称取 0.5g 海马全粉样品，放入 15ml 顶空瓶中，加盖密封，依次用电子鼻进行检测，每份样品重复 3 次。采集 10 根传感器响应值数据，分别记为 R1、R2、R3、R4、R5、R6、R7、R8、R9、R10。检测条件为：载气为空气，流速 600ml/min，数据采集时间 200s，数据采集周期 1s。

6.1.2.5 数据分析

采用 Excel、SPSS 和 Winmuster 软件对数据进行整理分析。对海马外观性状指标进行描述性统计分析、主成分分析、系统聚类分析。

6.1.3 结果与分析

6.1.3.1 描述性统计分析

各份海马样品的外观性状指标描述性统计结果见表 6-1。

表 6-1 海马主要外观性状的变化范围（Mean±SD，n=1770）

指标	极小值	极大值	均值	标准差	变异系数（%）
湿重（g）	0.65	25.87	8.37	4.72	56.45
干重（g）	0.27	7.47	2.31	1.29	55.80
体全长（mm）	78.22	196.06	143.34	23.89	16.66
体厚（mm）	5.39	17.64	10.08	1.90	18.83
体宽（mm）	9.22	33.72	19.84	4.60	23.20
胸鳍高（mm）	2.16	6.32	4.68	0.68	14.61
胸鳍长（mm）	2.96	7.76	5.21	0.99	18.96
背鳍高（mm）	3.04	9.14	6.40	0.97	15.08
背鳍长（mm）	5.28	19.44	11.33	2.65	23.37
眼径（mm）	3.96	6.86	5.27	0.62	11.83
吻宽（mm）	1.44	3.44	2.36	0.40	16.81
吻长（mm）	7.82	20.02	12.91	2.12	16.45
头长（mm）	15.84	38.86	28.04	4.35	15.51
躯干长（mm）	18.44	56.72	36.76	6.95	18.92
尾长（mm）	43.94	106.36	78.55	14.25	18.14
胸鳍长/胸鳍高	0.76	1.61	1.11	0.14	12.61

续表

指标	极小值	极大值	均值	标准差	变异系数（%）
背鳍长/背鳍高	0.99	2.39	1.76	0.25	14.10
吻长/吻宽	3.75	7.39	5.49	0.45	8.28
头长/吻长	1.58	2.82	2.18	0.14	6.36
躯干长/体宽	1.20	2.66	1.90	0.30	15.99
体全长/头长	4.08	6.78	5.12	0.38	7.42
体全长/躯干长	3.25	4.94	3.93	0.35	8.87
体全长/尾长	1.65	2.07	1.83	0.08	4.50
硬度（kg）	1.08	16.23	5.80	3.06	52.81
L*	20.58	57.62	35.94	9.95	27.69
a*	−1.11	5.46	1.97	1.14	57.89
b*	1.40	33.57	11.74	6.68	56.92
R1	1.29	3.55	1.78	0.30	16.93
R2	1.05	13.29	2.61	1.92	73.68
R3	1.11	1.86	1.34	0.13	9.62
R4	1.00	1.32	1.13	0.05	4.71
R5	1.09	2.88	1.52	0.27	17.63
R6	1.37	3.91	2.16	0.36	16.58
R7	0.86	6.58	1.87	0.68	36.32
R8	1.16	2.86	1.69	0.23	13.48
R9	0.98	5.79	1.96	0.63	32.33
R10	0.99	1.29	1.06	0.05	5.09

在这些可量的性状中，湿重和干重变异系数最大，分别为 56.45%和 55.80%，接下来依次是背鳍长、体宽、胸鳍长、躯干长、体厚、尾长、吻宽、体全长、吻长、头长、背鳍高、胸鳍高、眼径等，变异系数均在 10%以上。

二元体形参数中，躯干长/体宽的变异系数最大，为 15.99%，最小的是体全长/尾长，为 4.50%；各份海马的硬度相差较大，最小值为 1.08kg，最大值为 16.23kg；色泽指标也有较大差异；气味值中 R2 的变异系数最大，为 73.68%，R7、R9 相对差异也较大。

6.1.3.2　相关性分析

对上述外观性状的可量化指标作相关性分析，结果见表 6-2。

表 6-2　海马外观性状可量指标的相关性分析（Mean±SD，n=1770）

指标	湿重	干重	胸鳍高	胸鳍长	背鳍高	背鳍长	体全长	尾长	吻宽	体厚	体宽	眼径	吻长	头长	躯干长
湿重	1.000														
干重	0.982	1.000													
胸鳍高	0.717	0.735	1.000												
胸鳍长	0.779	0.789	0.776	1.000											
背鳍高	0.765	0.761	0.677	0.793	1.000										
背鳍长	0.858	0.844	0.677	0.860	0.836	1.000									
体全长	0.817	0.814	0.623	0.843	0.782	0.896	1.000								
尾长	0.748	0.747	0.530	0.774	0.724	0.851	0.963	1.000							
吻宽	0.625	0.607	0.592	0.551	0.535	0.617	0.674	0.638	1.000						
体厚	0.797	0.817	0.702	0.790	0.725	0.773	0.755	0.677	0.480	1.000					
体宽	0.916	0.912	0.701	0.760	0.759	0.860	0.795	0.753	0.596	0.813	1.000				
眼径	0.739	0.727	0.519	0.710	0.668	0.781	0.859	0.827	0.633	0.608	0.659	1.000			
吻长	0.578	0.575	0.591	0.598	0.483	0.610	0.698	0.626	0.751	0.540	0.540	0.673	1.000		
头长	0.762	0.753	0.712	0.773	0.673	0.769	0.853	0.758	0.776	0.710	0.717	0.751	0.871	1.000	
躯干长	0.770	0.769	0.592	0.798	0.753	0.825	0.902	0.770	0.522	0.737	0.717	0.763	0.569	0.742	1.000

各指标间均为极显著正相关（P<0.01）。其中，与体重（湿重或干重）密切相关的指标有体全长、体厚、体宽等；而与体全长有较大相关的指标有头长、眼径、尾长、躯干长等。故体厚、体宽、头长、尾长、躯干长等这些指标可以用体长和体重指标完全反映，因此体长与体重指标为优先考虑的选择指标。

变异系数较大的指标中，L*与湿重、干重、体全长的相关系数分别为–0.165、–0.174、–0.174，虽然相关系数较小，但呈显著负相关（P<0.05）；a*与湿重、干重、体全长的相关系数分别为–0.322、–0.257、–0.209，呈极显著负相关（P<0.01）；b*与三者无显著相关性。变异系数较大的 R2 与湿重、干重、体全长呈极显著正相关，相关系数分别为 0.291、0.316、0.250；色泽与气味值中，仅有 R2 与 L*、b*呈极显著负相关，相关系数分别为–0.201、–0.213，其余气味值与色泽指标均无显著相关性。变异系数较大的二元体形参数胸鳍长/胸鳍高、背鳍长/背鳍高、躯干长/体宽与湿重、干重、体全长均呈极显著相关。

6.1.3.3　主成分分析

对 177 份海马样品的外观性状指标进行主成分分析，经 KMO 和 Bartlett 检验，KMO 统计值为 0.746>0.5，Bartlett 检验显著性水平值为 0.000，<0.05，说明这些指标适合作为因子分析。有关分析结果见图 6-1。

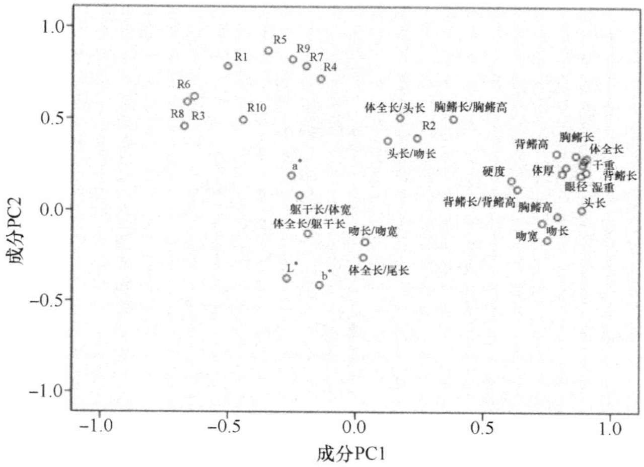
1.0
0.5
0.0
−0.5
−1.0
−1.0
−0.5
0.0
0.5
1.0
成分PC2
成分PC1
R5
R9
R1
R7
R4
R6
R10
R8
R3
体全长/头长
胸鳍长/胸鳍高
R2
头长/吻长
背鳍高
胸鳍长
体全长
干重
背鳍长
湿重
眼径
体厚
硬度
背鳍长/背鳍高
胸鳍高
头长
吻长
吻宽
a*
躯干长/体宽
体全长/躯干长
吻长/吻宽
体全长/尾长
L*
b*

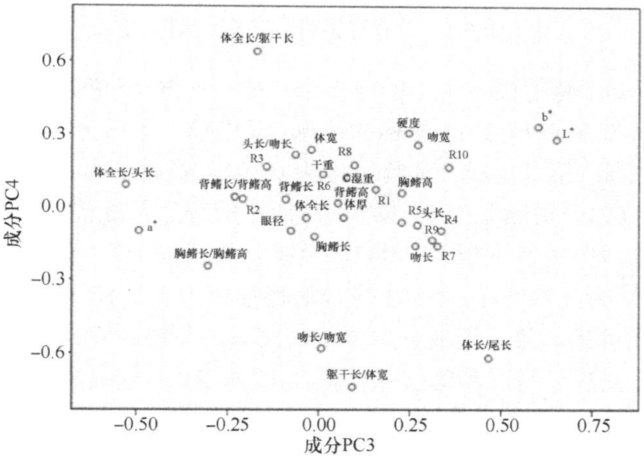
0.6
0.3
0.0
−0.3
−0.6
−0.50
−0.25
0.00
0.25
0.50
0.75
成分PC4
成分PC3
体全长/躯干长
b*
L*
硬度
吻宽
R10
体宽
头长/吻长
R3
R8
干重
体全长/头长
湿重
胸鳍高
背鳍长/背鳍高
背鳍长
R6
背鳍高
R1
体全长
体厚
R2
眼径
R5
头长
R4
R9
a*
胸鳍长
吻长
R7
胸鳍长/胸鳍高
吻长/吻宽
体长/尾长
躯干长/体宽

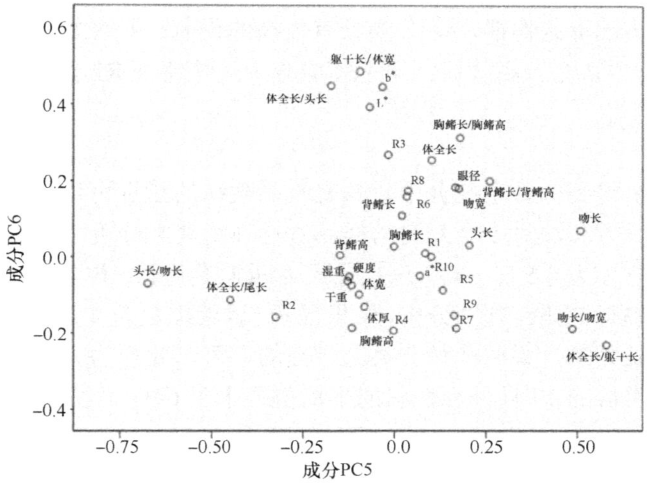
0.6
0.4
0.2
0.0
−0.2
−0.4
−0.75
−0.50
−0.25
0.0
0.25
0.50
成分PC6
成分PC5
躯干长/体宽
b*
体全长/头长
L*
胸鳍长/胸鳍高
R3
体全长
R8
眼径
背鳍长/背鳍高
背鳍长
R6
吻宽
吻长
胸鳍长
头长
背鳍高
R1
R10
a*
湿重
硬度
头长/吻长
体宽
R5
体全长/尾长
干重
R2
R9
体厚
R4
R7
吻长/吻宽
胸鳍高
体全长/躯干长

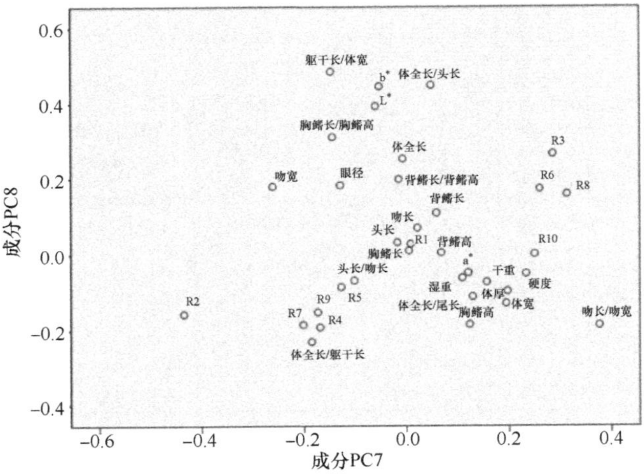

图 6-1　外观性状的主成分分析图

由图 6-1 可知，特征根大于 1 的前 7 个主成分（PC1～PC7）的累积贡献率为 81.625%，可以综合反映原 37 个指标的信息。其中第一主成分的特征根为 12.426，贡献率为 35.502%；第二主成分的特征根为 6.301，贡献率为 18.002%；第三主成分的特征根为 2.671，贡献率为 7.632%；第四主成分的特征根为 2.464，贡献率为 7.041%；第五主成分的特征根为 2.042，贡献率为 5.833%；第六主成分的特征根为 1.505，贡献率为 4.299%；第七主成分的特征根为 1.161，贡献率为 3.316%。

由图 6-1 还可知，第一主成分主要反映海马产品整体重量和体型大小特征；第二主成分主要反映海马产品的气味特征，R5 和 R9 有较高载荷；第三主成分主要反映色泽指标特征，L*、b*有较高载荷；第四主成分主要反映与海马肥瘦程度相关的体形比值特征，躯干长/体宽在第四主成分中有较高的载荷；第五主成分主要反映海马的头部形态特征，头长/吻长有较高的载荷；第六主成分中 b*、体全长/头长、躯干长/体宽有较高载荷；第七主成分中气味特征 R2 指标有较高载荷。

6.1.3.4　聚类分析

主成分分析得到的各主成分中，具有较高载荷的指标可作为分等级研究的依据，采用离差平方和法对 177 份海马样品进行系统聚类分析。结果如下。

在离差平方和为 5.5 时，177 份样品聚为四大类（Ⅰ～Ⅳ）。依据 17 项外观性状对聚类结果进行 Fisher 判别分析，结果显示，以聚类数为 4 判别分析已对 97.2% 的样品进行正确分类，说明此种分类是合理的，可以此作为人工养殖海马的分等参考依据。各类群的 17 项外观性状的平均值列于表 6-3。

表 6-3 外观性状聚类分析的各类平均值

分类	湿重（g）	干重（g）	体全长（mm）	体厚（mm）	体宽（mm）	胸鳍长（mm）	背鳍长（mm）	眼径（mm）	头长（mm）
第Ⅰ类	13.522	3.693	164.127	11.735	25.029	6.063	13.741	5.805	31.481
第Ⅱ类	9.233	2.630	155.080	10.661	20.315	5.868	12.440	5.733	28.828
第Ⅲ类	7.637	2.093	145.327	10.171	19.155	5.263	11.510	5.289	28.829
第Ⅳ类	2.747	0.816	109.688	7.604	14.181	3.828	7.559	4.424	21.810
分类	躯干长/体宽	头长/吻长	体全长/头长	L*	b*	R2	R5	R9	
第Ⅰ类	1.679	2.219	5.221	32.189	10.082	2.679	1.426	1.785	
第Ⅱ类	1.960	2.265	5.387	29.875	6.850	8.834	2.158	3.397	
第Ⅲ类	1.932	2.130	5.046	37.935	12.690	2.139	1.514	1.957	
第Ⅳ类	2.104	2.205	5.070	38.327	13.101	2.166	1.509	1.924	

在离差平方和为 1.5 时，177 份样品聚为 13 小类。以聚类数 13 判别分析已对 93.8%的样品进行正确分类，可以此作为人工养殖海马的分级依据。利用 Fisher 判别分析校正。

第一小类有 22#、23#、24#、117#、133#、135#、153#、156#、157#、159#、164#、167#。

第二小类有 40#、45#、46#、47#、48#、49#、50#、51#、52#、53#、54#、55#、56#、57#、98#、99#、158#。

第三小类有 17#、19#、20#、21#、80#、85#、88#、89#、92#、95#、100#、105#、107#、109#、111#、112#、115#、131#、134#、155#、160#、161#、163#、171#、173#。

第四小类有 128#、130#。

第五小类有 122#、126#、127#、136#、162#、170#。

第六小类有 94#、96#、101#、102#、104#、106#、108#、110#、114#、116#、119#、129#、138#、139#、174#、175#、176#、177#。

第七小类有 18#、33#、38#、65#、71#、77#、82#、83#、84#、91#、97#、103#、113#、118#、120#、123#、132#、137#、166#。

第八小类有 26#、27#、28#、29#、30#、31#、32#、34#、36#、37#、39#、41#、42#、44#、75#、78#、93#、121#、151#、152#、154#、165#、168#。

第九小类有 9#、16#、25#、35#、66#、67#、69#、74#、79#、81#、124#、125#、169#、172#。

第十小类有 1#、2#、5#、6#、7#、8#、14#、43#、59#、62#、63#、64#、68#、70#、72#、73#、76#、149#。

第十一小类有 11#、15#、60#、87#、140#、145#、150#。

第十二小类有 3#、4#、58#、61#、86#、90#。

第十三小类有 10#、12#、13#、141#、142#、143#、144#、146#、147#、148#。

各类群的 17 项外观性状的平均值列于表 6-4。海马产品初分为：第Ⅰ类包含第一、二、三小类，第Ⅱ类包含第四、五小类，第Ⅲ类包含第六、七、八、九小类，第Ⅳ类包含第十、十一、十二、十三小类。

表 6-4　外观性状聚类分析的 13 小类平均值

分类	湿重（g）	干重（g）	体全长（mm）	体厚（mm）	体宽（mm）	胸鳍长（mm）	背鳍长（mm）	眼径（mm）	头长（mm）
第一小类	17.533	4.941	180.435	12.803	27.267	6.912	15.700	6.183	33.055
第二小类	14.014	3.788	158.705	11.183	25.132	5.648	13.372	5.651	32.094
第三小类	10.934	2.955	158.380	11.593	23.431	5.934	12.992	5.761	30.160
第四小类	7.631	2.234	155.170	10.390	17.660	6.050	11.300	5.720	29.980
第五小类	9.766	2.762	155.050	10.752	21.200	5.807	12.820	5.737	28.443
第六小类	9.668	2.691	163.243	10.791	21.338	5.410	12.728	5.619	30.039
第七小类	7.598	2.152	143.082	10.393	19.616	5.348	11.452	5.225	28.777
第八小类	7.750	2.048	141.724	10.226	18.663	5.377	11.088	5.217	29.589
第九小类	5.286	1.404	133.041	8.929	17.010	4.830	10.740	4.964	26.337
第十小类	3.220	1.052	116.371	8.318	15.499	3.874	7.728	4.593	24.181
第十一小类	2.518	0.596	109.317	7.176	12.620	3.983	8.423	4.489	21.720
第十二小类	2.526	0.914	106.593	8.055	15.413	4.003	7.997	4.187	18.080
第十三小类	2.356	0.522	102.974	6.537	12.538	3.524	6.672	4.320	20.314

分类	躯干长/体宽	头长/吻长	体全长/头长	L*	b*	R2	R5	R9
第一小类	1.784	2.221	5.461	28.332	7.213	4.556	1.654	2.296
第二小类	1.499	2.235	4.957	42.229	17.054	2.205	1.389	1.680
第三小类	1.768	2.209	5.256	26.379	6.146	2.082	1.340	1.605
第四小类	2.227	2.194	5.179	34.750	9.530	2.364	2.810	5.408
第五小类	1.871	2.289	5.457	28.250	5.957	10.991	1.940	2.727
第六小类	1.978	2.110	5.438	35.787	11.643	2.620	1.577	2.102
第七小类	1.800	2.124	4.980	31.513	7.912	1.978	1.724	2.464
第八小类	1.999	2.143	4.789	51.179	22.236	2.112	1.422	1.739
第九小类	1.920	2.127	5.070	29.828	7.396	1.788	1.293	1.441
第十小类	1.983	2.157	4.812	44.299	14.763	2.066	1.590	2.116
第十一小类	2.281	2.017	5.054	30.689	8.596	2.187	1.295	1.457
第十二小类	1.857	2.224	5.902	39.165	13.303	1.904	1.655	2.160
第十三小类	2.341	2.416	5.075	32.002	11.210	2.473	1.444	1.800

6.1.4　讨论

中医药发展史告诉我们，中药材的性状特征与其功效有着密切的关系。因此，探讨中药材的分类不能不考虑传统性状特征的质量意义，应科学地加以分析及在分类中应用。性状特征既是中药材传统的鉴定指标，同时也是质量标准依据（王凌诗和王良信，1999）。外观性状分级指标的量化与筛选是海马药材商品规格等级标准制定中的重点。当前评判海马药材真伪优劣仅以传统的感官评价为主，存在主观性较大等不足（赵华叶等，2015）。应在此基础上，结合现代分析技术，发展新的客观分级评价标准。

本节在参考中药材品质评价、商品规格等级标准制定及食品品质评价相关文献的基础上，采集了人工养殖管海马产品 177 份，计 1770 尾，有来源于人工养殖场，也有来源于药材市场，样本量能够代表管海马实际商品情况。选择量化了形态、色泽、硬度、气味等指标，其中包含外观的摸、看、嗅等感观特征，以此作为海马药材产品质量等级划分的基本依据，通过多元统计学分析，对 37 个外观性状指标进行了筛选，获得 17 个初步分级的关键区分点，又对外观性状相近的海马进行了归类，以体重（湿重或干重）、体全长、体宽、体厚、胸鳍长、背鳍长、眼径、头长、躯干长/体宽、头长/吻长、体全长/头长、L*、b*、R2、R5、R9 作为聚类指标将所有海马样品最多聚类分为 13 小类（不能再细分），表明这 13 小类的海马可以概括所有海马产品的实际商品等级情况，且以离差平方和为 5.5 时将所有海马产品分为四大类，与现有的市场划分状况较为接近，其中第Ⅱ类是因为较大的气味值被从第Ⅲ类中划分出来，所以可以以此为参考来划分等级，为后续的研究打下基础。

6.2 管海马外观性状与内在化学成分的关联分析

化学成分含量在一定程度上反映了海马产品的内在品质，而在现有实际工作中，最直观的品质评价指标还是外观性状，主要以个体大小及重量来定。研究表明，性状项中的大小、色泽、气味等指标，结果可量化，因此可用于药材质量优劣判定（赵华叶等，2015），但海马的内在品质（化学成分含量）与外观性状间如何关联，或哪些指标间有真正的关联呢？只有找出两者的联系，才可以更好地通过直接观察外观性状来判断药材海马的产品品质。

本节以上一节中初步归类的 13 小类管海马样品为研究对象，以第 3 章中建立的有关方法，分别测定各小类样品的内在化学成分，包括：疏水性氨基酸、极性氨基酸、芳香族氨基酸、活性多肽、糖蛋白、总酚、胆甾醇、Cu、Zn、Mn、多不饱和脂肪酸等的组成与含量，将外观形状与内在化学成分进行相关性分析和逐步回归分析，明确外观性状与内在各化学成分间的关联性，从而为通过外观性状评价海马产品质量/品质提供技术依据。

6.2.1 材料

材料为 6.1 节初步确定的不同分类类别的管海马样品干燥体，在测定其化学成分时用中药粉碎机把各类海马样品粉碎后过筛混匀，保存备用。

6.2.2 方法

6.2.2.1 外观性状测定

测定方法及所测的数据描述见 6.1 节。

6.2.2.2 化学成分测定

按 GB 5009.124—2016 中的方法测定各份样品的氨基酸含量。

参照 3.2“氨基酸与活性多肽”部分中建立的方法提取和测定活性多肽。测定 PH-Ⅴ和 PH-Ⅰ5 的得率及抗氧化能力。

参照 3.3“糖蛋白”部分中建立的方法提取和测定糖蛋白。测定粗糖蛋白及精糖蛋白 HG-11 和 HG-12 的得率及抗氧化能力。

参照 3.1.1.2 中的三氯甲烷-甲醇提取法提取总脂，按 GB 5009.128—2016 中的方法测定胆甾醇含量；按 GB 5009.6—2016 中的方法分析测定脂肪酸组成与含量。

按 GB 5009.268—2016 中的方法进行样品预处理，用 ICP-OES 测定微量元素。

总酚含量测定：取 5g 全粉末于玻璃瓶中，加入 100ml 甲醇溶液混匀，置于 180r/min 的恒温［(28±2)℃］摇床中振动 24h，离心，过滤，旋转蒸发除甲醇，再用甲醇溶解重新配制成 2mg/ml 溶液（Sanaye et al.，2014）。依据 Slinkard 和 Singleton（1977）方法，绘制标准曲线，各取 0.4ml 样品液对不同类别样品的海马进行总酚含量的比较。总酚值以使用的没食子酸当量来表示，即每克甲醇提取物含有多少毫克没食子酸。

6.2.2.3 数据分析

定性分析脂肪酸组成时，根据 NIST 质谱和 Willey 图谱数据库自动检索，选取相似度大于 80%的成分；采用面积归一化法进行定量分析。所有实验均做 3 次重复，采用 Excel、SPSS 软件对数据进行整理分析。

6.2.3 结果与分析

6.2.3.1 化学成分含量

各类海马样品中所测定的化学成分含量见表 6-5。13 小类海马产品的化学成分含量有一定的差异性，同一大类产品含有的化学成分含量在 13 小类产品分类中的排序也并不是完全一致的。例如，第二小类海马的氨基酸和糖蛋白含量最高；第五小类海马的多肽含量和活性最高，而多不饱和脂肪酸含量却最低；第一小类海马的糖蛋白、Mn、多不饱和脂肪酸含量最高；第十一小类海马的总酚含量最高，甚至高于平均值5.05；第十三小类海马的甾醇含量最高，高于平均值2.38mg/g；微量元素中各小类海马中Cu含量相对差异较小，低于相对差异较大的Mn、Zn含量。因此，单一成分并不能综合评价海马的内在品质，需要采用多指标综合评价。

表 6-5　13 小类海马产品的活性成分表

名称	疏水性氨基酸（g/100g）	极性氨基酸（g/100g）	芳香族氨基酸（g/100g）	多肽（g/g）	糖蛋白（g/g）	总酚（mg/g）	甾醇（mg/g）	Cu（mg/kg）	Mn（mg/kg）	Zn（mg/kg）	多不饱和脂肪酸（%）
第一小类	10.85	18.68	8.54	0.72	0.23	33.66	4.66	4.14	79.83	110.55	26.07
第二小类	13.01	21.75	9.29	0.68	0.23	27.19	4.76	3.36	26.58	100.84	24.87
第三小类	12.63	21.18	9.13	0.64	0.21	32.26	6.08	2.20	12.88	108.55	21.85
第四小类	11.76	19.44	8.76	0.74	0.17	40.37	3.77	4.27	45.36	107.15	20.81
第五小类	11.85	19.67	8.61	0.77	0.18	39.95	3.95	5.20	40.57	107.60	9.60
第六小类	10.89	19.01	8.85	0.74	0.20	37.08	4.98	2.63	43.24	92.34	20.74
第七小类	11.32	19.06	8.60	0.74	0.16	35.30	5.93	3.78	25.86	98.74	20.74
第八小类	11.83	19.87	8.95	0.71	0.21	29.05	5.89	3.14	22.58	117.60	12.39
第九小类	10.41	17.33	7.86	0.65	0.16	39.47	3.81	2.87	29.67	143.15	22.86
第十小类	10.09	17.28	8.25	0.75	0.14	34.59	5.38	3.48	43.64	99.30	19.37
第十一小类	10.14	16.97	7.57	0.63	0.14	40.75	7.29	3.44	41.24	123.50	16.55
第十二小类	10.11	17.81	8.25	0.74	0.12	35.77	5.14	5.18	18.47	104.00	15.66
第十三小类	9.67	15.56	7.09	0.69	0.16	38.64	7.71	3.11	25.03	101.45	24.74
均值	11.12	18.74	8.44	0.71	0.18	35.70	5.33	3.60	35.00	108.83	19.71
最优	13.01	21.75	9.29	0.77	0.23	40.75	7.71	5.20	79.83	143.15	26.07
最差	9.67	15.56	7.09	0.63	0.12	27.19	3.77	2.20	12.88	92.34	9.60

6.2.3.2　相关性分析

1）形态分析

由表6-3可知：四大类的分类体系中，管海马的体征指标湿重、干重、体全长、体厚、体宽、胸鳍长、背鳍长、眼径的大小排序都是第Ⅰ类>第Ⅱ类>第Ⅲ类>第Ⅳ类，头长也基本符合此规律；而躯干长/体宽则刚相反，是第Ⅳ类>第Ⅲ类>第Ⅱ类>第Ⅰ类。结合可量形态指标，说明了人工养殖海马在生长过程中，前期体长相对增长比较快，而后期体重相对增长较快。然而，在四大类的海马中，头长/吻长、体全长/头长等指标却相差不大。

由表 6-4 还知道，13 小类的分类体系中，优先考虑的体全长和体重指标在第一小类海马中为最大，而第六小类海马的体长则要大于第二、三、五等小类，但体重却刚相反，说明该小类海马较瘦弱，从躯干长/体宽的值也能看出。这表明，在优先考虑的体全长和体重指标中，体重指标权重更大，因为如第六小类尽管体长较大，但在分类上也得往后靠。

本节进一步采用 SPSS 软件，将海马产品的外观性状与其内在的化学成分含量之间进行相关性分析，从而把外观与内在联系起来，对一些优先考虑的指标作科学的解释。有关结果见表 6-6。从表 6-6 中可以看出：海马的湿重、干重、体全长、体厚、体宽、胸鳍长、背鳍长、眼径及头长等体征指标与其体内的活性物质，如疏水性氨基酸、极性氨基酸、芳香族氨基酸、糖蛋白等呈显著正相关。在一定程度上说明：海马的规格（体全长或体重）越大，活性物质的含量就越高，也表明其蛋白质的营养价值越高；这也说明了市场上个体越大的价格越贵是有一定道理的。此外，躯干长/体宽的比值与 3 类氨基酸含量、总酚含量也都呈良好的相关性，进一步说明了在一定程度上，越肥满的海马产品，其蛋白质的营养价值也越高，而总酚含量则越低。这进一步说明了把外观特征指标作为分类优先考虑是合理与可行的，但还存在一些例外的可能性，因此海马产品的品质评定还需要开展综合评价。

表 6-6　形态与化学成分间的相关性

指标	*r* 值										
	疏水性氨基酸	极性氨基酸	芳香族氨基酸	多肽	糖蛋白	总酚	甾醇	Cu	Mn	Zn	多不饱和脂肪酸
湿重	0.674*	0.715**	0.696**	0.065	0.899**	−0.496	−0.427	−0.036	0.440	−0.161	0.314
干重	0.656*	0.709**	0.709**	0.127	0.868**	−0.481	−0.470	0.022	0.469	−0.191	0.298
体全长	0.695**	0.737**	0.760**	0.178	0.854**	−0.324	−0.561*	−0.070	0.430	−0.142	0.207
体厚	0.737**	0.802**	0.834**	0.200	0.827**	−0.458	−0.543	−0.014	0.342	−0.168	0.150
体宽	0.706**	0.774**	0.773**	0.100	0.862**	−0.554*	−0.468	−0.044	0.321	−0.205	0.269
胸鳍长	0.709**	0.735**	0.734**	0.164	0.793**	−0.290	−0.567*	0.057	0.413	−0.038	0.136
背鳍长	0.692**	0.740**	0.727**	0.074	0.852**	−0.360	−0.532	−0.034	0.403	−0.037	0.184
眼径	0.728**	0.740**	0.733**	0.157	0.841**	−0.272	−0.539	−0.054	0.426	−0.118	0.175
头长	0.757**	0.764**	0.774**	0.098	0.877**	−0.439	−0.482	−0.217	0.347	−0.087	0.232
躯干长/体宽	−0.610*	−0.706**	−0.698**	−0.053	−0.512	0.682*	0.430	−0.047	0.083	0.152	−0.143
头长/吻长	0.031	−0.063	−0.155	0.210	0.106	−0.050	0.051	0.236	−0.107	−0.331	0.178
体全长/头长	−0.142	−0.016	0.024	0.263	−0.104	0.270	−0.281	0.524	0.138	−0.174	−0.128

注：同列*表示显著性差异（$P<0.05$），同列**表示极显著性差异（$P<0.01$）

2）色泽分析

色差仪中的 L*值表示明度指数，反映的是白度和亮度的综合值，该值越大表明被测物越白亮；而 a*和 b*值共同决定产品的色调，a*值为正表示产品色调偏红，负表示偏绿，值越大偏向越严重；b*值为正表示产品色调偏黄，为负表示偏蓝，值越大表示偏向越严重。

人工养殖海马产品的体表颜色主要为黄褐色或黄色或黑色。由色差仪分析结果可知，第Ⅰ、Ⅱ、Ⅲ、Ⅳ四大类海马产品中，其他三类都比第Ⅱ类产品显得白亮、偏黄；在 13 小类的分类中，第二、八、十小类的 L*和 b*值都比较大，表明这三小类产品的色泽较白亮、偏黄；而颜色较深的有第一、三、五、九等四小类的海马产品。不同色泽的海马分布于不同类别中，暗示产品色泽可能不是区分产品品质大类的指标，但可用于区别同一大类中的不同小类。

采用 SPSS 软件进行统计分析，所得的结果见表 6-7。

表 6-7　L*、a*、b*值 K 类中心聚类的最终聚类中心值

指标	聚类中心		
	1	2	3
L*	41.14	51.07	26.97
a*	2.20	1.20	2.08
b*	14.29	22.34	6.23

以聚类数为 3 判别分析可对 98.3%的样品进行正确归类，所得结果合理可靠。归类结果与人视觉感受的分类间的相似程度较高，通过用 L*、a*、b*值对海马产品的 3 种体表颜色划定范围（表 6-7），具体描述如下。

黄色：颜色值 L*大于 41.14，a*值大于 2.20，b*值大于 14.29。

黑色：颜色值 L*小于 26.97，a*值小于 2.08，b*值小于 6.23。

黄褐色：介于黄色与黑色之间，颜色值 L*在 26.97～41.14，a*值在 2.08～2.20，b*值在 6.23～14.29。

同时，对各类海马产品的色泽与其内在的化学成分含量间也进行相关性分析，结果见表 6-8。L*与疏水性氨基酸、极性氨基酸、糖蛋白、甾醇、Cu 和 Zn 等呈极低相关（$r \leqslant 0.2$），与芳香族氨基酸、多肽呈低度正相关（$0.2<r<0.5$），与 Mn、多不饱和脂肪酸等呈低度负相关（$0.2<r<0.5$），与总酚含量呈显著性负相关（$r \geqslant 0.5$）；a*与疏水性氨基酸、极性氨基酸、芳香族氨基酸和糖蛋白等呈显著负相关，与总酚、甾醇、多不饱和脂肪酸呈低度正相关，与 Zn 呈低度负相关，与多肽、Cu 和 Mn 呈极低相关；b*与总酚呈显著负相关，与疏水性氨基酸、极性氨基酸、多肽、糖蛋白、甾醇、Cu、Zn 和多不饱和脂肪酸呈极低相关，与芳香族氨基酸呈低度正相关，与 Mn 呈低度负相关。

表 6-8　色泽与化学成分间的相关性

指标	r 值										
	疏水性氨基酸	极性氨基酸	芳香族氨基酸	多肽	糖蛋白	总酚	甾醇	Cu	Mn	Zn	多不饱和脂肪酸
L*	0.070	0.125	0.261	0.263	0.014	–0.559*	0.020	–0.021	–0.218	–0.190	–0.263
a*	–0.716**	–0.700**	–0.634*	0.077	–0.628*	0.339	0.320	0.081	–0.116	–0.243	0.281
b*	0.102	0.138	0.229	0.125	0.120	–0.631*	0.139	–0.115	–0.269	–0.176	–0.183

注：*表示显著性差异（$P<0.05$），**表示极显著性差异（$P<0.01$）

3）硬度分析

海马干燥体硬度的分析结果如图 6-2 所示。第Ⅰ类海马产品的硬度均值为 8.45kg，第Ⅱ类为 5.06kg，第Ⅲ类为 4.78kg，第Ⅳ类为 3.22kg。相关性分析也表明，硬度与海马的体重、体宽有正相关性（$r>0.650$），与体全长的正相关性也较高（$r=0.545$），大致上是随着外观性状的可量指标（体全长与体重）的增长硬度是不断增加的。不过在实验中我们发现，海马干燥体产品不同于其他鱼肉果蔬等硬度较小的农产品的质构测定，后者个体体积大，可制成一定的形状（田晓静和王俊，2014；Rolle et al.，2012），海马为皮包骨，肌肉部分占比很少，经干燥后，显得硬而脆，导致样品硬度测量时的重现性很差。所以，我们认为尽管硬度是一个非常重要的指标，表示手感（触觉）的外观特征，但是我们还是不把它作为量化指标引入到评价体系中，一是测量的结果重现性差；二是该指标与外观性状的其他指标（如体全长、体重、体宽等）间有良好的正相关性，可以通过其他指标反映出来。因此，在探讨海马产品的评价划分指标体系中将不再作进一步分析。

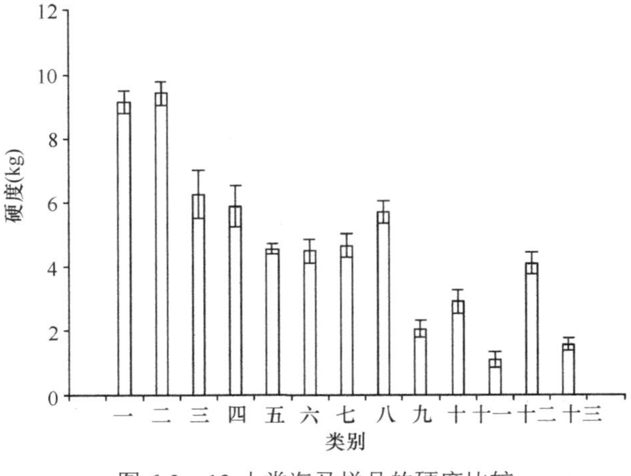

图 6-2　13 小类海马样品的硬度比较

4）逐步回归分析

为了进一步明确形态、色泽与各化学成分间的相关性，对上述的氨基酸、糖蛋白、总酚、甾醇与各外观特征值进行逐步回归分析，选出影响较大的因子（Vemavarapu et al.，2009；蒋且英等，2017）。分析结果见表 6-9。

表 6-9　化学成分对外观性状影响的逐步回归分析

因变量	调整 R^2	模型		
		项	估计值	显著性
湿重	0.872	（常量）	–21.179	0.000
		糖蛋白	130.385	0.000
		Cu	1.613	0.018
干重	0.845	（常量）	–6.051	0.000
		糖蛋白	35.638	0.000
		Cu	0.524	0.013
体长	0.826	（常量）	87.102	0.003
		糖蛋白	520.886	0.000
		甾醇	–7.345	0.015
体厚	0.804	（常量）	–12.449	0.003
		芳香族氨基酸	2.466	0.000
		Mn	0.040	0.015
体宽	0.720	（常量）	–0.269	0.940
		糖蛋白	108.806	0.000
胸鳍长	0.725	（常量）	3.379	0.017
		糖蛋白	19.507	0.001
		甾醇	–0.320	0.032
背鳍长	0.797	（常量）	4.922	0.089
		糖蛋白	55.835	0.000
		甾醇	–0.717	0.032
眼径	0.783	（常量）	3.796	0.000
		糖蛋白	13.359	0.000
		甾醇	–0.180	0.032
头长	0.748	（常量）	7.004	0.063
		糖蛋白	113.504	0.000
躯干长/体宽	0.453	（常量）	3.717	0.000
		极性氨基酸	–0.094	0.007
L*	0.250	（常量）	68.933	0.001
		总酚	–0.952	0.047
a*	0.469	（常量）	7.022	0.001
		疏水性氨基酸	–0.448	0.006
b*	0.343	（常量）	36.020	0.003
		总酚	–0.701	0.021

从表 6-9 中看，海马体征指标的调整 R^2 较大（>0.7），而显著性值都小于 0.05，说明逐步回归方程和模型拟合程度有统计学意义，表明所测定分析的对应化学成分对各体征指标的影响较大；而二元外观参数躯干长/体宽和色泽指标也有一定的统计学意义，所测的化学成分对它们也有一定的影响，但较体征影响要稍小一些。另外，头长/吻长、体全长/头长等指标并未输入任何变量到回归方程中，说明所测的化学成分对其解释能力不足，表明头长/吻长、体全长/头长指标与海马产品的品质相关性较小。综观所有内在化学成分，糖蛋白指标是正显著影响体重、体全长、体宽、胸鳍长、背鳍长、眼径、头长等外观体征指标的最主要成分，甾醇、各类氨基酸、Cu、总酚等指标也对于海马产品的外观性状有显著的影响。

6.2.4 小结

（i）经多元统计学分析，我们客观地对人工养殖管海马产品进行了归类。外观性状中的形态、色泽和硬度等指标在不同类别中都有所差异，经综合分析，海马产品的硬度较难以引入最终的评价指标体系中。内在化学成分在不同类别中也存在差异，从比较分析看，某种成分或某几种成分的含量高低并不能准确地评定海马的产品品质。因此，亟需建立多指标综合评价方法以衡量海马产品的质量。

（ii）明确了海马形态特征与内在化学成分的关联性。通过相关性分析确定：糖蛋白、疏水性氨基酸、极性氨基酸、芳香族氨基酸、甾醇、总酚与海马的形态（体全长/吻长、体全长/头长除外）呈显著性相关；疏水性氨基酸、极性氨基酸、芳香族氨基酸、总酚、糖蛋白与海马的色泽也呈显著性相关。通过逐步回归分析确定：糖蛋白、疏水性氨基酸、极性氨基酸、芳香族氨基酸、甾醇、总酚和微量元素 Cu 对海马的形态、色泽影响是显著的。因此，可以通过海马产品的形态和色泽的参数，推测其内在化学成分含量的高低，判断海马产品的品质状况。

（iii）引入体表色泽参数（指标）到海马产品品质的评价方法中。本实验中除形态特征参数外，还引入了黄色、黄褐色和黑色三种体表色泽的 L*、a*、b*值到海马的评价方法中，使外观性状判定海马产品品质（辨状论质）更有依据并能增加准确性。

6.3 基于气味客观化的主要化学成分分析

判断药材质量的优劣，气味是重要的特征指标之一（谢宗万，1993）。作为品质要素的风味（食品中对气味的叫法），海马中有关风味物质的报道还较少。

本节采用国内外在水产品中广泛应用的顶空固相微萃取-气-质联用法（HS-SPME-GC-MS）技术（吕卫金等，2013；杨敏等，2016），分析了管海马干燥体的气味物质，探讨气味特征引入海马产品品质评价方法中的可行性。采用

HS-SPME-GC-MS 分析方法对测试物质进行分析，能够较全面地分析挥发性成分，能指示和区分产品新鲜度及腐败程度，区分产品来源的不同产区等，具有快速、准确、环保、操作方便等优点（吕卫金等，2013）。

6.3.1 材料

材料同 6.1 节。

6.3.2 方法

6.3.2.1 样品前处理

管海马样品经冻干至恒重，然后粉碎混匀，保存备用。

6.3.2.2 电子鼻检测

方法同 6.1.2.4“气味测定”。

6.3.2.3 挥发性物质检测

称取 0.5g 海马全粉置入样品瓶中，在 60℃条件下平衡 30min 后插入萃取头，再在 60℃水浴中吸附 30min 后进行测定。

色谱条件：VOCOL 毛细管色谱柱（60m×0.32mm×1.8μm）；进样采取不分流模式，接口温度 210℃，与进样口温度相同；35℃的起始柱温保持 3min，然后以 3℃/min 升至 40℃，保留 1min，再以 5℃/min 升至 210℃，保持 11min；载气为 He，流速为 3.0ml/min。

质谱条件：离子源温度，200℃；电子能量，70 eV；扫描时间，44min；扫描质量范围，50～500μ。

各样品的脂肪酸测定按 GB 5009.6—2016 中的方法进行，氨基酸组成与含量分析 GB 5009.124—2016 中的方法进行。

6.3.2.4 数据处理

用 Winmuster 软件处理电子鼻数据，进行主成分分析（张红燕等，2017）。所有实验均做 3 次重复，用 Excel、SPSS 和 Origin 软件对采集的数据进行分析、作图。

6.3.3 结果与分析

6.3.3.1 电子鼻检测

对采集的 177 份管海马样品的电子鼻传感器数据进行分析，所得结果见图 6-3。第一主成分和第二主成分的贡献率分别为 73.57%和 22.56%，总贡献率为

96.13%，这两个主成分几乎包含了各类海马样品的所有信息，因此，可以用来代表海马气味的整体信息。从图 6-3 中可以看出，177 份海马样品的气味响应值分布大致可以分为 4 个类别，其中第 1、3、4 类间差异明显，说明它们的电子鼻传感器响应值特征物质发生了明显变化；而第 2 类与第 1、3 类结果有部分重叠。

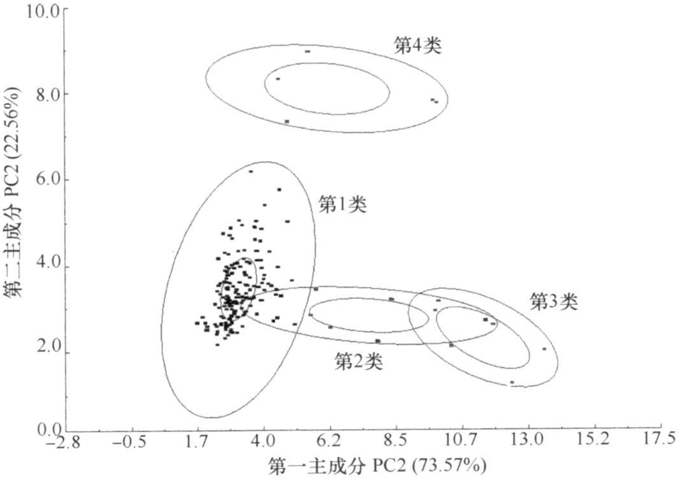

图 6-3 海马的电子鼻响应值的 PCA 分析

4 类海马样品的气味平均响应值见图 6-4。其中，R2 值在所有 4 类样品间有较大的差异，尤其是第 2 类和第 3 类海马样品与另两类的差异比较大；此外，第 1 类海马样品的各响应值都比较小，第 4 类海马样品的各响应值均比较大，有明显响应的是 R7 和 R9 传感器；总之，在所有的 4 类海马样品中，R1、R2、R5、R6、R7、R8、R9 传感器的响应值的差异都比较明显。然而，进一步分析发现，R1 与 R5、R6、R7、R9 有极显著的相关性。因此，R1、R2、R8 传感器对海马样品的气味较为敏感，可作为重点监测对象。

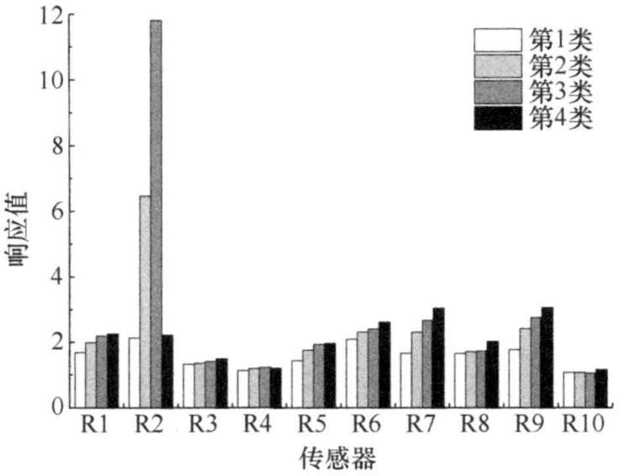

图 6-4 4 类海马样品的电子鼻响应值

6.3.3.2 挥发性成分

1）方法学考察

（1）精密度实验

取第 1 份海马样品，按 6.3.2.3 中的样品处理方法，连续测定 6 次，测定所得的各挥发性物质的含量的 RSD 均小于 1%，表明仪器的精密度符合要求。

（2）稳定性实验

另取第 1 份海马样品，每隔 1h 测定一次 GC-MS，测定 6 次，所得的各挥发性物质的含量基本一致，RSD 均小于 3%，表明样品在 6h 内都较稳定。

（3）重现性实验

再取第 1 份海马样品制备 6 个样品，分别测定第 1 次所测的挥发性物质的含量，RSD 均小于 4%，方法重现性好。

2）组成与含量

利用 HS-SPME-GC-MS 对所有海马样品的挥发性成分进行分析，从上述第 1 类到第 4 类的海马样品（图 6-3）中分别鉴别出 63 种、54 种、54 种、57 种化合物（表 6-10）。

表 6-10 不同气味类别海马的挥发性成分和相对含量

挥发性化合物名称	保留时间（min）	相对含量（%）			
		第 1 类	第 2 类	第 3 类	第 4 类
丙酸	14.825	—	0.23±0.03[ab]	0.29±0.03[a]	0.19±0.02[b]
庚酸	18.858	0.40±0.02[c]	—	2.41±0.01[a]	1.51±0.03[b]
异戊酸	21.241	1.64±0.05[b]	1.73±0.07[b]	1.58±0.03[b]	4.03±0.19[a]
2-甲基丁酸	21.651	0.65±0.09[c]	0.40±0.10[b]	0.42±0.13[b]	1.23±0.08[a]
正戊酸	23.045	0.29±0.02[b]	0.44±0.07[b]	1.39±0.05[a]	1.43±0.06[a]
己酸	26.888	3.13±0.12[c]	4.85±0.21[b]	10.43±0.65[a]	5.58±0.15[b]
顺式-3-己烯酸	27.692	—	—	0.20±0.02	—
辛酸	33.678	—	—	1.12±0.07[a]	0.71±0.11[b]
壬酸	36.746	0.43±0.03[b]	—	0.51±0.05[ab]	0.66±0.03[a]
十二酸	46.5809	—	0.29±0.03	—	—
酸类		6.54±0.33[d]	7.94±0.51[c]	18.35±1.04[a]	15.34±0.67[b]
2-甲基-3-辛酮	27.869	0.69±0.03[a]	—	0.63±0.03[a]	0.74±0.05[a]
6-甲基-5-庚烯-2-酮	28.355	0.60±0.01	—	—	—
3-辛烯-2-酮	30.343	—	1.17±0.13	—	—
2-壬酮	31.738	2.71±0.11[c]	7.98±0.28[a]	6.79±0.33[b]	2.20±0.09[d]
(*E*,*E*)-3,5-辛二烯-2-酮	31.814	17.56±0.28[a]	17.88±0.37[a]	16.58±0.17[b]	14.70±0.22[c]
蒿酮	32.368	3.26±0.04[c]	4.56±0.12[b]	5.01±0.07[a]	2.76±0.03[d]
4-羟基-4-甲基环己酮	33.688	0.38±0.01[b]	0.91±0.06[a]	—	—
8-甲基-8-氮杂双环[3,3,1]辛烷-3-酮	35.432	2.00±0.11[a]	1.61±0.08[b]	1.44±0.04[c]	—

续表

挥发性化合物名称	保留时间（min）	相对含量（%）			
		第1类	第2类	第3类	第4类
2-十一酮	37.984	1.47±0.09[a]	1.04±0.03[b]	0.89±0.05[bc]	0.79±0.02[c]
4,4-二甲基-2-环己基-1-酮	41.169	0.46±0.03[b]	1.56±0.10[a]	—	0.54±0.03[b]
3-壬烯-2-酮	41.929	0.93±0.04[b]	0.71±0.03[c]	1.49±0.15[a]	0.47±0.02[d]
橙花基丙酮	43.547	0.55±0.03[ab]	0.32±0.01[c]	0.60±0.02[a]	0.50±0.02[b]
二环己基甲酮	48.793	0.15±0.03[c]	0.50±0.02[a]	0.41±0.02[b]	—
酮类		30.76±0.81[c]	38.24±1.23[a]	33.84±0.88[b]	22.70±0.48[d]
1-戊烯-3-醇	15.078	1.55±0.04[a]	1.04±0.06[c]	0.55±0.01[d]	1.41±0.04[b]
3-庚炔醇	15.992	—	—	—	0.48±0.07
顺-2-戊烯-1-醇	19.344	0.39±0.02[b]	—	—	0.62±0.06[a]
3-戊醇	21.534	0.20±0.03	—	—	—
正己醇	23.225	0.06±0.01	—	—	—
庚醇	27.125	0.96±0.10[a]	0.62±0.03[bc]	0.54±0.01[c]	0.71±0.03[b]
1-辛烯-3-醇	27.438	2.70±0.17[a]	1.68±0.13[c]	1.56±0.05[c]	2.30±0.09[b]
2-乙基己醇	29.224	2.04±0.23[a]	0.74±0.03[c]	0.63±0.02[d]	1.09±0.02[b]
正辛醇	30.725	2.03±0.18[a]	0.46±0.04[d]	0.76±0.03[c]	1.03±0.06[b]
苯甲醇	31.468	0.51±0.01[a]	—	0.37±0.04[b]	—
6-十二醇	32.500	0.13±0.01	—	—	—
苯乙醇	34.383	0.58±0.07[b]	—	—	1.18±0.14[a]
1,3-环己二醇	37.476	—	1.61±0.16	—	—
2-乙基环己醇	37.663	0.60±0.03	—	—	—
叶绿醇	39.157	—	2.13±0.22	—	—
醇类		11.75±0.80[a]	8.28±0.67[b]	4.41±0.16[c]	8.82±0.52[b]
正己酸乙酯	28.121	—	0.59±0.09	—	—
庚酸乙酯	31.526	—	0.63±0.04	—	—
γ-己内酯	32.974	1.20±0.03[c]	1.68±0.08[a]	1.35±0.05[b]	1.35±0.09[b]
1,5-戊内酯	33.829	—	—	0.50±0.03[a]	0.39±0.01[b]
丙位庚内酯	36.148	0.35±0.01[b]	0.50±0.03[a]	0.60±0.04[a]	0.27±0.03[b]
丙位壬内酯	42.465	—	0.91±0.06[a]	0.95±0.13[a]	—
十四酸乙酯	44.074	—	—	—	0.74±0.02
十二酸乙酯	47.782	—	1.20±0.07[a]	0.25±0.01[b]	0.20±0.02[b]
酯类		1.55±0.04[d]	5.51±0.37[a]	3.65±0.26[b]	2.95±0.17[c]
戊醛	16.353	—	—	—	0.17±0.01
2,4-戊二烯醛	20.856	0.73±0.03[b]	0.56±0.03[d]	0.94±0.04[b]	1.08±0.13[a]
反式-2-己烯醛	23.523	0.33±0.02[a]	—	0.14±0.01[b]	0.39±0.01[a]
庚醛	24.961	—	—	—	1.57±0.16
(*Z*)-4-庚烯醛	25.163	0.33±0.02[a]	0.33±0.02[a]	0.27±0.04[a]	0.40±0.03[a]
(*E*,*E*)-2,4-己二烯醛	26.235	0.08±0.01	—	—	—
正辛醛	28.716	1.40±0.15[a]	1.16±0.04[c]	1.16±0.05[c]	1.32±0.02[b]
苯甲醛	29.064	2.34±0.18[a]	1.58±0.03[b]	1.35±0.05[c]	2.36±0.08[a]
(*E*,*E*)-2,4-庚二烯醛	29.879	1.11±0.04[a]	0.83±0.05[b]	0.90±0.03[b]	1.17±0.07[a]

续表

挥发性化合物名称	保留时间（min）	相对含量（%）			
		第 1 类	第 2 类	第 3 类	第 4 类
反-2-辛烯醛	31.055	0.75±0.03[a]	0.41±0.02[b]	0.78±0.01[a]	0.77±0.06[a]
壬醛	32.208	9.51±0.27[a]	—	8.02±0.23[b]	9.19±0.36[a]
顺-11-十六烷烯醛	33.382	—	0.72±0.07	—	—
反式-2-壬烯醛	34.375	0.33±0.03[b]	—	0.71±0.01[a]	—
反,顺-2,6-壬二烯醛	34.505	0.71±0.09[a]	0.38±0.02[b]	0.42±0.02[b]	0.78±0.03[a]
十一醛	38.422	0.31±0.03[a]	—	—	0.44±0.01[a]
(*Z*)-2-戊基壬-2-烯醛	39.680	8.52±0.38[a]	4.63±0.14[b]	4.01±0.16[c]	3.70±0.07[d]
2-丁基-2-辛烯醛	40.478	0.17±0.04	—	—	—
棕榈醛	41.812	0.15±0.02[c]	—	0.67±0.08[a]	0.30±0.03[b]
醛类		26.77±1.34[a]	10.60±0.42[c]	19.37±0.73[b]	23.64±1.06[a]
十一烷	30.241	0.94±0.03[b]	1.42±0.07[a]	0.84±0.02[c]	0.57±0.05[d]
环辛烷	32.224	—	7.07±0.32	—	—
十二烷	33.514	0.79±0.02[a]	0.74±0.03[a]	0.56±0.01[b]	0.41±0.03[c]
正十三烷	36.564	0.98±0.07[a]	0.83±0.03[b]	0.88±0.06[ab]	0.61±0.01[c]
2,6,11-三甲基十二烷	37.183	0.50±0.04	—	—	—
环庚烷	37.474	1.34±0.03[b]	—	2.70±0.08[a]	1.41±0.08[b]
十四烷	39.421	1.22±0.13[a]	1.21±0.03[a]	0.78±0.06[b]	1.22±0.05[a]
十五烷	42.401	1.09±0.06[a]	—	—	0.58±0.03[b]
十六烷	46.111	0.58±0.03[a]	0.46±0.02[b]	0.49±0.02[b]	—
3,5,5-三甲基-1-己烯	27.600	1.64±0.07[a]	1.39±0.03[b]	0.85±0.10[c]	1.38±0.04[b]
5-己基-3,3-二甲基-1-环戊烯	40.732	1.43±0.09[a]	1.24±0.05[b]	1.20±0.05[b]	0.99±0.06[c]
4-二甲基氨基苯乙烯	42.659	0.64±0.02	—	—	—
长叶烯	43.069	0.29±0.02[b]	0.37±0.01[a]	0.30±0.03[ab]	—
1-十一碳-3-炔	31.335	1.14±0.08[a]	0.59±0.04[c]	—	0.86±0.07[b]
1-十五炔	35.422	—	—	—	1.28±0.15
烃类		12.58±0.69[b]	15.32±0.66[a]	8.60±0.43[c]	9.31±0.57[c]
三甲胺	5.013	5.95±0.17[d]	7.82±0.13[c]	8.25±0.24[b]	13.96±0.73[a]
胺类		5.95±0.17[d]	7.82±0.13[c]	8.25±0.24[b]	13.96±0.73[a]
2-正戊基呋喃	27.965	—	0.40±0.02[a]	0.30±0.02[b]	0.45±0.01[a]
3-甲基吡唑	35.538	2.17±0.11[a]	1.90±0.07[b]	2.08±0.14[ab]	1.54±0.04[c]
薄荷醇	35.781	1.93±0.19[a]	2.13±0.28[a]	1.15±0.01[c]	1.29±0.12[b]
苯并噻唑	39.279	—	1.86±0.10	—	—
其他		4.10±0.30[b]	6.29±0.47[a]	3.53±0.17[bc]	3.28±0.17[c]

注：“—”表示未检出；同一行中上标字母表示不同的平均值差异显著（$P<0.05$）

由表 6-10 可以看出：各类海马样品的主要挥发性物质是酮类和醛类。

酮类的含量在第 2 类样品中比第 3、1、4 类分别高 4.4、7.48、15.54 个百分点。含量最高的酮类物质是(*E*,*E*)-3,5-辛二烯-2-酮，在第 2 类样品中的含量高达 17.88%，与第 1 类样品中的含量差异不大，第 3 类和第 4 类分别比第 2 类减少了

1.3 和 3.18 个百分点；其次是 2-壬酮、蒿酮、8-甲基-8-氮杂双环[3,3,1]辛烷-3-酮等酮类物质，其中在第 2、3 类样品的 2-壬酮、蒿酮的含量明显要高于第 1、4 类，而 8-甲基-8-氮杂双环[3,3,1]辛烷-3-酮含量却比第 1 类要低，在第 4 类中未检出；此外，在第 2 类样品还检出了 3-辛烯-2-酮（1.17%）。

在第 1 类样品中的醛类含量在所有的 4 类样品中是最高的，分别比第 4 类、3 类、2 类高了 3.13、7.40、16.17 个百分点。醛类中含量较高的是壬醛和(*Z*)-2-戊基壬-2-烯醛，其中壬醛在第 1 类样品中的含量高达 9.51%，与在第 4 类中的含量差异不大，但比第 3 类比高了 1.49 个百分点，在第 2 类中未检出；在第 1 类样品中，(*Z*)-2-戊基壬-2-烯醛的含量高达 8.52 %，明显地高于在其他 3 类中的含量；其次是苯甲醛和正辛醛，在第 2、3 类中的含量要明显低于在第 1、4 类中；在第 4 类样品还检出了庚醛（1.57%）。

酸类物质在第 1、2、3、4 类样品中分别检测出 6 种、6 种、9 种、8 种，含量较高的酸类是己酸和异戊酸。第 3 类样品的己酸含量高达 10.43%，显著高于第 1、2 和 4 类（后两类间的差异不显著），比第 1 类样品高了 7.30 个百分点。异戊酸含量最高的是第 4 类样品，比第 2 类高了 2.30 个百分点。另外，在第 3、4 类样品中检出了辛酸，含量分别为 1.12%和 0.71%。

在第 1～4 类样品中，醇类物质含量分别为 11.75%、8.28%、4.41%和 8.82%，其中第 2、4 类样品的醇类物质含量相当，却明显低于第 1 类、高于第 3 类。醇类物质中含量较高的是 1-辛烯-3-醇、2-乙基己醇、正辛醇和 1-戊烯-3-醇等，在第 1 类样品均为最高，分别比第 4 类高了 0.40、0.95%、1.00 和 0.15 个百分点；此外，在第 2 类样品还检测出了较高含量的叶绿醇（2.13%）和 1,3-环己二醇（1.61%）。

海马中还含有较高含量的烃类，第 1～4 类样品中烃类含量分别为 12.58%、15.32%、8.60%、9.31%，所有样品都含有的烃类有十一烷、十二烷、正十三烷、十四烷、5-己基-3,3-二甲基-1-环戊烯和 3,5,5-三甲基-1-己烯等。其中，3,5,5-三甲基-1-己烯是一类常见的挥发性烃类，其在第 2 类中为 1.39%，比第 1 类少 0.25% 个百分点，比第 3 类高 0.54 个百分点，与第 4 类间无显著性差异；在第 2 类样品中还检出了环辛烷（7.07%），未检出环庚烷，环庚烷在第 1 类样品中的含量为 1.34%；在第 4 类样品中还检出了 1-十五炔，但含量较低，为 1.28%。

酯类物质中含量较高的是γ-己内酯，在第 3、4 类中含量相近，比第 1 类高 0.15 个百分点，比第 2 类低 0.33 个百分点。在海马样品中也检测到三甲胺的存在，三甲胺在第 4 类样品中的含量分别比前 3 类高 8.01、6.14、5.71 个百分点。另外，还检测到较高含量的 3-甲基吡唑和薄荷醇，在第 2 类样品中还检出了苯并噻唑（1.86%）。

6.3.3.3 脂肪酸成分及含量

4 类海马样品的脂肪酸组成和相对含量见表 6-11。从第 1～4 类海马中分别鉴定出了 16 种、17 种、18 种、17 种脂肪酸，它们在饱和脂肪酸和单不饱和脂肪酸的种类与含量上存在差异。从组成上看，第 1 类海马中未检出十二碳酸和二十二碳烷酸，第 2 类未检出植烷酸，第 4 类未检出十二碳酸；此外，在第 1、4 类中未检出二十碳烯酸，在第 2、3 类中未检出二十二碳烯酸。从含量上看，第 3 类样品中的饱和脂肪酸含量（55.99%）>第 1 类（55.84%）>第 4 类（47.81%）>第 2 类（45.89%）；单不饱和脂肪酸含量也是第 3 类（34.40%）>第 4 类（31.38%）>第 1、2 类；而多不饱和脂肪酸含量第 3 类却最少（9.6%），第 2 类最高（26.07%），第 1 类为 19.71%，第 4 类为 20.81%，其中，亚麻酸含量第 4 类要高于第 1 类 2.14 个百分点，高于第 2 类 1.47 个百分点，第 3 类与第 2 类相近。第 2 类样品的∑PUFAn-3/∑PUFAn-6 最高，为 4.56，第 3 类为 1.36，第 1 类和第 4 类都接近于 2。

表 6-11　不同气味类别海马的脂肪酸成分和相对含量

脂肪酸组成	保留时间（min）	相对含量（%）			
		第 1 类	第 2 类	第 3 类	第 4 类
十二碳酸	5.963	—	0.42 ± 0.03^{a}	0.47 ± 0.01^{a}	—
十四碳酸	7.656	2.46 ± 0.04^{c}	3.24 ± 0.03^{b}	3.87 ± 0.06^{a}	2.50 ± 0.02^{c}
十五碳酸	8.888	0.86 ± 0.02^{c}	1.43 ± 0.01^{b}	2.01 ± 0.08^{a}	1.46 ± 0.05^{b}
十六碳酸	10.492	27.41 ± 0.96^{b}	26.49 ± 0.22^{c}	31.1 ± 0.87^{a}	23.92 ± 0.75^{d}
十七碳酸	12.428	1.11 ± 0.03^{c}	1.32 ± 0.03^{b}	1.84 ± 0.13^{a}	1.12 ± 0.05^{c}
硬脂酸	14.478	23.38 ± 0.32^{a}	12.00 ± 0.16^{d}	15.27 ± 0.43^{c}	17.52 ± 0.38^{b}
植烷酸	13.106	0.16 ± 0.02^{b}	—	0.49 ± 0.07^{a}	0.71 ± 0.03^{a}
二十碳酸	18.317	0.48 ± 0.01^{b}	0.58 ± 0.01^{a}	0.51 ± 0.03^{ab}	0.31 ± 0.03^{c}
二十二碳烷酸	21.825	—	0.41 ± 0.02^{a}	0.43 ± 0.03^{a}	0.27 ± 0.02^{b}
饱和脂肪酸		55.84 ± 1.40^{a}	45.89 ± 0.51^{c}	55.99 ± 1.71^{a}	47.81 ± 1.33^{b}
棕榈油酸	10.656	5.43 ± 0.17^{c}	10.33 ± 0.20^{a}	10.48 ± 0.33^{a}	7.17 ± 0.09^{b}
顺十八碳烯酸	14.557	13.13 ± 0.19^{b}	11.38 ± 0.16^{c}	13.9 ± 0.15^{a}	13.36 ± 0.41^{ab}
反十八碳烯酸	14.665	5.41 ± 0.13^{d}	5.89 ± 0.07^{c}	9.44 ± 0.18^{b}	10.43 ± 0.44^{a}
二十碳烯酸	18.397	—	0.42 ± 0.03^{b}	0.58 ± 0.03^{a}	—
二十二碳烯酸	21.923	0.50 ± 0.04^{a}	—	—	0.42 ± 0.02^{b}
单不饱和脂肪酸		24.46 ± 0.53^{c}	28.02 ± 0.46^{b}	34.40 ± 0.69^{a}	31.38 ± 1.01^{a}
亚油酸	14.925	1.86 ± 0.09^{c}	1.69 ± 0.05^{d}	3.03 ± 0.08^{b}	4.52 ± 0.11^{a}
亚麻酸	15.526	0.84 ± 0.01^{c}	1.51 ± 0.03^{b}	1.42 ± 0.05^{b}	2.98 ± 0.03^{a}
花生四烯酸（ARA）	18.899	4.55 ± 0.12^{a}	3.00 ± 0.06^{b}	1.04 ± 0.07^{d}	2.82 ± 0.03^{c}
二十碳五烯酸（EPA）	19.479	4.35 ± 0.18^{c}	9.22 ± 0.24^{a}	1.71 ± 0.02^{d}	5.13 ± 0.14^{b}
二十二碳六烯酸（DHA）	23.080	8.12 ± 0.43^{b}	10.65 ± 0.32^{a}	2.40 ± 0.19^{d}	5.36 ± 0.13^{c}
多不饱和脂肪酸		19.71 ± 0.83^{b}	26.07 ± 0.70^{a}	9.60 ± 0.41^{c}	20.81 ± 0.44^{b}
∑PUFAn-3/∑PUFAn-6		2.08	4.56	1.36	1.84

注：“—”表示未检出；同一行中上标不同字母表示有显著性差异（$P<0.05$）

6.3.3.4 氨基酸含量

4 类海马样品中所含的 17 种氨基酸（色氨酸未测）的组成和含量见表 6-12、图 6-5 及图 6-6。

表 6-12 不同气味类别海马的氨基酸组成和含量

氨基酸组成	含量（g/100g）			
	第 1 类	第 2 类	第 3 类	第 4 类
天冬氨酸	3.941±0.02[c]	4.199±0.03[b]	4.425±0.01[a]	4.364±0.02[a]
苏氨酸	1.872±0.04[c]	2.002±0.01[b]	2.144±0.03[a]	2.120±0.01[a]
丝氨酸	1.939±0.01[b]	2.141±0.02[a]	2.218±0.02[a]	2.169±0.01[a]
谷氨酸	6.177±0.05[d]	6.686±0.06[b]	7.129±0.03[a]	7.045±0.04[a]
甘氨酸	6.381±0.05[d]	7.477±0.03[a]	6.862±0.01[c]	7.104±0.04[b]
丙氨酸	4.060±0.01[b]	4.696±0.01[a]	4.676±0.02[a]	4.697±0.02[a]
胱氨酸	0.337±0.02[a]	0.358±0.02[a]	0.392±0.01[a]	0.400±0.01[a]
缬氨酸	2.047±0.03[c]	2.177±0.03[b]	2.346±0.01[a]	2.370±0.02[a]
甲硫氨酸	1.278±0.01[d]	1.400±0.02[c]	1.491±0.01[a]	1.470±0.01[b]
异亮氨酸	1.451±0.03[c]	1.524±0.01[b]	1.699±0.02[a]	1.649±0.03[a]
亮氨酸	2.624±0.03[d]	2.742±0.02[c]	3.098±0.03[a]	3.057±0.05[b]
酪氨酸	1.236±0.01[c]	1.264±0.01[b]	1.377±0.02[a]	1.397±0.01[a]
苯丙氨酸	1.637±0.01[b]	1.743±0.03[a]	1.835±0.01[a]	1.817±0.03[a]
赖氨酸	2.662±0.02[c]	2.913±0.03[b]	3.226±0.04[a]	3.136±0.01[b]
组氨酸	0.978±0.01[b]	1.064±0.01[a]	1.112±0.02[a]	1.091±0.02[a]
精氨酸	3.392±0.04[b]	3.815±0.03[a]	3.782±0.04[a]	3.802±0.01[a]
脯氨酸	3.865±0.03[c]	4.471±0.04[a]	4.283±0.02[b]	4.454±0.04[a]

注：同一行不同字母表示有显著性差异（$P<0.05$）

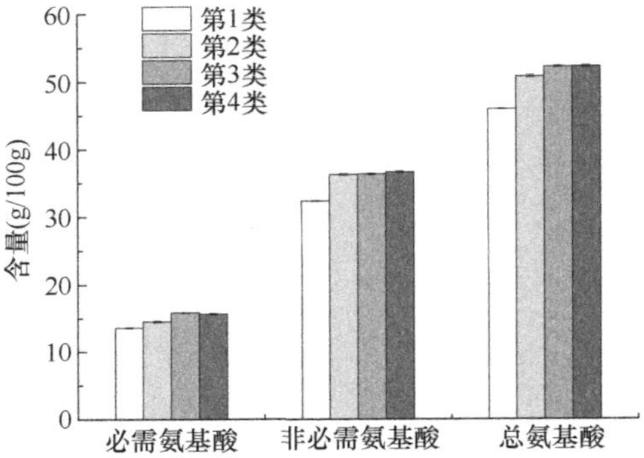

图 6-5 不同气味类别海马的必需氨基酸（EAA）、非必需氨基酸（NEAA）、总氨基酸（TAA）含量柱形图

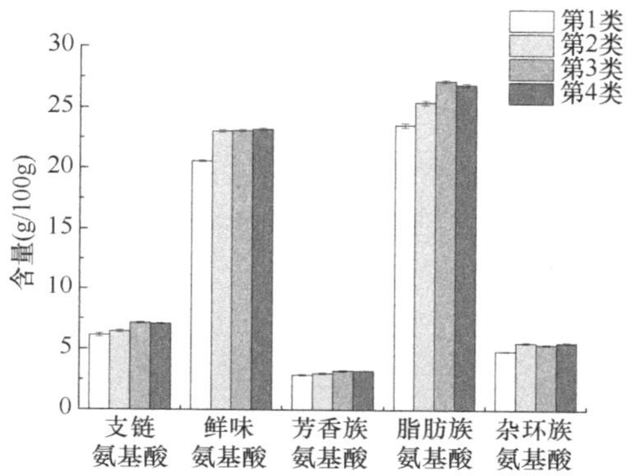

图 6-6 不同气味类别海马的氨基酸含量

第 1～4 类海马样品中，总氨基酸（TAA）含量呈递增趋势，从 45.877g/100g 到 52.141g/100g，非必需氨基酸（NEAA）含量也类似，从 32.305g/100g 到 36.523g/100g；必需氨基酸（EAA）含量在第 3 类海马样品中最高，为 15.840g/100g。此外，鲜味氨基酸（20.559～23.210g/100g）、芳香族氨基酸（2.873～3.214g/100g）的含量也类似于 TAA，呈递增趋势；而支链氨基酸（7.143g/100g）和脂肪族氨基酸（27.196g/100g）在第 3 类样品中含量最高，但该类样品中的杂环族氨基酸含量（5.395g/100g）却不如第 2 类海马样品（5.535g/100g）。

6.3.3.5 气味与主要化学成分的相关性分析

对人工养殖管海马干燥体中具有代表性的气味值 R1、R2 和 R8 与其内在的化学成分进行相关性分析，结果如下。

与 R1 密切相关的挥发性成分有(*Z*)-2-戊基壬-2-烯醛（–0.959）、酸类（0.870）、反十八碳烯酸（0.910）和单不饱和脂肪酸（0.913）、脂肪族氨基酸（0.984）、芳香族氨基酸（0.980）、必需氨基酸（0.973）、总氨基酸（0.971）、支链氨基酸（0.959）、非必需氨基酸（0.922）、鲜味氨基酸（0.914）和杂环族氨基酸（0.857）等。

与 R2 密切相关的有：1-戊烯-3 醇（–0.992）、苯甲醛（–0.950）、蒿酮（0.930）、醇类（–0.915）、3,5,5-三甲基-1-己烯（–0.914）、己酸（0.883）和 1-辛烯-3 醇（–0.879），十四酸（0.994）、十七酸（0.986）、二十碳烯酸（0.962）、十二酸（0.914）、二十二烯酸（–0.873）、ARA（–0.858）和棕榈油酸（0.855）等。

与 R8 密切相关的有：8-甲基-8-氮杂双环[3,3,1]辛烷-3-酮（–0.995）、三甲胺（0.994）、庚醛（0.984）、1-十五炔（0.984）、异戊酸（0.982）、3-甲基吡唑（–0.948）、长叶烯（–0.942）和 3,5-辛二烯-2-酮（–0.936）、亚麻酸（0.986）、亚油酸（0.919）、二十酸（–0.875）等。同时上述与响应值显著相关的氨基酸和脂肪酸等与挥发性成分也有显著相关性。

6.3.4 讨论

本节探讨了人工养殖管海马产品的气味与其内在化学成分间的关系，发展了海马产品品质的气味鉴别方法，是对 6.2 节的形态特征和色泽鉴别方法的补充，有利于对人工养殖海马产品的辨状论质。

6.3.4.1 挥发性物质含量及组成

从 HS-SPME-GC-MS 分析结果可以看出，酮类和醛类是海马产品的主要挥发性物质，这与新鲜鱼肉的主要风味物质一致（杨倩倩等，2012）。在水产品中，酮类和醛类化合物的阈值一般比较低，但对风味的贡献大，可能是因为酮醛化合物一般是由多不饱和脂肪酸和氨基酸降解产生的（Sarnoski et al.，2010；Fratini et al.，2012）。在本实验的四大类海马样品共有的主体风味中，含量最高的酮类物质是 3,5-辛二烯-2-酮，该物质具有独特的甜奶香（Gu et al.，2014），其次是 2-壬酮，具有独特的清香和果香味，经文献检索，它们在海马中的含量明显地要高于养殖的大黄鱼和鳜鱼等水产品，推测这些物质可能对海马的清香风味有较大贡献。从测试结果看，酮类含量最多的是第 2 类海马样品，最少的是第 4 类，有一定的梯度变化，是比较好的能反映不同类别海马间差异的指标。此外，我们还首次发现了海马中有含量较高的蒿酮存在，该物质在报道过的水产品中都未提及，一般在药用材料中含量较高（何兵等，2009）。结合海马生活环境及饵料等条件，推测海马中的蒿酮可能是其自身产生的特有活性成分之一。海马中的蒿酮是否是与其药用品质有关，还需作进一步研究。在发现的所有醛类物质中，在第 1 类和 4 类样品中含量最高的是壬醛，具有鱼腥味，其次是庚醛，具有果香味，然后是苯甲醛，具有令人愉快的坚果香味，这些醛类的含量与美国红鱼中报道的相当（卢春霞等，2010），可能对海马的风味有加和作用。醛类含量最多的是第 1 类样品，最少的是第 2 类。由于海马中醛类含量较高，其也可以作为海马品质差异的选择指标。

从分析的结果看，饱和醇类物质具有高于醛酮的阈值，对风味的贡献较小，且在海马中的含量也较低；但不饱和醇类物质的阈值较低，对风味的贡献较大。因此，不饱和醇类也可作为海马品质差异的指标之一。不饱和醇类通常会产生比较清淡、柔和的气味；我们在所有海马产品中检出的含量最高的 1-辛烯-3-醇，是一种亚油酸的降解产物，广泛存在于海产品、淡水鱼和海水鱼中，是多种水产品的特征风味成分，使水产品具有土腥味特征（李洁和朱国斌，2001）。酸类物质在所有的四类海马中也都有检测出，含量相对较高的是己酸和异戊酸，它们有不愉快的椰肉油气味、辛辣的味道等，应该是在贮藏过程中产生的（胡彩虹和许梓荣，2001）；另外，胺类物质中的三甲胺也来源于贮藏，为卵磷脂的分解产物，具有腥味（胡彩虹和许梓荣，2001）。这两类化合物对鲜味有一定贡献，在海水鱼中含量较高，在海马中的含量也较高，这与贮藏保存有关，也可作为品质指标依据。其中，第3类海马中己酸含量较高，第4类中三甲胺含量较高，表现为它们的气味更为浓烈。

6.3.4.2 脂肪酸、氨基酸组成及营养评价

在所有的四类海马样品中，不同气味类群产品中的饱和脂肪酸、单不饱和脂肪酸及多饱和脂肪酸的相对含量都有差异；从不饱和脂肪酸的相对含量来看，优先选择含量较丰富第 2 类海马，因为其营养价值较高，从∑PUFAn-3/∑PUFAn-6来看，4类海马的∑PUFAn-3/∑PUFAn-6 均要比世界卫生组织推荐的日常膳食比值高，说明 4 类海马都是很好的产品，可优先选择比值较高的且更利于健康的第 1 类、第 2 类和第 4 类海马，从亚麻酸来看，优先选择含量最为丰富的第 4 类海马、其次是第 2、3 类。

同样，不同气味类群海马的氨基酸总量、必需氨基酸总量、支链氨基酸、鲜味氨基酸、脂肪族氨基酸也存在一定差异。从第 1 类到 4 类海马的氨基酸含量整体呈上升趋势，因此第 3、4 类样品的蛋白质营养价值更高。有研究表明，猪肉的多汁性、柔软度及风味与肌内脂肪中多不饱和脂肪酸含量呈负相关、与单不饱和脂肪酸含量呈正相关，而相对较高水平的单不饱和脂肪酸及较低的多不饱和脂肪酸的肉质更易被消费者接受（Cameron et al.，2000；Elmore et al.，2002）。王维群（2005）也指出，单不饱和脂肪酸含量高的食物可以有效地降低血清中低密度脂蛋白胆固醇和总固醇含量，而不影响高密度脂蛋白胆固醇水平，因为单不饱和脂肪酸能保护脂蛋白免受氧化。与上述研究相似，第 3 类海马样品有最高的单不饱和脂肪酸含量、最低的多不饱和脂肪酸，且必需氨基酸含量最高；第 4 类样品次之；第 2 类的单不饱和脂肪酸含量、多不饱和脂肪酸含量和必需氨基酸含量都高于第 1 类。因此，也可以作为海马品质差异的选择指标。

6.3.4.3 电子鼻指标与化学成分分析

本实验表明，电子鼻能鉴别/区分出不同气味的海马产品，可根据各传感器响应值对海马产品进行归类。影响海马归类的气味差异可能是与海马的性别、贮藏期、年龄、色泽等有关。本实验中，电子鼻对于第 4 类海马样品有良好的鉴定能力，其各传感器的平均响应值（除 R2 外）均高于其他 3 类。电子鼻对于第 1 类样品也有比较好的鉴别效果，其各传感器平均响应值均是最低，而与其他三类重叠少。而第 2、3 类样品居于中间部分（R2 除外），分辨力相对较弱。电子鼻中的不同传感器会对不同的化合物有特性响应，海马样品具有代表性的 R1、R2、R8 传感器主要对芳香族、氮氧化合物、醇类及醛酮类化合物（Gong et al.，2017）较灵敏，有特征响应，而这些化合物主要是来自于海马体内的有机物分解所产生的

挥发性物质。

对气味有影响的化合物还有很多，如支链氨基酸，是许多低碳数的醇、醛、酸、酯类等香味化合物的前体；鲜味氨基酸，是呈现鲜甘味特性的氨基酸；芳香族氨基酸，是一些酚类、醚类的香气成分的前体物质（丁耐克，1996），它们对挥发性气味都有一定的影响，都在传感器 R1 上有所体现。此外，R1 响应值还与单不饱和脂肪酸、必需氨基酸含量、总氨基酸含量呈显著正相关，表明 R1 值可反映出海马样品的蛋白质营养价值，如本实验中第 1、2、4 类样品的 R1 值就表现出较大的差异；而 R2 值与海马样品中含量相对较高的己酸、蒿酮等挥发性成分及棕榈油酸等有较高的正相关性，与醇类、ARA 等呈负相关，R2 值在第 2、3 类海马样品中的含量较高；传感器 R8 对醛酮类的感应灵敏，与海马中含量最高的挥发性成分 3,5-辛二烯-2-酮呈显著负相关，与三甲胺呈正相关，与亚麻酸呈较高的正相关，因此能把 1、4 类样品较快速地区分出来。所以，传感器 R1、R2、R8 的响应值能反映出海马样品的品质，表现了电子鼻的鉴别能力。但从结果也能看到，R8 值在第 1、2、3 类样品间的差异很小，难以作出区分，用 R8 值来划分海马样品并不是很合适。另外，R1 与 R5、R6、R7、R9 有极显著相关性，而 R6、R7 值在 4 类样品的表现趋势与 R9 完全一致，选择区分度最大的响应值 R9 作为代表。因此，辨别海马的品质可以选用两个传感器 R1 和 R2 的响应值或者 3 个传感器 R2、R5、R9 的响应值作为关键区分点。而 R1 值在各类海马样品中的响应值的差异性不如 R5 和 R9（图 6-4）。所以如果条件许可，选用 3 个传感器进行分类评判。

6.3.5 小结

（i）通过检测，发现管海马中共有 63 种挥发性成分，主体风味物质有 3,5-辛二烯-2-酮、三甲胺、(*Z*)-2-戊基壬-2-烯醛、己酸、2-壬酮、蒿酮、1-辛烯-3-醇等，共同赋予了海马产品的鱼腥味、油脂气味、土腥味及甜奶香、清香、果香等气味，这些物质都来自于海马体内物质的分解。不同气味的海马中上述风味物质有显著性差异。

（ii）本实验表明，电子鼻传感器能够准确区分同类不同质的海马产品，可以通过特征气味物质 3,5-辛二烯-2-酮、三甲胺、己酸、蒿酮及(*Z*)-2-戊基壬-2-烯醛等物质的检测分析快速对海马进行分类。电子鼻传感器 R2、R5、R9 的响应值可作为海马产品品质的关键区分点。

6.4 人工养殖管海马产品的等级划分标准及判别模型研究

通过上述研究，初步建立了以海马的外观性状（主要是形态、色泽、气味）

特征对海马产品进行分类的方法。本节将以第三章的管海马活性成分研究为基础，结合本章各部分测得的各小类海马产品中的疏水性氨基酸、极性氨基酸、芳香族氨基酸、活性多肽、糖蛋白、总酚、甾醇、Cu、Zn、Mn、多不饱和脂肪酸等含量的结果，全面、客观、有效地针对海马商品药材的质量要求，运用灰色关联度法进行综合评价，得到人工养殖的管海马品质的综合排序；并对 6.1 节四等十三级的初步等级划分作出相应调整，以便能更好地应用。

6.4.1 数据来源

有关数据见表 6-3～表 6-5 和表 6-10～表 6-12 等。

6.4.2 灰色关联度方法的建立

目前，我们对中药材中的有效成分与其品质质量的量化关系并不完全明确，两者呈现的是一种灰色关系。例如，海马中的某一有效成分的作用功效大小并不能完全独立分开量化。故采用灰色系统理论中的灰色关联度方法分析海马中的活性成分或有效成分［如疏水性氨基酸、极性氨基酸、芳香族氨基酸、多肽、糖蛋白、总酚、（胆）甾醇、Cu、Zn、Mn、多不饱和脂肪酸等］，将海马中的各种成分在等同条件下进行计算，综合描述与量化作为其品质评估依据（李少泓等，2012）。

6.4.2.1 数据集建立

根据表 6-4、表 6-5、表 6-10～表 6-12 所测得的相关数据对 13 小类人工养殖的管海马样品中的各类活性成分/有效成分的含量进行排列，构建人工养殖管海马药材质量灰色识别数据集，并确定出最优参考序列及最差参考序列（Liu and Yang，2015；龚雨虹等，2017；田茂成等，2017）。

6.4.2.2 数据处理

将各类海马的有关原始数据分别除以相应的均值进行量纲化处理，结果见表 6-13；在此基础上，计算得出各评价单元序列（即各类样品的有效成分序列）的相对最差及最优参考序列的关联系数，结果见表 6-14 和表 6-15。

表 6-13 原始数据量纲化处理

名称	疏水性氨基酸	极性氨基酸	芳香族氨基酸	多肽	糖蛋白	总酚	甾醇	Cu	Mn	Zn	多不饱和脂肪酸
第一小类	0.98	1.00	1.01	1.01	1.28	0.94	0.87	1.15	2.28	1.02	1.32
第二小类	1.17	1.16	1.10	0.95	1.26	0.76	0.89	0.93	0.76	0.93	1.26
第三小类	1.14	1.13	1.08	0.90	1.17	0.90	1.14	0.61	0.37	1.00	1.11

续表

名称	疏水性氨基酸	极性氨基酸	芳香族氨基酸	多肽	糖蛋白	总酚	甾醇	Cu	Mn	Zn	多不饱和脂肪酸
第四小类	1.06	1.04	1.04	1.05	0.94	1.13	0.71	1.19	1.30	0.98	1.06
第五小类	1.07	1.05	1.02	1.09	1.01	1.12	0.74	1.44	1.16	0.99	0.49
第六小类	0.98	1.01	1.05	1.04	1.14	1.04	0.94	0.73	1.24	0.85	1.05
第七小类	1.02	1.02	1.02	1.04	0.87	0.99	1.11	1.05	0.74	0.91	1.05
第八小类	1.06	1.06	1.06	1.01	1.17	0.81	1.10	0.87	0.65	1.08	0.63
第九小类	0.94	0.92	0.93	0.92	0.92	1.11	0.71	0.80	0.85	1.32	1.16
第十小类	0.91	0.92	0.98	1.05	0.78	0.97	1.01	0.97	1.25	0.91	0.98
第十一小类	0.91	0.91	0.90	0.89	0.76	1.14	1.37	0.96	1.18	1.13	0.84
第十二小类	0.91	0.95	0.98	1.04	0.66	1.00	0.96	1.44	0.53	0.96	0.79
第十三小类	0.87	0.83	0.84	0.97	0.86	1.08	1.45	0.86	0.72	0.93	1.26

表 6-14 相对最优参考序列的关联系数

名称	疏水性氨基酸	极性氨基酸	芳香族氨基酸	多肽	糖蛋白	总酚	甾醇	Cu	Mn	Zn	多不饱和脂肪酸
第一小类	0.44	0.50	0.60	0.56	1.00	0.49	0.39	0.59	1.00	0.44	1.00
第二小类	1.00	1.00	1.00	0.42	0.95	0.33	0.40	0.45	0.39	0.38	0.87
第三小类	0.81	0.84	0.87	0.35	0.74	0.44	0.55	0.33	0.33	0.42	0.66
第四小类	0.57	0.57	0.67	0.70	0.48	0.95	0.33	0.62	0.49	0.41	0.61
第五小类	0.59	0.60	0.62	1.00	0.53	0.89	0.34	1.00	0.46	0.42	0.33
第六小类	0.44	0.53	0.72	0.67	0.69	0.65	0.42	0.37	0.48	0.33	0.61
第七小类	0.50	0.53	0.62	0.68	0.43	0.55	0.53	0.51	0.38	0.36	0.61
第八小类	0.59	0.62	0.76	0.55	0.74	0.37	0.52	0.42	0.37	0.50	0.38
第九小类	0.39	0.41	0.44	0.37	0.46	0.84	0.34	0.39	0.40	1.00	0.72
第十小类	0.36	0.41	0.51	0.75	0.38	0.52	0.46	0.47	0.48	0.37	0.55
第十一小类	0.37	0.39	0.39	0.33	0.37	1.00	0.83	0.46	0.46	0.56	0.46
第十二小类	0.37	0.44	0.51	0.66	0.33	0.58	0.43	0.99	0.35	0.39	0.44
第十三小类	0.33	0.33	0.33	0.45	0.43	0.76	1.00	0.42	0.38	0.38	0.86

表 6-15 相对最差参考序列的关联系数

名称	疏水性氨基酸	极性氨基酸	芳香族氨基酸	多肽	糖蛋白	总酚	甾醇	Cu	Mn	Zn	多不饱和脂肪酸
第一小类	0.59	0.50	0.43	0.45	0.33	0.51	0.69	0.44	0.33	0.58	0.33
第二小类	0.33	0.33	0.33	0.61	0.34	1.00	0.66	0.56	0.71	0.75	0.35
第三小类	0.36	0.36	0.35	0.88	0.38	0.57	0.46	1.00	1.00	0.61	0.40
第四小类	0.44	0.44	0.40	0.39	0.53	0.34	1.00	0.42	0.51	0.63	0.42
第五小类	0.43	0.43	0.42	0.33	0.47	0.35	0.91	0.33	0.55	0.62	1.00
第六小类	0.58	0.47	0.38	0.40	0.39	0.41	0.62	0.78	0.52	1.00	0.43
第七小类	0.50	0.47	0.42	0.40	0.59	0.46	0.48	0.49	0.72	0.80	0.43

续表

名称	疏水性氨基酸	极性氨基酸	芳香族氨基酸	多肽	糖蛋白	总酚	甾醇	Cu	Mn	Zn	多不饱和脂肪酸
第八小类	0.44	0.42	0.37	0.46	0.38	0.78	0.48	0.61	0.78	0.50	0.75
第九小类	0.69	0.64	0.59	0.78	0.55	0.36	0.98	0.69	0.67	0.33	0.38
第十小类	0.80	0.64	0.49	0.38	0.73	0.48	0.55	0.54	0.52	0.79	0.46
第十一小类	0.78	0.69	0.70	1.00	0.76	0.33	0.36	0.55	0.54	0.45	0.54
第十二小类	0.79	0.58	0.49	0.40	1.00	0.44	0.59	0.33	0.86	0.69	0.58
第十三小类	1.00	1.00	1.00	0.56	0.60	0.37	0.33	0.62	0.73	0.74	0.35

同时，对各原始数据进行无量纲化处理，也计算出关联系数与关联度，以及相对关联度，进而得出质量排序（Liu and Yang，2015；龚雨虹等，2017；田茂成等，2017）。

6.4.3 等级评定标准的确立

通过计算得出了各类海马的相对于最优及最差参考序列的关联度和相对关联度，并按值的大小进行排序（值越大，表示质量越优、品质越好），确定了 13 小类海马样品的质量名次。然后，以相对关联度值大小作为海马产品质量等级判别的依据，评定结果见表 6-16。

表 6-16 13 小类海马关联度与相对关联度及质量优劣排序

初分类别		关联度		相对关联度	质量排序	等级
		最优参考序列	最差参考序列			
第Ⅰ类	第一小类	0.6357	0.4718	0.5740	1	优等一级
	第二小类	0.6535	0.5444	0.5516	2	优等二级
	第三小类	0.5781	0.5794	0.5014	5	一等二级
第Ⅱ类	第四小类	0.5829	0.5019	0.5373	3	一等一级
	第五小类	0.6168	0.5323	0.5368	4	一等一级
第Ⅲ类	第六小类	0.5364	0.5435	0.4967	7	二等一级
	第七小类	0.5182	0.5227	0.4978	6	二等一级
	第八小类	0.5283	0.5425	0.4934	8	二等一级
	第九小类	0.5231	0.6047	0.4638	9	二等二级
第Ⅳ类	第十小类	0.4783	0.5783	0.4527	11	三等一级
	第十一小类	0.5123	0.6082	0.4532	10	三等一级
	第十二小类	0.4997	0.6132	0.4490	12	三等一级
	第十三小类	0.5163	0.6646	0.4372	13	三等二级

从表 6-16 中看，6.1 节研究所得的 13 小类人工养殖的管海马样品从属于四大类，各大类间的特征明显，等级明确，不需再作调整。因此，确定人工养殖的管海马产品分为四等（优等、一等、二等、三等），各等产品所对应的相对关联度值大致区段为≥0.55、0.50～0.55、0.45～0.50、≤0.45。四大类所对应的 13 小类，根据表 6-16 中的相对关联度值，确定以 0.01～0.02 的相对关联度的差值来确定级别，据此对原 13 小类进行微调整。具体结果如下。

优等两级，对应为第Ⅰ类中的第一、二小类，相对关联度值>0.55。这两类海马产品的品质质量评价较高，判定为优等。但第一小类与第二小类间的相对关联度值有差距，相差 0.0224，以此确定两个小类的海马评定为一级、二级。

一等两级，对应为第Ⅱ类中第三、四、五小类，相对关联度值在 0.50～0.55。由于四、五小类间的相对关联度值都较高，且两类间的相差很小，因此合并一起定为一等一级；而原第Ⅰ类的第三小类的相对关联度值与优等产品相比差别太大，而且也不如一等一级，相差超过了 0.02，结合外观性状分类等依据把该类定为一等二级。

二等两级，对应为第Ⅲ类中的第六、七、八、九小类，相对关联度值在 0.45～0.50，其中六、七、八小类较为接近，且相对关联度值也较高，判定为二等一级；而第九小类的相对关联度值，相差超过了 0.02，定为二等二级。

三等两级，对应为第Ⅳ类中的第十、十一、十二、十三小类，这一等海马的相对关联度值较小。其中第十、十一、十二小类的值较接近且明显大于第十三小类，分别定为三等一级和三等二级。

6.4.4 判别模型的建立

为了筛选出精简且能全面反映人工养殖海马药用品质的指标，前面开展了一系列的相关工作。现已明确了所有产品的等级划分，我们重新对新划分等级的海马产品的外观性状和药用功效进行主成分分析，结果见表 6-17。

表 6-17 主成分各指标分析

指标	主成分					
	一	二	三	四	五	六
湿重（g）	0.956	–0.173	–0.171	0.014	0.043	0.113
干重（g）	0.970	–0.118	–0.142	0.016	0.043	0.104
体全长（mm）	0.948	–0.031	–0.158	0.161	–0.093	0.005
躯干长/体宽	–0.689	0.361	–0.094	0.387	0.091	0.224
头长/吻长	0.126	0.203	0.078	–0.315	0.716	0.004
体全长/头长	0.202	0.511	–0.143	–0.467	0.135	–0.195
L*	–0.102	–0.356	0.870	0.165	–0.125	0.166
b*	–0.096	–0.479	0.801	0.107	–0.028	0.195

续表

指标	主成分					
	一	二	三	四	五	六
R2	0.397	0.564	−0.054	−0.495	−0.105	0.325
R5	0.276	0.757	0.254	0.447	0.033	−0.237
R9	0.262	0.701	0.225	0.532	0.040	−0.265
疏水性氨基酸（g/100g）	0.779	−0.284	0.219	−0.072	−0.183	−0.366
多肽（g/g）	0.286	0.620	0.596	−0.010	0.109	0.163
糖蛋白（g/g）	0.819	−0.426	−0.100	0.072	0.036	0.167
总酚（mg/g）	−0.446	0.738	−0.423	0.108	−0.101	0.002
甾醇（mg/g）	−0.606	−0.382	−0.079	−0.092	0.420	0.185
Cu（mg/kg）	0.125	0.758	0.315	−0.311	−0.072	0.060
Mn（mg/kg）	0.399	0.383	−0.268	0.348	−0.023	0.638
Zn（mg/kg）	−0.257	−0.120	−0.456	0.009	−0.677	0.034
多不饱和脂肪酸（%）	0.175	−0.334	−0.464	0.434	0.527	−0.102
特征根	5.804	4.402	2.819	1.697	1.556	1.054
贡献率（%）	29.021	22.010	14.094	8.483	7.782	5.268
累积贡献率（%）	29.021	51.031	65.125	73.608	81.390	86.658

从表 6-17 中可以看出，6 个主成分解释了实验数据的 86.658%，其中第一主成分的贡献率最大，与体重和体全长的相关性又最强，应优先考虑。结合市场上的有关海马药材商品交易的实际情况和可操作性，确定反映海马药用品质的外观性状指标有第一主成分的体重、体全长、躯干长/体宽，第二主成分的气味指标 R5、R2 和体全长/头长；第三主成分的色泽指标 L*、b*；第四主成分的 R9；第五主成分的头长/吻长；内在指标有糖蛋白、疏水性氨基酸和甾醇（胆甾醇）。与本章 6.3 节中外观性状与有效化学成分的相关性分析结果相符，3 种有效成分与外观性状的相关性较高，佐证了等级标准的可靠性。

依据上述确定的外观性状指标和内在指标重新对 177 份管海马及 13 小类样品的等级结果用 SPSS 分析软件进行 Fisher 判别分析，构建出判别模型，并对初始分类进行交互验证，结果表明：本标准和模型对 96.3%的人工养殖管海马产品进行了正确的等级划分，说明该分等级标准基本是合理可行的，判别模型函数建立基本是正确的。相对应地，以体重和体全长进行分等级仅有 61.6%的正确率，而以外观性状分等级仅有 81.4%的正确率，充分表明了本标准和模型的精确率。所以，在海马药用品质的分级评定过程中，外观性状指标体重、体全长、躯干长/体宽作为首选的判定指标，其次是体全长/头长、L*、b*、头长/吻长和 R2、R5、R9 等，最后结合有关化学成分，如疏水性氨基酸、糖蛋白和甾醇含量。

至此，对所有 177 份样品，以最终确定的指标值为自变量，拟评定的海马药用品质等级为应变量进行 Fisher 判别分析（蒋舜媛等，2016），得到各等级的判别模型函数，如下。

$$Y_{优等一级}=-3.164X_1+3.568X_2-46.421X_3+67.597X_4+186.109X_5-1.985X_6-7.798X_7-8.061X_8+92.555X_9+19.515X_{10}+295.610X_{11}+2733.402X_{12}+188.732X_{13}-4205.283 \quad (6\text{-}1)$$

$$Y_{优等二级}=-5.272X_1+3.779X_2-51.719X_3+68.314X_4+200.579X_5-2.494X_6-8.002X_7-9.798X_8+78.507X_9+25.211X_{10}+327.460X_{11}+2817.875X_{12}+204.336X_{13}-4959.145 \quad (6\text{-}2)$$

$$Y_{一等一级}=-10.540X_1+3.416X_2-35.245X_3+65.258X_4+190.852X_5-2.190X_6-7.151X_7-2.589X_8+84.868X_9+29.566X_{10}+297.992X_{11}+2436.250X_{12}+182.999X_{13}-4180.275 \quad (6\text{-}3)$$

$$Y_{一等二级}=-8.637X_1+3.971X_2-51.085X_3+70.941X_4+193.454X_5-2.521X_6-8.490X_7-9.723X_8+67.564X_9+29.214X_{10}+333.414X_{11}+2790.578X_{12}+212.835X_{13}-5130.239 \quad (6\text{-}4)$$

$$Y_{二等一级}=-7.670X_1+3.591X_2-43.188X_3+68.106X_4+181.258X_5-1.817X_6-7.694X_7-8.301X_8+91.541X_9+18.294X_{10}+301.017X_{11}+2472.656X_{12}+194.528X_{13}-4268.800 \quad (6\text{-}5)$$

$$Y_{二等二级}=-7.815X_1+3.044X_2-30.174X_3+63.113X_4+184.160X_5-1.705X_6-6.846X_7-7.931X_8+86.855X_9+9.627X_{10}+264.320X_{11}+2136.711X_{12}+163.002X_{13}-3308.978 \quad (6\text{-}6)$$

$$Y_{三等一级}=-7.205X_1+3.018X_2-31.713X_3+69.326X_4+181.306X_5-1.165X_6-6.925X_7-7.105X_8+100.501X_9+8.429X_{10}+266.919X_{11}+1960.063X_{12}+175.304X_{13}-3442.883 \quad (6\text{-}7)$$

$$Y_{三等二级}=-7.259X_1+3.140X_2-29.082X_3+69.996X_4+164.009X_5-1.337X_6-7.210X_7-7.297X_8+90.191X_9+11.210X_{10}+275.300X_{11}+1985.269X_{12}+185.203X_{13}-3620.924 \quad (6\text{-}8)$$

式中，X_1、X_2、X_3、X_4、X_5、X_6、X_7、X_8、X_9、X_{10}、X_{11}、X_{12}、X_{13} 分别代表干重、体全长、躯干长/体宽、体全长/头长、头长/吻长、L*、b*、R2、R5、R9、疏水性氨基酸、糖蛋白和甾醇含量等指标。将各个样品所测定的自变量值代入上述判别公式中，计算出 Y 值。比较各等式所得 Y 值的大小，哪个等式计算所得的 Y 值大，该产品即为这个等级。用此模型来鉴别海马的药用品质等级，有一定的意义和实用价值。

7 其他海龙科生物对药用海马的替代性研究

海马被誉为“海洋人参”，在中医上有很高的地位，被广泛应用于医疗保健行业。近些年来，人类对海马的过度捕捞和对其生态环境的破坏，使得海马的自然资源濒临枯竭。《中华人民共和国药典》（2015 版）列举的 5 个海马种类已全部被列入《IUCN 濒危物种红色名录》，同样也全部被列入《中国物种红色名录》。除日本海马被列为易危（VU）等级外，其余 4 种海马全部被列为濒危（EN）等级。然而，受相关技术成熟度和成本等限制，目前海马的人工养殖技术和规模还有待进一步提升（Koldewey and Martin-Smith，2010；任涵玮和宋昀鹏，2015）。因此，迫切需要寻找海马的其他药用替代品来满足市场需求，以缓解海马药源紧张的现状。

海龙（seadragon）与海马同为海龙科的小型硬骨鱼类，两者均是传统名贵中药材。每版《中国药典》都收载有海马和海龙，功效描述相似，为温肾壮阳、消肿散结等，主要用于治疗肾阳虚、阳痿、虚喘、遗尿、跌打损伤，外治痈肿疔疮。《中国药典》对药用海龙的描述为“海龙科动物刁海龙、尖海龙、拟海龙等 3 种海龙干燥体”。

据考证：海龙也是传统的补益中药，最早记录在《本草纲目拾遗》中，功效描述为；“功倍海马，催生尤捷效”。海龙“性温，味甘，暖水藏，壮阳道，消瘕块”，其含有丰富的蛋白质、氨基酸、微量元素及多不饱和脂肪酸等，有类激素样、抗肿瘤、抗疲劳、抗衰老等作用，也有提高机体免疫力的功效。

我国和世界各国的近海海区均拥有非常丰富的海龙科生物资源。该科物种在全世界有 52 属 200 多种，我国拥有 12 属 23 种，据报道，有药用价值的有 7 属 12 种。在《中国药典》（2015 版）一部中收载有 3 种海龙（刁海龙、尖海龙、拟海龙）和 5 种海马（克氏海马、管海马、刺海马、三斑海马、日本海马）。我国海龙科动物主要分布为：南海有 7 属 13 种，台湾及其邻边岛屿有 22 种；辽宁、山东主产尖海龙和粗吻海龙；福建、南海、广东等主产刁海龙、拟海龙、粗吻海龙；浙北海区产海龙 4 属 5 种，最多的为刺冠海龙（吴常文和王伟洪，1991）。

海龙能否在中药入药中替代海马以满足迫切的市场需求呢？

民间的中医用药常有以海龙来代替海马入药的，但未见有系统性和科学性的研究报道，除海马与海龙外，其他的中药材之间有关相互替代的研究报道也很少。当代中医大家谢宗万（1993）曾提出过寻找中药材代用品的几个途径，摘录如下。

（i）以传统中药药性理论为指引，如从文献中寻找或从性味、功效、主治类同的中草药中探寻。

（ii）以现代科学客观指标为依据，如从生物基原、化学成分、药理作用相近的药材中去寻找。

（iii）扩大同种植物的不同药用部位以寻找代用品。

（iv）用人工培育、生物工程或人工合成品替代天然药物。

本章将根据谢老的中药材代用品探寻的几个原则/途径着手，拟从科属古证、文献查考、化学成分分析及功能药效比较等几个方面对海马和海龙进行全面与系统性探究，分析两者入药的替代性。

经本实验的全面研究：刀海龙可以替代管海马入药，并在量效上有相似关系。

7.1 海马与海龙科属古证

7.1.1 本草考证

检索海马和海龙有关的古典文献，主要是以医药类文献为主，其他文献涉及较少。

海马，异名叫作“水马”（《抱朴子》）、“虾姑”（《海南介语》）或“龙落子、马头鱼”（《动物学大辞典》）。最早记载于梁代名医陶弘景的《本草经集注》中：“生海中，是鱼虾类也，状如马形，……”，谓之“水马”，即海马。海马这一叫法最早出现在唐代陈藏器的《本草拾遗》中：“海马，生西海，大小如守宫，虫形若马形，其色黄褐……”，大概是指现在的管海马，又叫黄海马（国外也叫库达海马）。宋朝苏颂在《图经本草》中曾记录海马的功效：“海马，暖水藏，壮阳道，消瘕块，治疗疔疮肿毒”。《本草纲目》记载：“时珍曰，按《圣济总录》云：海马，雌者黄色，雄者青色；又徐表南方异物志云：海中有鱼，状若马头，其喙下垂，或黄或黑。海人捕得，不以啖食，曝干熇之，以备产患，即此也”。清朝黄宫绣《本草求真》：“海马种亦虾属，雌雄勿离，首类马，身似虾，浮于水面。亦主下胎、催产及佐房术之用也”。从上述书中的记载，结合现代科学调查，我们得出：古代应用海马的历史较为长远，常用于催产、壮阳或外用等。

海龙，异名叫作“水雁”（《现代实用中药》）、“海蛇”（《药材资料汇编》）。最早在《本草纲目拾遗》中记载：“引《赤嵌集》云：海龙产澎湖澳，冬日双跃海滩，渔人获之，号为珍物。首尾似龙，无牙、爪，大者尺①余，入药”，“此物有雌雄，雌者黄，雄者青。功倍海马，益房箔，催生尤捷效，握之即产”。这里提到的澎湖，就是现在我国台湾的澎湖县（属于东海海域）；该区域内有多个品种的海龙分布，尤其以刀海龙为体型较大者，在繁殖季节常显现婚色，故推断该文中所提及的海龙可能为刀海龙，现在该海区中还有非常丰富的野生资源。后来，赵学敏在《赤

① 1 尺=33.3cm

嵌集》中也引用这段话。

从上述的医药类文献中，海马和海龙都可作为药用生物。最早的海马始载于《本草经集注》，而后的历代文献中都有列举海马，且前后记载的功效相似。

【性味与归经】：甘，温。归肝，肾经。

《本草拾遗》："性温平，无毒"。

《本草品汇精要》："味咸，性温平，无毒"。

《本草纲目》："甘，温平，无毒"。

《本草新编》："入肾经，命门"。

《本草撮要》："入足少阴，厥阴经"。

【功能与主治】：补肾壮阳，调气活血，散结消肿。用于阳痿，遗尿，肾阳虚作喘，难产，症积。外治跌打损伤，疔疮肿毒。

《本草拾遗》："主妇人难产"。

《本草图经》："夫人将产，烧末饮服"。

《异鱼图》："主难产及血气痛"。

《本草品汇精要》："调气和血"。

《本草纲目》："暖水藏，壮阳道，消症块，治疗疔疮肿毒"。

《本草逢原》："阳虚多用之，可代蛤蚧"。

《海南介语》："主夜遗"。

《药材学》："温通任脉，用于喘息及久喘"。

海龙始载于《本草纲目拾遗》，记录的功效"类似于或强于海马"。

【性味与归经】：甘，温。

《药材资料汇编》："甘，温，无毒"。

《中药鉴别手册》："咸，甘温"。

《中药材手册》："味咸"。

【功能与主治】：补肾壮阳，散结消肿。用于遗精，遗尿，积聚，瘰疬瘀核，跌打损伤。外治痈肿疔疮。

《本草纲目拾遗》："功倍海马。催生尤捷效"。

《现代实用中药》："为强壮药，有兴奋作用，用于老人及衰弱者之精神衰惫。治血气痛"。

《中药鉴别手册》："补肾壮阳。治阳痿、不育"。

可见两者"性味与归经"及"功能与主治"都相似。因此自古就有相互替代的报道。有文献提及，两者有混用或替代用入药的论述，如在《百草镜》中有一段论述："海马之属有三：小者长不旋寸[①]，名海蛆，不入药；中等者长一二寸，

① 1 寸=3.33 cm

名海马”“海龙乃海马中绝大者，长四、五寸至尺许不等，皆长身，而尾直不作圈，入药功力尤倍。虽同一类，形状微有不同”“体方，周身如玉色，起竹节纹，光莹耀目，诚佳品也”。由此可见，该文有提及两者为同类，形态略有不同，可见当时就有混用现象。

现代中医药上，海马和海龙的功效类似，都有“散结消肿、补肾壮阳”之功效。历年版本的《中国药典》都收载有海马和海龙，其中海龙包括拟海龙、刀海龙、尖海龙 3 种海龙干燥体，海马包括日本海马、克氏海马、三斑海马（斑海马）、刺海马、管海马（黄海马）等 5 种海马干燥体。

7.1.2 分类学比较

据《中国动物志·鱼类志》中记载，我国海龙科鱼类共 12 属 24 种，具体分类如下。

须海龙属（*Urocampus* Günther）

须海龙 *U. nanus* Günther

鱼海龙属（*Ichthyocampus* Kaup）

勃氏鱼海龙 *I. belcheri* Kaup 转至属：锥海龙属（*Phoxocampus* Schultz），黑锥海龙 *P. belcheri*（Kaup）

矛吻海龙属（*Doryrhamphus* Kaup）

矛吻海龙 *D. melanopleura*（Bleeker）

蓝带矛吻海龙 *D. excisus* Kaup

腹囊海龙属（*Microphis* Kaup）

宝咖腹囊海龙 *M. boaja*（Bleeker）转至属：枪吻海龙属（*Doryichthys* Kaup），宝嘉枪吻海龙 *D. boaja*（Bleeker）

海蠋鱼属（*Halicampus* Kaup）

海蠋鱼 *H. koilomatodon* Bleeker 改名：葛氏海龙（葛氏海蠋鱼）*Halicampus grayi* Kaup

粗吻海龙属（*Trachyrhamphus* Kaup）

粗吻海龙 *T. serratus*（Temminck et Schlegel）

吻海龙属（*Yozia* Jordan et Snyder）

吻海龙 *Y. bicoarctatus* Bleeker 转至属：粗吻海龙属（*Trachyrhamphus* Kaup），长粗吻海龙 *T. bicoarctatus*（Bleeker）

海龙属（*Syngnathus* Linnaeus）

低海龙 *S. djarong* Bleeker 转至属：多环海龙属（*Hippichthys* Bleeker），前鳍多环海龙 *H. Heptagonus*（Bleeker）

穗海龙 *S. spicifer* Rüppell 转至属：多环海龙属（*Hippichthys* Bleeker），带纹多环海龙 *H. Spicifer*（Rüppell）

珠海龙 *S. argyrostictus* Kaup 转至属：多环海龙属（*Hippichthys* Bleeker），笔状多环海龙 *H. penicillus*（Kaup）

蓝海龙 *S. cyanospilus* Bleeker 转至属：多环海龙属（*Hippichthys* Bleeker），蓝点多环海龙 *H. cyanospilos*（Bleeker）

飘海龙 *S. pelagicus* Linnaeus

尖海龙 *S. acus* Linnaeus

冠海龙属（*Corythoichthys* Kaup）

冠海龙 *C. fasciatus*（Gray）改名：黄带冠海龙 *C. flavofasciatus*（Rüppell）

刺冠海龙 *C. crenulatus* Weber et Beaufort

拟海龙属（*Syngnathoides* Bleeker）

拟海龙 *S. biaculeatus* Weber et Beaufort

刀海龙属（*Solegnathus* Swainson）

哈氏刀海龙 *S. hardwickii*（Gray）

海马属（*Hippocampus* Rafinesque）

冠海马 *H. coronatus* Temminck et Schlegel

刺海马 *H. histrix* Kaup

管海马 *H. kuda* bleeker

日本海马 *H. japonicus* Kaup

三斑海马 *H. trimaculatus* Leach

克氏海马（线纹海马）*H. kelloggi* Jordan et Snyder

从上述看，海马和海龙在现代物种分类上较为接近，同属于脊索动物门、鱼纲、海龙科。

海龙科的生物学特征为：体形普遍偏长，有棱角或侧方扁，尾部长；体表全被有真皮性骨板形的骨环；头细长，一般有突出的管状吻；口小，前位；间上颌，上、下颌及犁骨、颚骨、翼骨均无牙；后颧骨愈合，无上匙骨，匙骨与前部 2 个背椎的脊体横突相接连；鳃孔特别小，在头侧后方，有 4 个鳃，相互分开，假鳃强壮；鼻孔每侧有 1～2 个，距离很近而且很小；有一个背鳍，不长棘，一般和臀鳍为一组，一般长有胸鳍，没有腹鳍；雄性肚子正面有育儿囊，用于孵化或抚育卵和幼鱼，育儿囊的结构分为三种：一是，完全开放的两个长皮褶，像两扇窗，包住卵子，孵化的时候两个褶封闭，至幼鱼成熟时两褶释放出幼鱼，如海龙属均属此类；二是，卵完全裸露体外，有较牢固的钳，附于腹面松软皮肤上，如拟海龙属及刀海龙属均属此类；三是，卵完全密封于皮质囊中，仅由前方一小口放出幼鱼，如海马属即为此类。

7.1.3 药源分布

我国海龙科药用生物的资源非常丰富，分布广泛。

据《南海鱼类志》记载，南海的海龙有 7 属 13 种，其中，《中国药典》中记载的 3 种海龙和 4 种海马（除日本海马外）主产地都是南海。张朝晖等（1998b）曾对我国海龙科药用鱼类进行过系统研究，先后在海南、辽宁、广东、广西、山东、福建、江苏、浙江等沿海省份现场开展工作，从标本采集到药材品种鉴定，共收集到海龙类药材 48 件，海马类药材 57 件，研究发现：浙江、福建、广东、海南这些省的海龙类药材主要包括刁海龙、拟海龙、粗吻海龙；粗吻海龙、尖海龙也主产于辽宁、山东等地；海马类药材在广东、海南、福建等省主要是三斑海马、克氏海马、管海马、刺海马等；而在辽宁、山东等省主要是日本海马。

可见，海马与海龙在我国的产区也较为相似，如辽宁、山东既产日本海马，也产粗吻海龙和尖海龙；海南、广东、福建既产三斑海马、克氏海马、管海马、刺海马等，也出产刁海龙、拟海龙、粗吻海龙。那么，在当前太过关注和开发海马类药材的同时，也要加强开发和利用较为丰富的海龙资源。

7.1.4 传统药方

7.1.1 节中的传统医药典籍记录：海马和海龙的性味和功能基本相同。

两者的医疗保健作用效果显著，临床应用成方制剂也颇多。历代医家积累了丰富的海马和海龙用药的实践经验。其中一些制剂久用不衰，传为名药；一些保健方法，家喻户晓，广为流传。

下面对我国医药典籍及民间中较有代表性的海马和海龙的治疗应用方与食疗保健方作一些介绍，并对两者进行对比。

海马临床治疗应用方剂如下。

方剂一 治远年虚实积聚瘕块：木香 30g，海马 1 对，大黄、青橘皮、白牵牛各 60g，巴豆 49 粒。（摘自《圣济总录》木香汤）

方剂二 治恶疮疔疮（外用）：海马 1 对，水银、朱砂各 6g，雄黄 9g，轻粉 3g，脑子、麝香各少许。（摘自《急救仙方》海马拔毒散）

方剂三 补肾壮阳：远志、蛇床子、鹿茸各 7.5g，晚蚕蛾 10g，紫梢花、续断各 5g，海马 2 对，黑牵牛子 15g，木香、麝香各 10g，乳香 12.5g，小茴香 15g。（摘自《瑞竹堂经验方》金锁丹）

方剂四 补肾壮阳：丁香 6g，石燕子 1 对，海马 1 对，茴香 15g，白矾 15g，龙骨 15g。（摘自《御药院方》丁香石燕子散）

方剂五 温肾壮阳：海马 60g，蛤蚧 3 对，生晒参 100g，白术 60g，当归 60g，

炮附子 24g，枸杞子 60g，熟地黄 80g，肉苁蓉 80g，黄柏 16g。（摘自《国医论坛》海马蛤蚧散）

方剂六 治妇女难产：海马 1 尾，用水煮，加入半杯黄酒，待晾凉后服用。（摘自《山东药用动物》）。

海马食疗保健方如下。

保健方一 益气补虚：海马 10g，虾仁 15g，小公鸡 1 只。武火烧沸，文火再炖 2h。（摘自《中医饮食疗法 220 种药膳食谱》龙马童子鸡汤）

保健方二 温肾壮阳：公鸡 300g，海马 10g，鲜虾 60g，生姜、红枣少许。武火煮沸，文火煲 2～3h。（摘自《中国药膳大全》龙马凤凰汤）

保健方三 补肾助阳：海马 1 对，杜仲 30g，白酒 500g。（摘自《食物与治病》海马酒）

海龙临床治疗应用方剂如下。

方剂一 治瘰疬（慢性淋巴结炎、淋巴结核）、瘿瘤（单纯性甲状腺肿）：海龙 9g，冬菇（连脚）18g，紫菜 9g，大枣 31g。水煎服。（摘自《中药临床应用》海龙汤）

方剂二 治跌打内伤：海龙焙干研末，每服 3g，温酒送服。（摘自《青岛中草药手册》）

方剂三 治妇女难产：海龙 9g，煮水，冲入黄酒半杯温服。（摘自《山东药用动物》）

还有一些方剂的配伍中海马、海龙都有，介绍如下。

方剂一 治跌打损伤：海龙 60g，海马 60g，田三七 30g，五加皮 120g，桑白皮 60g，黄芪 120g，一同研成粉末。

方剂二 治疗阳痿：海马 60g，海龙 60g，山萸肉、熟地黄各 120g，巴戟 45g，楮实 60g，五味子 30g，枸杞子 60g，菟丝子 60g，覆盆子 45g，小茴香 25g，淮山 90g，远志 30g，石菖蒲 30g，一同研成粉末，制成药丸。

从上述制剂的配伍看，海马与海龙的用药方式一样，都为汤、散、丸等，都为口服或外用；从用量上看，也较为相似；只是根据不同的目的，配伍上略有差异，两者甚至可以同时配伍入药。

7.2 海马、海龙文献查考

7.2.1 药理药效研究现状

7.2.1.1 性激素作用

张朝晖等（1995）曾对 5 种海龙和克氏海马的乙醇提取液的主要成分进行了

分析，海马和海龙中都含有丰富的甾醇类物质（性激素的前体），并考察了乙醇提取物的生物功效，发现这 6 个样品都能提高雄性小鼠的精子数和活力；服用后能初步解决由睾丸和前列腺缩小所引起的精子活率降低的问题，其中尖海龙、刀海龙、粗吻海龙能明显增加模型小鼠的前列腺重量，这一现象被认为是醇提物中甾醇类物质的功效（张朝晖等，1995）。孙慧慧等（2015）用所提取的海马（管海马）甾醇提取物进行小鼠灌喂实验，发现一定剂量的海马甾醇提取物可以使小鼠的睾丸曲细精管结构发生改变，精原细胞层数得到增加，同时增加睾丸的间质细胞、各级精细胞和成熟精子的数目，进而加速精子产生等。我们实验室前期的工作也证实了管海马的醇提物中含有丰富的胆甾醇，可以对小鼠的精子浓度、精子活力及精子存活率等有明显的提升作用，长期服用效果良好。从上述分析看，海龙与海马的醇提物中都含有类似性激素物质的作用。

7.2.1.2 抗癌能力

粗吻海龙的脂溶性非皂化物可以对人癌细胞株 KB、Bcap37、Hela、PAA、K562 的生长产生不同程度的阻碍，有显著的量效关系（李士敏等，2001）；尖海龙的乙醇提取物能作用于 KB 细胞，使其生长受到阻碍；不过，拟海龙的提取物并未观察到明显的抑制肿瘤细胞生长的作用（李士敏等，2001）。另外一研究分析了拟海龙的提取物对于正常人和患癌的人外周血淋巴细胞转化的抑制作用效果，所得结果为：拟海龙提取物不仅对人淋巴细胞转化有促进作用，还对人癌细胞的生长造成阻碍（施锐等，1993）。粗吻海龙的 40%乙醇提取物对小鼠移植性肝癌的抑制率高达 50.75%，还对小鼠巨噬细胞的吞噬能力有明显的增强作用（朱爱民，2005）。已有大量实验证实：海龙提取物能加速肿瘤细胞的溶解，并随着剂量增大效果不断增强。张朝晖等（1998a）曾利用小鼠移植性肿瘤（Heps，EAS）模型也证实了海马乙醇提取物对小鼠巨噬细胞的吞噬能力有明显促进效果，表现出较良好的免疫调节作用。张民庆和龚惠民（1998）进一步得出海马乙醇提取物能抑制乳腺癌的发生，阻碍腹腔肿瘤的形成。李文琪等（1999）也指出克氏海马对小鼠 S180 实体瘤有抑制作用。上述结果都表明海马有抗肿瘤效用。海龙与海马的提取物都证实有抗肿瘤的功效，该功效可能与其促进机体的免疫功能提升有关。

7.2.1.3 抗疲劳能力

三斑海马有提高小鼠运动能力的效果，在延缓小鼠疲劳发生、促进疲劳恢复等方面比人参作用明显（胡建英和李志军，2000）。多个研究都表明，海马能抑制脂质过氧化，也能抗肌体疲劳。有海马配伍的保健品也被证明可增强机体耐受力和运动强度，并有明显的抗疲劳作用（黄炳权和艾长荣，1997；鄢顺琴，1987）。经实验，尖海龙及其酶解液也都能显著延长小鼠的负重游泳时间，降低由运动引起的血乳酸浓度升高，加快血乳酸降解速率，并对小鼠的肝糖原和肌糖原的存量有促进作用，证明尖海龙也有良好的抗疲劳功效（胡建英和李八方，2002）。一种叫复方海龙口服液的保健品能增加常压下小鼠耐缺氧的时间（赵鲁青等，1998）。另一种复方制剂“深海龙”丸（由上海医药集团青岛国风药业股份有限公司开发），也证明其能明显促进人体的运动功能，加快运动后疲劳的恢复，抗疲劳作用显著（洪涛，1995）。上述研究都表明，海马与海龙都具有良好的抗疲劳功效。

7.2.1.4 抗衰老能力

衰老是兴奋性氨基酸 L-谷氨酸诱导的神经元变性和坏死的过程中，Ca^{2+}进入神经元并产生一些影响的结果，Ca^{2+}通道阻滞剂可以阻断 Ca^{2+}的流动从而使得神经元能正常运行。张朝晖等（1994）研究曾发现，海马提取物表现出了与 Ca^{2+}通道阻断剂相同的功效，其中日本海马提取物表现较弱，而管海马提取物有最强的功效，表明海马提取物有抗机体衰老的作用。这一结果与传统的中药材质量评价一致，也与上述所论述的管海马能使小鼠的耐氧性增强、单胺氧化酶的活性减少、过氧化脂质在体内的水平降低等现象一致，都表明了海马具有抗衰老的作用。佘敏等（1995）实验证实海龙能使过氧化脂质体在体内的水平降低、小鼠的耐缺氧性增加，表现出延缓衰老的功效。

海马与海龙都已证实有上述的一系列药理药效，但目前所有文献并没有给出准确的各功效的精准物质。

7.2.2 活性成分研究现状

7.2.2.1 蛋白质、肽类及氨基酸

蛋白质、多肽、氨基酸经过探究已表明了具有普遍的药理活性，包括增强免疫、抗肿瘤、抗菌、降压等功能，为保健品或新药研究提供了一个重要方向。

海马和海龙中含有丰富的蛋白质成分。粗吻海龙的水溶性蛋白组分对 CCRF-CEM、L1210、LOVO、A549 细胞的生长有阻碍作用，并表现出良好的量效关系，证明有明显的抗肿瘤活性（何芬等，2008）。另粗吻海龙粗蛋白能诱导 A549 肿瘤细胞的细胞核发生皱缩而凋亡（何芬等，2007）。海马蛋白的酶解多肽有很强的抗氧化活性，三斑海马液化蛋白的抗氧化能力较强，对 DPPH 的清除率高于维生素 C（袁学会等，2011）；本实验前期工作也证实，野生与养殖管海马的酶解产物有较高的抗氧化功能和降压功能。据文献报道，这些功能与多肽的氨基酸组成有密切关系，尤其是与疏水性氨基酸、极性氨基酸等含量有关。岳雪莲等（1996）对尖海龙和刺海马中的氨基酸含量进行了测定，其中精氨酸含量高于一般海产生物。精氨酸对胰腺激素和垂体分泌有促进作用，对机体免疫力有增强作用，

对实验性肿瘤动物的生存率及实验性烧伤动物的抗感染力有提高作用（李桦和熊叔陶，1992）。

7.2.2.2 脂肪酸及脂类

张朝晖等（1998c）从尖海龙脂溶性成分中检测到了十四碳酸、十八碳酸和十七碳酸甲酯。余竟光等（1984）也证实尖海龙脂溶性成分中含有肉豆蔻（十四碳酸）、棕榈酸（十六碳酸）和硬脂酸（十八碳酸）。许益民等（1994）对 5 种海马和 3 种海龙的 Floch 试剂提取液进行了 GC-MS 测定，在海马和海龙中均检测到 14 种脂肪酸，相对含量较高的是十六碳酸、十八碳烯酸、十八碳二烯酸及二十二碳六烯酸（DHA）。两种生物所含的不饱和脂肪酸占总脂肪酸的比例相接近，约为 70.70%，其中含量较高的为十六碳酸和十八碳烯酸。张朝晖等（1997）对 12 种海马和海龙的脂肪酸进行了 GC-MS 分析，结果与许益民等（1994）的相似，都表明海马与海龙中含有丰富的脂肪酸及脂类物质，尤其是 EPA 和 DHA，有很强的生理活性，为人和动物生长、发育过程中不可缺少的一类物质，其中 DHA 是形成精子的主要物质基础，海马和海龙中有高含量的 DHA 和 EPA，可为海龙科动物有良好的补肾壮阳功效提供有效的佐证（姜展志等，2013）。

7.2.2.3 甾体类化合物

甾体活性较高，在自然界中广泛存在，是性激素、肾上腺皮质激素、黄体激素等的激素转化前体。前期实验证明，甾体类化合物对小鼠的性激素样作用效果显著。

有报道：在刺海马、尖海龙等的脂溶性部分都检测到了较高含量的甾体物质。由尖海龙的乙醇提取物发现，其含有胆甾烯类、胆甾醇类、雄甾醇类及麦冬甾醇等一共 26 种甾体化合物；三斑海马的测定结果也表明，其含有胆甾醇、胆甾二醇等，并且第一次在海马中分离出了天然产物：胆甾-3,6-二酮，胆甾-4-烯-3β,6β-二醇，以及胆甾醇、胆甾醇硬脂酸、胆甾-5-烯-3β,7α-二醇等（张前进，2004），推测这些物质是构成海龙科生物具有补肾壮阳功能的物质基础。

7.2.2.4 微量元素

现代医学研究发现，Zn、Mn、Cu 等可以有效地提高人体免疫力，并且能够延缓衰老、补血生精、滋肝补肾，海马和海龙含有大量的 Zn、Mn、Cu，这与其补肾壮阳、抗衰老的功效表现出一致性（黄建设等，2002）。贾元印和姚乾元（1990）对克氏海马和海蛆（日本海马）的 12 种微量元素进行了测定，结果显示它们都有较高含量的微量元素（约 8%），其中以 K、Ca、Na、Mg、Fe 为主，尚含有较多的 Zn、Mn、Cu 和少量的 Co、Cr、Pb、Se。另外，姜展志等（2013）曾采用电感耦合等离子发射光谱法（ICP）测定了 12 种海马和海龙中微量元素的种类和含量，共测出 20 种元素，其中含量比较高的微量元素为 Zn 和 Mn，且两者间的微量元素组成较为相似，在量上有所差异。

7.2.2.5 其他

许益民等（1994）对 5 种海马和 3 种海龙的总磷脂含量采用磷钼蓝比色法进行了测定，分析了这些生物中所含磷脂组分的种类和含量，比较发现：海龙和海马体内都有较高含量的磷脂，主要为溶血磷脂酰胆碱、磷脂酰胆碱和神经鞘磷脂等，这些磷脂的相关含量与百分比因品种而异。另外，在海龙中还测得有微量的双磷脂酰甘油、磷脂酰丝氨酸和磷脂酸等物质。我们实验室也对海马与海龙中的另一种活性成分——糖蛋白的含量进行了分析与测定，并做了比较。

总之，从文献检索看，海马与海龙的物质组成，尤其是一些活性成分的组成与含量，两物种间较为相似，表明两者都有相同或相似的功能作用，功效差异可以通过实验分析研究在量上进行增减。

7.3 管海马和刀海龙组成成分比较

本实验以刀海龙［*S. hardwickii*（Gray）］和人工养殖管海马为实验原料。先从两者的组成成分上进行分析与比较，研究两者的性别、组织、年龄等因素对管海马和刀海龙中的蛋白质、脂类、微量元素等成分的影响，为刀海龙替代管海马的相关研究提供部分依据。

7.3.1 材料

7.3.1.1 材料来源

人工养殖管海马的来源同 2.1.1，刀海龙购于本地中药店，根据体长、体重、体丰度等体表特征指标进行鉴别（Lourie et al.，1999，2004），选取半龄、1 龄、2 龄的雌雄管海马和 4 月、半龄、1 龄的雌雄刀海龙用于测试分析。

7.3.1.2 试剂

硫酸、盐酸、氢氧化钠、甲醇（分析纯，上海国药集团化学试剂有限公司），无水硫酸钠、氯化钠（上海国药集团化学试剂有限公司），正己烷［色谱纯，阿拉丁试剂（上海）有限公司］，高纯度 CO_2 购自宁波东吴液化气公司。

7.3.1.3 仪器

BSA124S-CW 型电子天平（德国赛得利斯）；FD-1A-50 型冷冻干燥机（北京博医康实验仪器有限公司）；HC-400Y2 型粉碎机（温岭大德中药机械有限公司）；

AS200 型振筛机（德国 Retsch 公司）；自动凯氏定氮仪，SER148 脂肪测定仪［嘉盛（香港）科技有限公司］；NexION-300-x 电感耦合等离子体质谱仪（ICP-MS），Optima 2100DV 电感耦合等离子体发射光谱仪（ICP-OES）（美国 PerkinElmer 公司）。

7.3.2 方法

7.3.2.1 样品处理

将管海马和刀海龙的样品清洗干净，–80℃冰冻后置于真空冷冻干燥机中，保持物料在–50℃条件下真空冻干 48h，将冻干样品用粉碎机进行粉碎，过 60 目筛后，分别收集，–80℃保存备用。

7.3.2.2 粗蛋白含量测定

按国家标准 GB 5009.5—2016 中的方法进行测定，平行测定 3 次。

7.3.2.3 粗脂肪含量测定

按国家标准 GB 5009.6—2016 中的方法进行测定，平行测定 3 次。

7.3.2.4 微量元素和 Ca 含量测定

称取约 0.2g 粉末样品（准确至 0.0001g）于陶瓷坩埚中，加 3ml 纯化 HNO_3，与电热板上（约 230℃）蒸干，炭化，再加 1ml $HClO_4$，蒸干，炭化，冷却。放入 450℃马弗炉中灰化 1.5h，冷却后加入 50%纯化 HNO_3（V/V）6ml，在电热板上蒸至近干（余液约 2ml），转移至 100ml 塑料容量瓶中，定容摇匀。微量元素用电感耦合等离子体质谱仪（ICP-MS）测定，Ca 采用电感耦合等离子体发射光谱仪（ICP-OES）测定。

7.3.2.5 灰分的测定

按国家标准 GB 5009.4—2016 中的方法进行测定，平行测定 3 次。

7.3.2.6 数据分析

所有数据用 Mean±SD 表示，采用 SPSS 软件包对所测定的数据进行单因素方差分析（one-way ANOVA），数据的显著性检验通过 Dunnett 多重比较检验进行，$P<0.05$ 为显著性差异。

7.3.3 结果与分析

7.3.3.1 基本成分

分别测定了管海马 3 个年龄组及刀海龙 3 个年龄组的基本情况，如体长、体重、含水量、灰分含量等，结果见表 7-1。

表 7-1 管海马和刀海龙基本成分的比较

组别	年龄	体长（cm）	湿重（g）	含水量（%）	灰分（%）
管海马	半龄	10.54±1.07	5.64±0.14	75.27±1.12^{a}	19.25±2.12^{a}
	1 龄	15.73±1.86	12.08±3.14	73.33±1.43^{ab}	21.70±1.83^{ab}
	2 龄	19.70±0.87	16.42±1.89	70.92±2.39^{b}	23.17±2.05^{b}
刀海龙	4 月龄	10.15±1.42	1.82±0.05	73.20±1.23^{ab}	17.85±1.35^{c}
	半龄	13.38±1.87	2.41±0.08	71.00±1.96^{b}	19.53±1.12^{a}
	1 龄	14.75±2.58	4.12±0.11	69.65±1.82^{b}	20.04±1.01^{ab}

注：同列不同字母表示有显著性差异（P<0.05）

养殖管海马的 3 个年龄组间，体长和体重增幅都很大，尤其是从半龄到 1 龄的增幅最为明显，体重上的变化也类似；在含水率及灰分指标上，半龄与 1 龄的差异不明显（P>0.05），但与 2 龄组间的差异显著（P<0.05），这表明，随着生长和年龄增长，体内的水分含量逐渐减少，而灰分含量不断增加。刀海龙的情况也呈现相同趋势。但总体上，低龄段的刀海龙个体体长略长于管海马，高龄段体长不如后者，同龄刀海龙体重不如管海马，含水率也要低于管海马，灰分含量相近。

7.3.3.2 粗蛋白与粗脂肪含量分析

分别测定了各年龄组管海马和刀海龙干燥体的不同组织（皮膜和骨骼）中的粗蛋白与粗脂肪含量，结果见表 7-2。

表 7-2 管海马和刀海龙的粗蛋白与粗脂肪含量比较

年龄	组别	性别/组织	成分	
			粗蛋白（%）	粗脂肪（%）
4 月龄	刀海龙	皮膜	66.01±0.03^{a}	6.63±0.02^{a}
		骨骼	60.65±0.01^{b}	5.65±0.01^{b}
半龄	管海马	雌性，皮膜	70.65±0.00^{c}	6.44±0.04^{a}
		雌性，骨骼	56.88±0.05^{d}	6.19±0.03^{c}
		雄性，皮膜	67.08±0.01^{e}	5.93±0.01^{d}
		雄性，骨骼	53.44±0.00^{g}	5.67±0.04^{b}
	刀海龙	雌性，皮膜	62.26±0.01^{h}	8.53±0.03^{e}
		雌性，骨骼	60.30±0.00^{b}	7.65±0.01^{f}
		雄性，皮膜	71.23±0.00^{c}	8.24±0.02^{g}
		雄性，骨骼	69.57±0.02c	7.36±0.00^{h}
1 龄	管海马	雌性，皮膜	81.75±0.02^{i}	7.90±0.03^{i}
		雌性，骨骼	59.15±0.01^{b}	7.66±0.01^{f}
		雄性，皮膜	81.33±0.00^{j}	6.76±0.02^{a}
		雄性，骨骼	57.90±0.07^{d}	6.53±0.05^{a}

续表

年龄	组别	性别/组织	成分	
			粗蛋白（%）	粗脂肪（%）
1 龄	刀海龙	雌性，皮膜	73.15 ± 0.01^{k}	9.45 ± 0.03^{j}
		雌性，骨骼	65.68 ± 0.04^{l}	8.69 ± 0.04^{e}
		雄性，皮膜	74.78 ± 0.04^{m}	9.32 ± 0.02^{k}
		雄性，骨骼	61.52 ± 0.01^{h}	8.31 ± 0.01^{g}
2 龄	管海马	雌性，皮膜	78.68 ± 0.00^{n}	9.69 ± 0.03^{l}
		雌性，骨骼	54.31 ± 0.07^{g}	9.63 ± 0.01^{l}
		雄性，皮膜	85.05 ± 0.02^{o}	7.02 ± 0.04^{m}
		雄性，骨骼	54.60 ± 0.03^{g}	6.62 ± 0.02^{a}

注：同列不同字母表示组间有显著性差异（$P<0.05$）

从表 7-2 可见，管海马中粗蛋白含量为 53.44%～85.05%，相对于皮膜，骨骼中的粗蛋白含量要低很多，不到 60%，而皮膜中的粗蛋白含量在 67%以上，甚至高达 85%（2 龄雄性管海马）。不同年龄组间，1 龄管海马的粗蛋白含量最高，2 龄次之，半龄最低，组间有显著性差异（$P<0.05$）；1 龄管海马粗蛋白含量高于 2 龄管海马，差异主要体现在皮膜的粗蛋白含量上（$P<0.05$）。管海马性别也对粗蛋白的组织分布有影响，半龄的雌性管海马的粗蛋白含量要高于雄性管海马（$P<0.05$），至 1 龄时性别差异不显著，到 2 龄雄性管海马的粗蛋白要高于雌性管海马。

刀海龙中粗蛋白含量为 60.3%～74.78%，相对于皮膜，骨骼中含量略低一些，最低的是半龄的雌性刀海龙，最高的是 1 龄的雄性刀海龙。不同年龄组间，由于 4 月龄刀海龙难以区分性别，雄性刀海龙逐渐积累粗蛋白，尤其是皮膜组织至 1 龄含量达到最高，而骨骼中含量在半龄就已达到最高。雌性刀海龙却是 1 龄组的皮膜和骨骼中有最高的粗蛋白含量。

比较同龄组的管海马和刀海龙的粗蛋白含量，刀海龙的骨骼要略高于管海马，而管海马的皮膜含量要高于刀海龙，都有显著性差异（$P<0.05$）。

从表 7-2 还可见，管海马的粗脂肪含量为 5.67%～9.69%，皮膜略高于骨骼，不过差异基本不显著。最高含量出现在 2 龄雌性管海马的皮膜中，而最低含量出现在 1 龄雄性管海马的骨骼中，两者相差接近 71%。不同年龄组间，随着年龄的增长不断积累粗脂肪，组间有显著性差异（$P<0.05$）。从性别上看，雄性管海马中粗脂肪含量要低于雌性。

刀海龙中粗脂肪含量为 5.65%～9.45%，皮膜高于骨骼，性别间差异不显著。不同年龄组间，随年龄增长，粗脂肪的含量逐渐积累，组间有显著性差异（$P<0.05$）。

比较同龄组的管海马和刀海龙的粗脂肪含量，刀海龙要高于管海马（$P<0.05$），不管是在皮膜中还是在骨骼中。从数据看，1 龄刀海龙与 2 龄管海马两者间的皮

膜中的粗脂肪相近，两者雌性个体骨骼中的粗脂肪含量也相近，但雄性刀海龙却比雄性管海马高（$P<0.05$）。

7.3.3.3 微量元素和钙含量

各年龄组的管海马和刀海龙干燥体中的微量元素 Se、Zn、Fe、Mn、Cu 与常量元素 Ca 的含量分析结果见表 7-3。

表 7-3 管海马和刀海龙的微量元素与钙含量比较

	年龄	组别	Se（mg/kg）	Zn（mg/kg）	Fe（mg/kg）	Mn（mg/kg）	Cu（mg/kg）	Ca（%）
管海马	半龄	F，C	0.28±0.00[ab]	62.58±11.91[d]	38.09±1.46[e]	10.61±0.00[e]	40.78±1.58[a]	3.21±0.00[f]
		F，B	0.41±0.02[ab]	93.26±10.44[a]	48.94±4.20[de]	20.47±0.01[bc]	16.74±1.80[bcd]	8.57±0.04[d]
		M，B	0.47±0.18[ab]	96.14±0.53[a]	70.07±3.71[c]	17.61±0.69[cd]	26.51±0.03[b]	5.87±0.17[e]
	1 龄	F，B	0.63±0.13[ab]	78.29±7.19[c]	55.45±1.11[de]	20.88±0.35[bc]	12.89±1.06[cd]	8.42±0.08[d]
	2 龄	F，B	0.69±0.00[ab]	79.21±0.27[c]	50.71±3.48[de]	22.36±0.34[a]	18.23±1.76[bcd]	10.69±0.08[c]
刀海龙	4 月龄	全粉	0.66±0.13	77.26±5.09	204.03±8.97	20.26±1.42	10.35±0.21	6.43±0.07
	半龄	F，C	1.17±0.03	80.31±1.38	172.80±15.52	17.73±0.14	12.83±0.93	4.86±0.01
		F，B	1.14±0.02	90.09±2.21	215.03±14.04	17.68±0.01	26.47±2.33	5.20±0.00
		M，B	0.54±0.04	84.77±19.64	215.93±15.12	18.99±0.71	36.13±0.47	5.65±0.18
	1 龄	F，B	0.42±0.18	101.00±3.81	186.67±5.12	15.91±0.65	27.07±3.83	6.97±0.03

注：同列不同字母表示组间显著性差异（$P<0.05$）；F. 雌性；M. 雄性；C. 皮膜粉；B. 骨骼粉

类似于灰分的变化，管海马中各微量元素含量变化总体上是皮膜不如骨骼，并随年龄增长而不断积累，除 Cu 外。刀海龙中基本情况也类似于其灰分变化。Zn、Cu、Ca 等随年龄增长而不断积累，而 Se、Fe、Mn 等略有下降。

比较管海马与刀海龙，Fe 在刀海龙中的含量远高于管海马，其他元素相近；半龄刀海龙中的 Se、Cu 含量高于同龄海马的含量，1 龄刀海龙 Zn、Cu 含量高于管海马，而 Ca 含量却低于管海马。组织间也类似。

7.3.4 小结

（i）刀海龙含水量与灰分含量接近于管海马，类似于管海马，刀海龙也呈现出随着年龄增长，体内的水分含量逐渐减少而灰分含量不断增加的趋势；从粗蛋白和粗脂肪含量来看，总体上刀海龙要高于同龄的管海马。刀海龙不同年龄组内比较结果显示：有组织差异（皮膜高于骨骼），也有性别差异（雄性略高于雌性）；所含的微量元素 Zn、Fe、Se 也是刀海龙要高于管海马。

（ii）第 2 章中我们曾得出 1 龄管海马的品质最佳、生物功效最为明显，前期工作主要也是以 1 龄海马来开展的。从上述数据看，刀海龙和管海马间的比较，半龄刀海龙与 1 龄管海马的有关组成成分的数据较接近，但 1 龄组刀海龙的相关数据基本上都要好于半龄组，且 1 龄组刀海龙是自然群落中的主要繁殖类群，体内含有较高的激素类物质及相关物质，是主要的开发对象。因此，综合比较，在活性成分的分析与比较中，选取 1 龄的管海马和 1 龄的刀海龙进行实验。

7.4 管海马与刀海龙的活性成分比较

本节比较 1 龄刀海龙和 1 龄管海马间的有关活性成分，包括氨基酸、脂肪酸、活性多肽和粗糖蛋白等，进一步分析刀海龙替代管海马的可行性及有关量效关系。

7.4.1 材料

7.4.1.1 原材料

取 1 龄的管海马和刀海龙各 30 尾，先测量体重与体长，然后置于真空冷冻干燥机中，–50℃冻干 48h。取出并再次称重后，置于粉碎机粉碎，用振筛机过 60 目筛分离得到骨骼粉和皮膜粉，–80℃保存备用。各类群有关基本数据见表 7-4。

表 7-4 管海马和刀海龙的基本数据

	体长（cm）	体重（g）	冻干体重（g）	CF 值
管海马	15.54±1.36	12.33±3.42（WW）	3.76±0.35	10.02±0.13
刀海龙	14.68±2.54	4.42±0.21（DW）	3.74±0.22	11.82±0.17

注：WW. 湿重；DW. 干重；CF（体丰度）=冻干体重/体长 ^{3}

7.4.1.2 试剂

氢氧化钾、三氯甲烷、甲醇、无水乙醇、石油醚（30～60℃）、硫酸、磷酸、无水硫酸钠、氯化钠等（AR，国药集团化学试剂有限公司），冰醋酸（GR，国药集团化学试剂有限公司），正己烷（HPLC，国药集团化学试剂有限公司），胆固醇标准品（美国 Sigma 公司），高纯度 CO_2（宁波市鄞州东吴兴盛气体供应站），透析袋、1,1-二苯基-2-苦基苯肼（DPPH）（美国 Sigma 公司）；抗坏血酸、磷酸盐缓冲液、硫酸亚铁、铁氰化钾、三氯乙酸、三氯化铁（国药集团化学试剂有限公司）；DEAE-52（美国 Whatman 公司）；Sephadex G-100（美国 GE 公司）。

7.4.1.3 仪器

氨基酸自动分析仪 L-8900（日本日立公司）；Speed 型超临界萃取仪（美国 ASI 公司）；Agilent7890 气相色谱仪（美国 Agilent 公司）；M7-80Ei 型质谱仪（北

京普析公司)；氮吹仪氮气发生器(DFCNW-5L)(杭州德克尔实验设备有限公司)；层析柜（上海青浦沪西仪器厂）；多功能酶标仪（Infinite 200 PRO）（瑞士 Tecan 公司）。

7.4.2 方法

7.4.2.1 氨基酸含量测定与品质评价

管海马和刀海龙全粉的氨基酸测定与分析，相关的方法与步骤按 GB 5009.124—2016。关于管海马和刀海龙的氨基酸品质评价，相关的方法见 4.2.2.1 节。

7.4.2.2 脂肪酸与甾醇的提取与分析

按 3.1.1.2 中三氯甲烷-甲醇提取法从 1 龄管海马和 1 龄刀海龙全粉中提取油脂。

按 GB 5009.6—2016 方法进行管海马和刀海龙油脂中的脂肪酸组成与含量测定，以及总固醇含量测定。

根据水产品中的油脂营养价值衡量指标——不饱和脂肪酸的含量和必需脂肪酸的含量（Simopoulos，2006），以及世界卫生组织（WHO）和联合国粮食及农业组织（FAO）推荐的∑PUFAn-3/∑PUFAn-6 日常膳食的比值（FAO/WHO，1993；Simopoulos，2006）进行脂肪酸评价。

7.4.2.3 活性多肽分离提取及能力分析

按 3.2.1.2 中的方法，采用复合酶（胰蛋白酶+碱性蛋白酶）酶解脱脂管海马和刀海龙全粉，对酶解多肽采用超滤膜过滤方法分离成 5 个不同分子量的多肽成分：PH-Ⅰ（>20kDa），PH-Ⅱ（10～20kDa），PH-Ⅲ（5～10kDa），PH-Ⅳ（2.5～5kDa）和 PH-Ⅴ（<2.5kDa）。所分离的 5 个分子量多肽，经冻干后保存备用。

将 PH-Ⅴ用去离子水复溶后配成浓度为 1.5mg/ml 的溶液，按 3.2.2.2 中的方法测定该溶液的 DPPH 自由基清除能力和还原力，表示其抗氧化能力。

按 3.2.3.2 中的方法将 PH-Ⅰ用木瓜蛋白酶酶解，Sephadex G-15 分离其中的 PH-Ⅰ5 组分，测定 PH-Ⅰ5 对 ACE 的半抑制浓度 IC_{50}，表示其降压能力；测定其对亚铁离子（Fe^{2+}）的螯合能力，表示其抗氧化能力。

7.4.2.4 糖蛋白分离测定

按 3.3.1.1 中的方法提取分离管海马和刀海龙的糖蛋白粗品后，再先后经 DEAE-52 柱层析和 Sephadex G-100 柱层析处理，获得管海马和刀海龙的糖蛋白精纯品（HG-11 和 HG-21）。然后，把粗纯品和精纯品都分别配成浓度为 0.2mg/ml 的溶液，按成静等（2009）方法测定对 DPPH 自由基的清除能力。

7.4.2.5 数据分析

所有数据用 Mean±SD 表示，采用 SPSS 软件包对所测定的数据进行单因素方差分析（one-way ANOVA），数据的显著性检验选取 Dunnett 多重比较检验进行，$P<0.05$ 为显著性差异。

7.4.3 结果与分析

7.4.3.1 氨基酸

1）组成与含量比较

管海马和刀海龙的氨基酸组成与含量的测定结果见表 7-5。

表 7-5 管海马和刀海龙的氨基酸含量分析与比较 （单位：g/100g DW）

氨基酸	管海马			刀海龙		
	皮膜	骨骼	全粉	皮膜	骨骼	全粉
Asp	6.425±0.04^{a}	5.606±0.03^{c}	6.267±0.04^{b}	4.465±0.02^{e}	5.475±0.01^{c}	4.974±0.02^{d}
Thr	2.959±0.01^{a}	2.231±0.02^{e}	2.818±0.03^{b}	2.091±0.01^{f}	2.567±0.02^{c}	2.331±0.02^{d}
Ser	3.424±0.04^{a}	2.332±0.02^{d}	3.213±0.03^{b}	2.239±0.02^{e}	2.495±0.01^{c}	2.368±0.03^{d}
Glu	9.197±0.04^{a}	8.027±0.04^{c}	8.971±0.05^{b}	6.424±0.02^{e}	8.074±0.03^{c}	7.256±0.03^{d}
Gly	9.305±0.04^{b}	8.032±0.01^{h}	9.059±0.04^{c}	10.090±0.05^{a}	6.182±0.02^{i}	8.120±0.04^{g}
Ala	9.278±0.06^{a}	5.171±0.03^{d}	8.485±0.05^{b}	5.504±0.03^{c}	4.362±0.02^{h}	4.928±0.03^{e}
Cys	0.392±0.00^{cd}	0.490±0.02^{a}	0.411±0.01^{bc}	0.341±0.01^{e}	0.424±0.01^{b}	0.383±0.00^{d}
Val	3.571±0.04^{a}	2.834±0.02^{c}	3.429±0.03^{b}	2.065±0.01^{g}	2.586±0.02^{d}	2.328±0.01^{e}
Met	2.193±0.02^{a}	1.787±0.03^{c}	2.115±0.03^{b}	1.353±0.02^{f}	1.489±0.03^{d}	1.422±0.02^{e}
Ile	1.923±0.02^{c}	2.013±0.03^{b}	1.940±0.03^{c}	1.224±0.02^{f}	2.076±0.01^{a}	1.653±0.01^{d}
Leu	3.753±0.05^{c}	3.874±0.02^{a}	3.776±0.04^{c}	2.182±0.02^{g}	3.821±0.04^{bc}	3.008±0.03^{d}
Tyr	1.328±0.02^{d}	1.553±0.03^{b}	1.371±0.03^{c}	1.059±0.02^{g}	1.711±0.01^{a}	1.388±0.01^{c}
Phe	2.570±0.04^{a}	2.238±0.02^{c}	2.506±0.03^{b}	1.572±0.02^{fg}	2.079±0.02^{d}	1.828±0.02^{e}
Lys	4.472±0.05^{a}	4.106±0.03^{c}	4.401±0.03^{b}	2.748±0.01^{e}	4.089±0.02^{c}	3.424±0.02^{d}
His	1.456±0.02^{a}	1.379±0.02^{b}	1.441±0.01^{a}	0.932±0.01^{e}	1.324±0.02^{c}	1.130±0.01^{d}
Pro	5.166±0.04^{a}	4.134±0.02^{d}	4.967±0.04^{b}	4.764±0.03^{c}	3.419±0.02^{h}	4.086±0.03^{de}
Arg	7.425±0.06^{a}	4.737±0.02^{c}	6.906±0.05^{b}	4.399±0.03^{d}	4.122±0.04^{f}	4.259±0.03^{e}
TAA	74.837±0.60^{a}	60.544±0.41^{c}	72.077±0.56^{b}	53.452±0.36^{f}	56.295±0.39^{d}	54.885±0.36^{e}
EAA	21.441±0.24^{a}	19.083±0.17^{c}	20.986±0.22^{b}	13.235±0.12^{f}	18.707±0.16^{d}	15.993±0.14^{e}
NEAA	53.396±0.36^{a}	41.461±0.24^{c}	51.091±0.34^{b}	40.217±0.24^{d}	37.588±0.26^{e}	38.892±0.23^{de}
E/T（%）	28.65	31.52	29.12	24.76	33.23	29.14
E/NE（%）	40.15	46.03	41.08	32.91	49.77	41.12

注：同行中不同小写字母表示差异显著（$P<0.05$）

管海马和刀海龙中均含有所测得的 17 种氨基酸（酸水解，色氨酸未检出），包含人体所需的 7 种必需氨基酸，必需氨基酸占总氨基酸含量（E/T）约为 30%，主要的组成氨基酸都为 Gly、Glu、Arg、Ala 和 Pro 等。总体上看，管海马的总氨基酸和必需氨基酸的含量较高，与刀海龙中的含量存在显著性差异（$P<0.05$）；相应地，各组成氨基酸（包括必需氨基酸）含量的差异也非常类似，差异比较大的氨基酸有 Asp、Ala、Arg 等；不过，两者的必需氨基酸与总氨基酸比值（E/T），以及必需氨基酸与非必需氨基酸比值（E/NE），管海马与刀海龙间的差异却不显著（$P>0.05$）。

不同组织间比较，管海马皮膜有最高的氨基酸含量，其氨基酸含量远高于骨骼（$P<0.05$），而刀海龙正好相反；相应地，管海马皮膜有最高的必需氨基酸含量，而刀海龙的骨骼中有最高的必需氨基酸含量。不同组织的 E/T 及 E/NE，刀海龙骨骼最高，其次是管海马骨骼，然后是管海马皮膜，最低的是刀海龙皮膜。这表明在刀海龙中，骨骼的氨基酸结构要优于皮膜。从不同组织中的各组成氨基酸看，管海马的皮膜各组成氨基酸基本上都高于骨骼，除了 Cys、Tyr、Ile、Leu 等；而刀海龙的皮膜各组成氨基酸基本上都低于骨骼，除了 Gly、Ala、Pro、Arg 等。

2）氨基酸营养评价

管海马和刀海龙的氨基酸计分（AAS）、化学计分（CS）和必需氨基酸指数（EAAI）的计算结果见表 7-6。

表 7-6　管海马和刀海龙氨基酸评分与化学评分的比较

指标	化合物	管海马			刀海龙		
		皮膜	骨骼	全粉	皮膜	骨骼	全粉
CS	Met+Cys	0.51	0.63	0.54	0.37	0.49	0.43
	Lys	0.78	0.99	0.82	0.53	0.91	0.72
	Val	0.62	0.69	0.63	0.40	0.58	0.49
	Phe+Tyr	0.53	0.72	0.57	0.39	0.66	0.53
	Leu	0.54	0.77	0.58	0.35	0.70	0.53
	Ile	0.45	0.65	0.48	0.31	0.62	0.47
	Thr	0.78	0.82	0.78	0.61	0.86	0.74
AAS	Met+Cys	0.90	1.11	0.94	0.65	0.85	0.75
	Lys	1.01	1.29	1.06	0.68	1.18	0.93
	Val	0.88	0.98	0.90	0.56	0.82	0.69
	Phe+Tyr	0.91	1.23	0.97	0.67	1.13	0.90
	Leu	0.65	0.94	0.71	0.42	0.85	0.64
	Ile	0.59	0.86	0.64	0.41	0.82	0.62
	Thr	0.91	0.95	0.92	0.71	1.01	0.86
EAAI		58.83	74.42	61.84	40.08	67.39	53.84

从 AAS 看，管海马与刀海龙的限制性氨基酸都为 Ile 和 Leu；管海马中除这两个氨基酸外，其余氨基酸的 AAS 值均接近 1；刀海龙也有较高的氨基酸计分值，但氨基酸的 AAS 计分值不如管海马高。从 CS 看，管海马与刀海龙的限制性氨基酸分别为 Ile 和 Met+Cys；相关数值显示也是管海马要略高于刀海龙。从 EAAI 看，两者的变化趋势类似于 AAS 和 CS，分别为 61.84 和 53.84，管海马略好于刀海龙。

比较不同组织的氨基酸计分，AAS 显示，两者皮膜、骨骼的限制性氨基酸基本与全粉相同，刀海龙骨骼中除 Ile 和 Leu 外，Met+Cys 也是一种限制性氨基酸；CS 显示，管海马皮膜和骨骼中的限制性氨基酸也与全粉相同，但是刀海龙皮膜、骨骼与全粉间有较大的差异，刀海龙皮膜中的限制性氨基酸为 Ile 和 Leu，骨骼中为 Val 和 Met+Cys；EAAI 的结果与全粉类似。

7.4.3.2 脂肪酸

1）组成与含量比较

管海马和刀海龙全粉的总脂得率和组成的脂肪酸含量见表 7-7。

表 7-7 管海马和刀海龙脂肪酸含量的比较（%）

化合物	管海马			刀海龙		
	皮膜	骨骼	全粉	皮膜	骨骼	全粉
总脂得率（%干粉）	7.83	7.65	7.80	9.45	8.69	9.07
饱和脂肪酸（%总脂肪酸）						
C14:0	3.40 ± 0.03^{h}	3.53 ± 0.02^{g}	3.43 ± 0.02^{h}	4.09 ± 0.01^{f}	4.50 ± 0.03^{d}	4.30 ± 0.02^{e}
C15:0	0.96 ± 0.01^{e}	1.02 ± 0.00^{d}	0.97 ± 0.01^{e}	0.42 ± 0.01^{h}	0.49 ± 0.01^{f}	0.46 ± 0.01^{g}
C16:0	35.03 ± 0.07^{a}	34.40 ± 0.02^{c}	34.91 ± 0.02^{b}	22.23 ± 0.02^{i}	25.03 ± 0.03^{g}	23.64 ± 0.03^{h}
C17:0	1.71 ± 0.01^{c}	1.74 ± 0.02^{c}	1.72 ± 0.02^{c}	0.47 ± 0.01^{f}	0.52 ± 0.00^{e}	0.50 ± 0.00^{e}
C18:0	11.98 ± 0.03^{c}	12.02 ± 0.08^{c}	11.99 ± 0.04^{c}	6.61 ± 0.02^{g}	7.81 ± 0.03^{e}	7.21 ± 0.01^{f}
C22:0	0.36 ± 0.01^{bc}	0.34 ± 0.00^{c}	0.36 ± 0.00^{bc}	—	—	—
SFA	53.44 ± 0.04^{c}	53.05 ± 0.02^{d}	53.38 ± 0.02^{c}	33.82 ± 0.04^{g}	38.35 ± 0.03^{e}	36.11 ± 0.03^{f}
单不饱和脂肪酸（%总脂肪酸）						
C16:1	0.52 ± 0.02^{f}	0.54 ± 0.20^{f}	0.52 ± 0.01^{f}	7.03 ± 0.03^{c}	7.13 ± 0.01^{a}	7.08 ± 0.02^{b}
C16:1t	5.52 ± 0.05^{e}	6.29 ± 0.04^{c}	5.67 ± 0.02^{d}	—	—	—
C18:1	16.40 ± 0.04^{b}	16.61 ± 0.03^{a}	16.44 ± 0.03^{b}	12.88 ± 0.02^{g}	13.36 ± 0.03^{e}	13.12 ± 0.02^{f}
C18:1t	4.45 ± 0.02^{d}	4.85 ± 0.03^{b}	4.53 ± 0.02^{c}	1.82 ± 0.02^{h}	2.06 ± 0.01^{f}	1.94 ± 0.00^{g}
C20:1	1.01 ± 0.01^{f}	1.07 ± 0.01^{e}	1.02 ± 0.01^{f}	1.47 ± 0.01^{c}	1.64 ± 0.01^{a}	1.56 ± 0.02^{b}
C22:1	—	—	—	1.64 ± 0.01^{c}	1.97 ± 0.01^{a}	1.81 ± 0.00^{b}
C24:1	—	—	—	0.74 ± 0.01^{c}	0.84 ± 0.00^{a}	0.79 ± 0.01^{b}
MUFA	27.90 ± 0.04^{f}	29.36 ± 0.02^{c}	28.18 ± 0.02^{e}	25.58 ± 0.03^{i}	27.00 ± 0.03^{g}	26.30 ± 0.02^{h}

续表

化合物	管海马			刀海龙		
	皮膜	骨骼	全粉	皮膜	骨骼	全粉
多不饱和脂肪酸（%总脂肪酸）						
C18:2	4.41±0.04[a]	4.41±0.03[a]	4.41±0.02[a]	—	—	—
C18:3n-3	0.91±0.02[ab]	0.89±0.01[b]	0.93±0.02[a]	0.41±0.00[c]	0.31±0.01[e]	0.37±0.01[d]
C18:3n-6	0.88±0.01[a]	0.85±0.02[b]	0.85±0.01[b]	0.34±0.01[d]	0.27±0.01[f]	0.29±0.00[e]
C20:4（ARA）	1.74±0.01[e]	1.67±0.02[f]	1.73±0.01[e]	1.93±0.03[d]	2.30±0.02[b]	2.12±0.02[c]
C20:5（EPA）	1.32±0.02[e]	1.09±0.00[g]	1.28±0.02[e]	12.15±0.04[a]	9.42±0.03[c]	10.77±0.03[b]
C22:4	0.89±0.01[b]	0.86±0.02[b]	0.88±0.01[b]	—	—	—
C23:5	1.41±0.02[a]	1.35±0.01[b]	1.40±0.01[a]	—	—	—
C22:6（DHA）	2.55±0.02[d]	1.96±0.02[f]	2.44±0.02[e]	20.59±0.05[a]	15.99±0.03[c]	18.27±0.05[b]
PUFA	14.11±0.02[d]	13.08±0.02[f]	13.91±0.03[e]	35.42±0.04[a]	28.29±0.03[c]	31.83±0.02[b]
脂肪酸指数						
UFA	42.01±0.03[f]	42.44±0.04[d]	42.09±0.03[e]	61.00±0.02[a]	55.29±0.03[c]	58.12±0.03[b]
∑PUFAn-3	4.78±0.02[d]	3.94±0.02[f]	4.65±0.03[e]	33.15±0.04[a]	25.72±0.02[c]	29.41±0.03[b]
∑PUFAn-6	7.03±0.03[a]	6.93±0.03[b]	6.99±0.04[ab]	2.27±0.03[h]	2.57±0.02[f]	2.50±0.02[g]
∑PUFAn-3/∑PUFAn-6	0.68	0.57	0.67	14.60	10.01	11.76

注：同行中不同小写字母表示差异显著（$P<0.05$）；“—”表示未检出或含量低于 0.1%

分别在刀海龙和管海马中检测到 16 种和 19 种脂肪酸，刀海龙的总脂得率要高于管海马，主要的脂肪酸组成均为十六碳酸、十八碳酸、十八碳烯酸、二十碳五烯酸和二十二碳六烯酸，刀海龙与管海马中均富含 ARA、EPA、DHA 等。

从脂肪酸组成结构看，管海马的饱和脂肪酸含量高于刀海龙，饱和脂肪酸占总脂肪酸的比例分别为 53.38%和 36.11%（$P<0.05$）；不饱和脂肪酸刚好相反，刀海龙达 58.12%，而管海马中仅为 42.09%；其中，单不饱和脂肪酸及多不饱和脂肪酸分别占 26.30%、31.83%（刀海龙）和 28.18%、13.91%（管海马），所以两者不饱和脂肪酸的差异主要是在多不饱和脂肪酸的组成上。此外，ω-3 脂肪酸在刀海龙中极为丰富，而 ω-6 脂肪酸则反之，因此管海马的∑PUFAn-3/∑PUFAn-6 值（0.67）要远低于刀海龙（11.76）。

比较不同组织的脂肪酸结构，管海马的皮膜和骨骼间脂肪酸组成与含量上无太大差别，其不饱和脂肪酸比例及∑PUFAn-3/∑PUFAn-6 也仅仅略有差别，骨骼中的不饱和脂肪酸含量略低于皮膜，其中单不饱和脂肪酸骨骼中高，而多不饱和脂肪酸皮膜中高（$P<0.05$）；ω-3 脂肪酸和 ω-6 脂肪酸在皮膜中要高一些，∑PUFAn-3/∑PUFAn-6 也是皮膜中高。刀海龙皮膜中的饱和脂肪酸量不如骨骼（$P<0.05$），但皮膜的不饱和脂肪酸总量要高于骨骼（$P<0.05$），主要是皮膜中的多

不饱和脂肪酸的含量大大高于骨骼。ω-3 脂肪酸和 ω-6 脂肪酸也是皮膜中高，而 ∑PUFAn-3/∑PUFAn-6 是皮膜大大高于骨骼。

2）ARA、EPA、DHA 比较

管海马和刀海龙中的主要的多不饱和脂肪酸（ARA、EPA、DHA）含量见表 7-7 和图 7-1。管海马中 ARA 含量略低于刀海龙，但 DHA 及 EPA 含量却远低于刀海龙。ARA+EPA+DHA 的总和，管海马为 5.45%，也远低于刀海龙的 31.16%；而 DHA/EPA，管海马要高于刀海龙（$P<0.05$）。

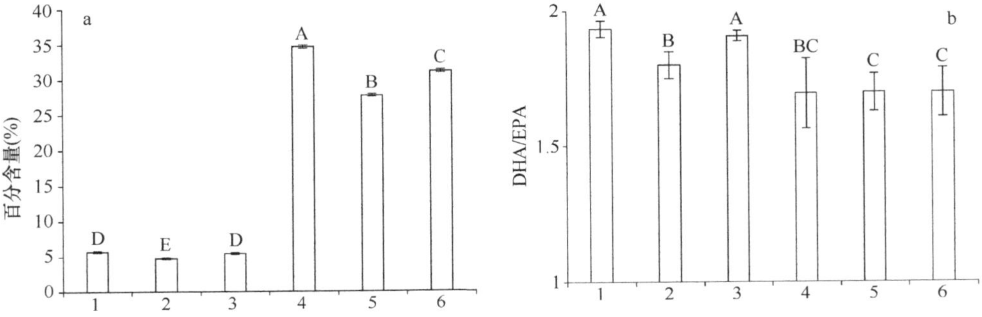

图 7-1 管海马与刀海龙的 ARA+EPA+DHA 总和（a）及 DHA/EPA（b）的比较

1. 管海马皮膜；2. 管海马骨骼；3. 管海马全粉；4. 刀海龙皮膜；5. 刀海龙骨骼；6. 刀海龙全粉

不同大写字母表示有显著性差异（$P<0.05$）

不同组织比较看，管海马骨骼中的 ARA、EPA 和 DHA 含量都不如皮膜，而刀海龙骨骼中 ARA 含量较高，但 EPA 和 DHA 都是皮膜高（表 7-7）。从三者总和看，管海马中的 ARA、EPA 和 DHA 含量总和也是皮膜高，刀海龙亦是如此。而 DHA/EPA 在不同组织间差异很大，总体上是皮膜高于骨骼，在管海马中约为 2，而刀海龙的 DHA/EPA 为 1.6～1.7，皮膜与骨粉间的差异不是很大（图 7-1）。

7.4.3.3 甾醇

管海马中的固醇（甾醇）仅检测到一种，即胆甾醇，而在刀海龙中还检测到其他的甾醇成分，所得结果见图 7-2。1 龄管海马中的甾醇含量为（15.21±0.47）mg/g（占全粉干重），而 1 龄刀海龙中分离得到甾醇的混合物，其中胆甾醇的含量为（14.77±0.33）mg/g，其他成分含量为（2.38±0.16）mg/g。从甾醇总量上看，海龙中的含量要高于海马（$P<0.05$），而从胆甾醇含量上看，两者间的差异不显著（$P>0.05$）。同时，也分析比较了半龄与 1 龄刀海龙间的甾醇含量（图 7-2），从甾醇总量上看，两者间的差异不显著（$P>0.05$），但从胆甾醇含量看，半龄海龙远不如 1 龄海龙中胆甾醇含量高，仅为一半左右。当然也不如 1 龄海马中的总甾醇含量。

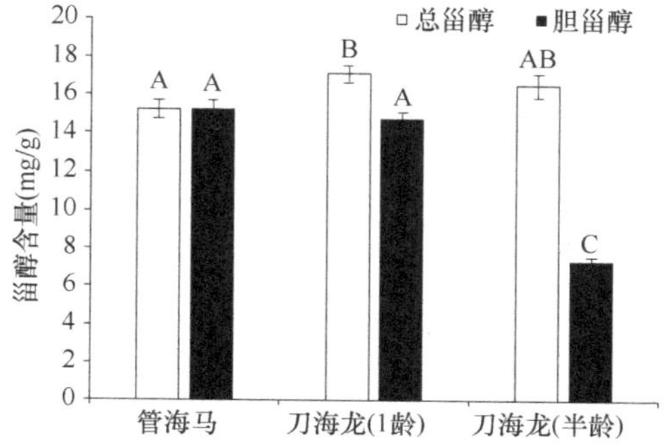

图 7-2 管海马和刀海龙甾醇含量的比较

不同大写字母表示有显著性差异（$P<0.05$）

7.4.3.4 活性多肽

管海马和刀海龙全粉先经超临界 CO_2 萃取脱脂处理，所得的脱脂粉经复合酶解和超滤后，所得 5 个分子量多肽的回收量分别占所用总粉量的（57.54±1.24）% 和（62.31±1.46）%，其中 PH-Ⅰ（>20kDa）和 PH-Ⅴ（<2.5kDa）的回收率分别为（29.47±0.44）%、（15.42±0.37）%（管海马）和（37.13±0.75）%、（10.21±0.66）%（刀海龙）。经方差分析，不但总回收量在两个类群间有显著性差异（$P<0.05$），而且所分析的两个组分的回收量在两个类群间也存在明显差异（$P<0.05$），在总回收量上管海马不如刀海龙高，主要是刀海龙全粉经酶解后 PH-Ⅰ的回收组分含量很高，而 PH-Ⅴ组分不如管海马，这可能与两者本身所含的蛋白质组分有关。

管海马与刀海龙分离的 PH-Ⅴ组分多肽的抗氧化能力比较如图 7-3 所示。刀海龙的 PH-Ⅴ的 DPPH 自由基清除能力与管海马相近（$P>0.05$），但刀海龙的 PH-Ⅴ的还原力显著高于管海马（$P<0.05$）。由于刀海龙 PH-Ⅴ回收量不如管海马多，因此，总体上说刀海龙的抗氧化能力近似或略不如管海马。

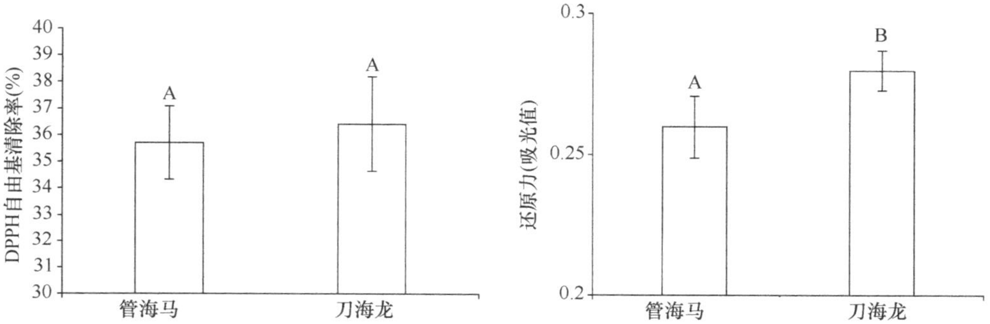

图 7-3 管海马和刀海龙 PH-Ⅴ的抗氧化能力的比较

不同大写字母表示有显著性差异（$P<0.05$）

对管海马和刀海龙酶解超滤所得的最大部分 PH-Ⅰ，再次酶解后，分离到 PH-Ⅰ5 组分。PH-Ⅰ5 多肽的抗氧化能力及降压能力的结果比较如图 7-4 所示。经测试，管海马中 PH-Ⅰ5 的降压能力和抗氧化能力（铁离子螯合能力），都要略低于刀海龙，经比较检验，两者间存在显著性差异（$P<0.05$）。

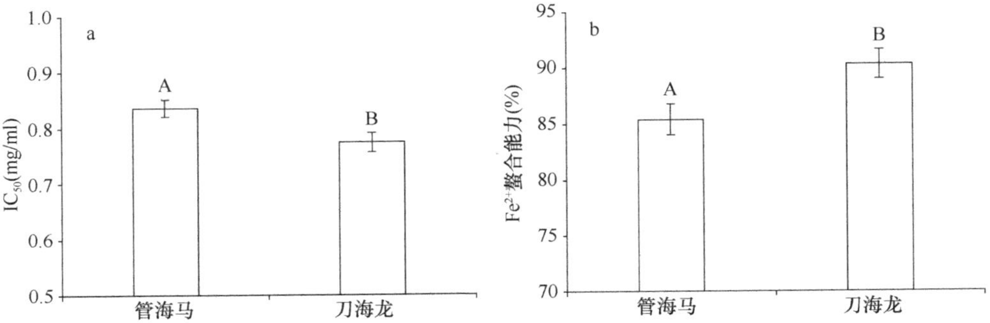

图 7-4　管海马和刀海龙 PH-Ⅰ5 的降压（a）和抗氧化（b）能力的比较

不同大写字母表示有显著性差异（$P<0.05$）

7.4.3.5　糖蛋白

按 3.3.1 和 3.3.2 中的方法提取与分离管海马及刀海龙的糖蛋白粗品，两个类群所获得的粗糖蛋白得率相差较大，管海马占其脱脂全粉的 7.86%，而刀海龙为 15.96%，刀海龙在糖蛋白得率上要超过管海马一倍多。经 2 次的柱层析后，获得了糖蛋白的精纯品，HG-11 和 HG-21 的总得率分别为 0.974%（管海马）和 1.346%（刀海龙），两个类群间在糖蛋白精纯品上的得率有显著的差异（$P<0.05$）。

管海马和刀海龙的 HG-11 和 HG-21 的抗氧化能力（DPPH 自由基清除率）结果见图 7-5。管海马中相应对的糖蛋白的抗氧化能力都不如刀海龙，除粗品外，HG-11 和 HG-21 的抗氧化能力都相差近 10%。

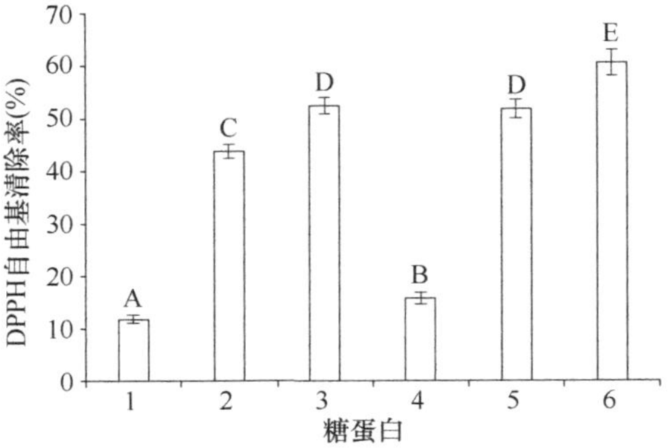

图 7-5　管海马和刀海龙的糖蛋白含量及其抗氧化能力

1. 管海马粗提；2. 管海马 HG-11；3. 管海马 HG-21；4. 刀海龙粗提；5. 刀海龙 HG-11；6. 刀海龙 HG-21

不同大写字母表示有显著性差异（$P<0.05$）

7.4.4 讨论

海马应用广泛，市场需求大。尽管我们现在对于海马治疗阳痿、遗尿、不育、虚喘及神经系统疾病等生物功效并未找到明确的对应物质，但大量的文献报道，海马中的有效功效物质主要集中于蛋白质（多肽、氨基酸）、脂类（脂肪酸、甾醇）、微量元素及复合大分子（如糖蛋白、脂蛋白）等，上述功效物质在药理上表现为抗氧化、抗疲劳、提高免疫力等（Chen et al.，2015b）。

本实验明确了 1 龄管海马与 1 龄刀海龙的不同组织间的有关活性成分组成及含量的异同，并从限制性氨基酸、必需氨基酸和必需脂肪酸、DHA 和 EPA 等指标上进行比较、分析与评估。

7.4.4.1 氨基酸

管海马的皮膜与骨骼中均测到了 17 种氨基酸，仅在含量上略有差异。皮膜中各组成氨基酸的含量均高于骨骼，尤其是必需氨基酸的总量显著高于骨骼（$P<0.05$）；且通过氨基酸计分（AAS）和化学计分（CS）得出的限制性氨基酸均为 Ile 和 Leu，但皮膜的必需氨基酸指数（EAAI）要高。刀海龙也含有丰富的氨基酸，氨基酸组成的种类数量与管海马相当，包含人体所需的 7 种必需氨基酸，必需氨基酸占总氨基酸含量（E/T）约为 30%，主要的组成氨基酸也类似于管海马，都为 Gly、Glu、Arg、Ala 和 Pro 等。总体上看，刀海龙的总氨基酸和必需氨基酸的含量不如管海马。相应地，各组成氨基酸（包括必需氨基酸）含量也不如管海马，差异比较大的氨基酸有 Asp、Ala、Arg 等；不过，两者的必需氨基酸与总氨基酸比值（E/T）及必需氨基酸与非必需氨基酸比值（E/NE）却相似。两者关于氨基酸存在的差异主要表现在不同组织含量上，刀海龙骨骼最高，其次是管海马骨骼，然后是管海马皮膜，最低的是刀海龙皮膜。刀海龙的氨基酸计分，限制性氨基酸类似于管海马，但 AAS、CS 和 EAAI 等都不如管海马。蛋白质营养价值取决于其氨基酸组成及含量，含有人体所需氨基酸种类越多、含量越高的蛋白质营养价值越高（刘志皋，1991）。综合来说，刀海龙的蛋白质营养价值不如管海马，但结合前面的分析，证实人工养殖的管海马蛋白质营养价值远高于野生管海马，比较刀海龙与野生管海马看，刀海龙在氨基酸各方面的表现还略逊于后者。因此，从氨基酸上看，两者间进行替代是可行的。

7.4.4.2 脂肪酸

刀海龙中检测到 16 种脂肪酸，而管海马中检测到 19 种，两间有 5 种脂肪酸组成上的差异。海龙的总脂得率要高于海马，两者共同的主要脂肪酸均为十六碳酸、十八碳酸、十八碳烯酸、二十碳五烯酸和二十二碳六烯酸，都富含 ARA、EPA、DHA 等，说明两类生物在脂肪酸上基本相似。从脂肪酸组成结构看，管海马的饱和脂肪酸含量高于刀海龙，但不饱和脂肪酸刚好相反，刀海龙远远高管海马，主要是高度不饱和脂肪酸在海龙中的含量很高，达 31.83%，远远高于一般的海洋生物。此外，ω-3 脂肪酸在刀海龙中极为丰富，而 ω-6 脂肪酸稍低些，两者的比值即∑PUFAn-3/∑PUFAn-6，刀海龙要高很多。此外，ARA+EPA+DHA 的总和，管海马也远低于刀海龙。ARA、EPA、DHA 是人体不可缺少但自身不能合成的重要营养素，具有补脑益智、预防心脑血管疾病等功效，其含量通常作为产品品质的评价指标（FAO/WHO，1993）。DHA/EPA 也用于评价脂肪酸的质量，管海马更接近于最佳比例（DHA/EPA=2）（丁兆坤等，2007），略好于刀海龙。但总体上，刀海龙胜于量多，从脂肪酸上综合看，刀海龙略有优势。

管海马中仅检测到一种固醇，即胆甾醇，而在刀海龙中还检测到其他的甾醇成分。1 龄刀海龙与 1 龄管海马中胆甾醇含量相似，但总甾醇不如刀海龙高。这说明，从该类活性物质的量上看，刀海龙替代管海马是可行的，何况其他的甾醇成分也能协同胆甾醇的生物功效。半龄的刀海龙尽管在总甾醇的量上并不差太多，不过胆甾醇含量太低，还不到 1 龄刀海龙的一半。如果胆甾醇是目标活性物质的话，显然半龄刀海龙不适合入药。量和量比关系既可用于考察生物的品质状况，也可以为确切的目标物质提供探寻的方向。

7.4.4.3 活性多肽和糖蛋白

我们实验室前期工作已论证了抗氧化和降压活性多肽及糖蛋白的生物功效，比较管海马和刀海龙中这两类的活性成分，刀海龙 PH-Ⅴ的抗氧化能力，其中 DPPH 自由基清除能力与管海马相近，还原力略高于管海马，总体上刀海龙的抗氧化能力近似或略不如管海马。刀海龙的 PH-Ⅰ5 的降压能力和抗氧化能力（铁离子螯合能力）要好于管海马。从回收率上看，PH-Ⅴ刀海龙不如管海马，而 PH-Ⅰ5 刀海龙的回收率要略高些。

管海马和刀海龙中糖蛋白粗品的得率相差较大，管海马远不如刀海龙，后者的糖蛋白得率上要高一倍多。显然，获得的糖蛋白精纯品，刀海龙也高。而所得的精品糖蛋白的抗氧化能力，管海马也不如刀海龙。

从上述几类的活性成分看，1 龄管海马与 1 龄刀海龙各方面都较为相似。因此，可以用刀海龙替代管海马，当然还需要进一步地进行生物功效的验证。

7.5 管海马与刀海龙全粉的生物功效比较

在分析与比较了 1 龄管海马和 1 龄刀海龙的组成成分、活性成分的基础上，有必要开展两者生物功效的分析与比较。本节主要进行两者全粉的生物功效验证。

通过模型生物小鼠，探讨两者在生物体内的生物功效，并观察与分析生物的各个方面功能的提升与作用特性，包括促性功能、抗疲劳能力及抗冻耐寒能力等。

7.5.1 材料

1 龄管海马和 1 龄刀海龙的来源同 7.3.1.1，所有材料均经冷冻干燥和超微粉碎，制成全粉，–20℃保存。取大海马全粉和刀海龙全粉混悬于 0.5%的 CMC 溶液中，各配制成浓度为 100mg/ml 的混悬液。各混悬液配制好后也存放于–20℃冰箱中保存备用。

CMC 羧甲基纤维素（国药集团化学试剂有限公司）；血乳酸（LA）测定试剂盒、乳酸脱氢酶（LDH）测定试剂盒、睾酮（T）测定试剂盒、黄体生成素（LH）测定试剂盒、促卵泡激素（FSH）测定试剂盒（南京建成生物工程研究所）。

多功能酶标仪（瑞士 Tecan 公司），电子天平（德国赛得利斯），电热恒温鼓风干燥箱（上海申贤恒温设备厂），低温超微粉碎机（山东三清不锈钢设备有限公司），真空冷冻干燥机（北京博医康实验仪器有限公司）。

实验动物：健康 ICR 级小白鼠，雄性 90 只，雌性 15 只，购于浙江省实验动物中心，体重为（20±2.3）g，周龄为 3～5 周。实验在宁波大学医学院动物管理中心进行。

7.5.2 方法

7.5.2.1 小鼠饲养与灌喂

小鼠于实验室中暂养适应 7d，剔除不合格者。

将 90 只健康的雄性小鼠随机分为 5 组，每组 18 只，分别命名为空白对照组（以生理盐水灌喂）、海马组（灌喂量为每日 5g/kg），海龙低剂量组（灌喂量为每日 2.5g/kg，记为海龙低组）、海龙中剂量组（灌喂量为每日 5g/kg，记为海龙中组）、海龙高剂量组（灌喂量为每日 7.5g/kg，记为海龙高组），一天分早晚两次灌喂。每组再分为 3 小组，每小组 6 只小鼠，分别用于交配实验、生化指标测定、耐寒实验等。饲养灌喂期间供应小鼠正常饮食饮水。

7.5.2.2 交配实验

设定的时间梯度为 7d、14d、21d（即在连续给药的第 7、14、21 天），每组取 6 只小鼠进行交配观察，时间点在当天的第二次给药后的 60min 内进行。交配实验前对各组小鼠进行称重。交配实验中，提前将雄性小鼠（单只）放入到交配箱（交配箱规格为 30cm×15cm×15cm）中适应 5min，然后放入 1 只雌性小鼠，并开始计时，记录交配潜伏期（合笼至第一次交配的时间），以及从合笼起开始的 20min 内的交配次数（每组做 3～6 个重复）。要求小鼠交配实验要在安静、弱光条件下进行，具体参照莫志贤等（2006）及 Pilakouta 和 Smiseth（2017）。

7.5.2.3 抗疲劳实验

按卫生部（现为国家卫生健康委员会）《保健食品标识规定》的标准评价程序，如果有 1 项以上（含 1 项）运动实验和 2 项以上（含 2 项）生化指标为阳性，就说明该受试物具有抗疲劳作用（卫监发［1996］38 号）。本实验选择以小鼠游泳时间、血乳酸含量、血清尿素氮含量为测定指标反映海马及其配伍对小鼠抗疲劳能力的影响。

小鼠游泳时间测定：于实验的第 7 天和第 21 天，在当天的第一次灌喂后 30min，按小鼠体重于其尾根部加载负荷为其体重 4%的铅丝，再把小鼠放入到游泳箱（70cm×70cm×60cm）中进行游泳，箱内水深 50cm，水温 25℃，自然光照。按组进行实验，从入水开始计时至小鼠力竭为止，准确记录运动时间，力竭标准为小鼠头部漫入水中 8s 未能游回水面（张晶莹等，2017），逐只记录小鼠游泳时间。在小鼠力竭后，为避免小鼠出现死亡，需迅速将其从水池中捞出，并在保温箱中用吹风筒吹干后再放回笼子中，保持正常饲喂。

血乳酸含量测定：分别在泳前安静时、泳后 20min 和 50min 各取小鼠的尾血 1 次。取到的血液先在室温 30℃时静置 30min 使血液凝固，再在离心机上以 5000r/min 离心 10min，分离出血清，置–80℃冰箱中冷藏备用，要求每次整个采血过程必须在 30s 内完成。血乳酸含量的测定严格按照试剂盒说明书的要求、方法和步骤进行。

血清尿素氮含量测定：仅于泳后 50min 采血一次，具体操作方法及血液样的处理步骤按照“血乳酸含量测定”中的方法。严格按照试剂盒上的说明操作，测定血清中尿素氮的吸光值。根据预先绘制的标准曲线，计算样品的尿素氮含量。

7.5.2.4 性激素指标测定

分别于实验第 8、22 天（小鼠抗疲劳实验恢复 1d 后），采集小鼠血液样本，进行性激素指标的测定。采用眼球取血方法，将收集到的血液样本进行离心（3000r/min，10min），收集上层血清，于–20℃存放备用。严格根据睾酮（T）测定试剂盒、黄体生成素（LH）测定试剂盒、促卵泡激素（FSH）测定试剂盒上操作说明书的方法，测定相应的含量。

7.5.2.5 脏器系数测定

眼球取血后，采用颈椎脱臼方法将小鼠处死，称量体重，然后解剖取出其肾、肝、脾、精囊腺、前列腺、睾丸和附睾组织等并分别进行称重，然后计算相应的脏器系数：脏器系数（%）=脏器质量（g）/体重（g）×100%。

7.5.2.6 耐寒能力测定

灌喂第 7、14、21 天时，取 5 只体重相近的小鼠进行耐寒能力实验观察，在给药 60min 后，将小鼠放入–18℃冰箱内，观察小鼠存活情况，以呼吸停止为终点记录死亡时间（min）（张晶莹等，2017）。

7.5.2.7 数据分析

数据均用 Mean±SD 表示，采用 SPSS 软件包对所测定数据进行单因素方差分析（one-way ANOVA），数据显著性检验选取 Dunnett 多重比较检验进行，$P<0.05$ 为显著性差异。

7.5.3 结果与分析

7.5.3.1 小鼠交配行为

与空白对照组比较，灌喂第 7、14、21 天后海马组与海龙组小鼠的交配潜伏期和 20min 内小鼠的交配次数结果见表 7-8。

表 7-8 不同时间小鼠交配行为结果

灌喂天数	组别	交配潜伏期（s）	交配次数
7d	对照组	355.9±75.83^{a}	3.70±1.77^{e}
	海马组	225.2±51.87^{b}	7.60±2.91^{d}
	海龙低组	348.7±62.17^{a}	4.70±2.12^{c}
	海龙中组	202.5±47.31^{b}	10.2±4.16^{b}
	海龙高组	151.1±35.41^{c}	12.4±4.76^{a}
14d	对照组	361.3±82.34^{a}	3.65±2.31^{e}
	海马组	211.7±47.74^{c}	8.62±3.89^{d}
	海龙低组	293.1±55.38^{b}	6.50±2.77^{c}
	海龙中组	197.5±43.56^{c}	12.10±4.54^{b}
	海龙高组	145.1±33.17^{d}	15.30±3.43^{a}
21d	对照组	352.3±78.66^{a}	3.50±2.17^{e}
	海马组	204.6±43.42^{c}	9.20±3.75^{d}
	海龙低组	288.5±51.33^{b}	6.3±2.34^{c}
	海龙中组	185.7±41.82^{c}	12.3±3.87^{b}
	海龙高组	158.3±32.11^{cd}	14.2±3.72^{ab}

注：同列不同字母表示组间显著性差异（$P<0.05$）

与空白组比较，灌喂第 7、14、21 天后海马组与海龙组小鼠的交配潜伏期有缩短、20min 内小鼠的交配次数也有增加，经方差分析，两个指标（除 7d 海龙低组的交配潜伏期外）都与对照组有显著性差异（$P<0.05$）。

3 个不同灌喂量的海龙组内比较：实验期间，小鼠的交配潜伏期随着灌喂量的增加而缩短，而交配次数却不断增加。中和高浓度组，从第 1 周至 2 周及从第 2 周至 3 周，除交配潜伏期略有缩短外，其他变化都不明显；但低浓度组，从第 1 周至 2 周时，增幅明显，交配潜伏期极大地缩短（$P<0.05$）。3 个组，都在第 2 周时达到最佳的效果，而至第 3 周时，高浓度组的数据有所倒退。推测，如作为中成药，按疗程服用，每疗程应为 2 周较适宜。

海马组与海龙组比较，按剂量一致应该与海龙中组相当，从 3 次的相关数据分析，海龙中组的小鼠的交配潜伏期及 20min 内的交配次数等都优于海马组，但两组间在交配潜伏期指标上无显著性差异（$P>0.05$）。另一指标，从第 1 周开始至实验结束，两组间的差异很显著（$P<0.05$）。初步推测，相同浓度灌喂效果，海龙要优于海马。

7.5.3.2 抗疲劳功能

实验过程中，定期测定了各组小鼠的体重变化，结果见表 7-9。

表 7-9 实验前后体重变化 （单位：g）

组别	灌喂 0d	灌喂 7d	灌喂 21d
对照组	19.85±1.63	20.16±1.85	23.86±1.76^{b}
海马组	19.68±1.34	22.21±2.33	25.32±2.39^{a}
海龙低组	20.17±1.71	21.58±2.12	24.52±2.74^{ab}
海龙中组	20.34±1.86	22.37±2.57	25.33±2.75^{a}
海龙高组	19.39±1.61	22.66±1.94	25.63±2.49^{a}

注：同列不同字母表示组间显著性差异（$P<0.05$）

灌服海马和海龙混悬液对小鼠体重有显著影响，随着实验时间的延长，各组小鼠的体重都平稳增加（包括对照组在内），表明实验中的条件符合小鼠生长要求。有文献报道，体重可以反映出动物在实验条件下是否中毒，体重减轻是生长发育受毒性影响的一个较为显著的外观表现（Kline and Hollinger，1993）。体重变化结果一定程度上可以说明，实验组各剂量对小鼠没有太大的明显的毒性作用。至灌喂 21d 后，实验组（除低剂量组外）体重增加的幅度都大于对照组，说明海马和海龙混悬液有助于增加小鼠体重。海龙和海马各组之间的影响差异不显著（$P>0.05$）。

小鼠的抗疲劳实验指标包括负重游泳时间和血清指标，结果见表 7-10 和表 7-11。

表 7-10 负重游泳时间 （单位：min）

组别	灌喂 7d	灌喂 21d
对照组	32.35±7.63[c]	34.21±7.45[c]
海马组	51.62±11.31[b]	71.73±14.17[a]
海龙低组	42.77±10.27[bc]	53.52±9.77[b]
海龙中组	59.35±13.68[ab]	74.66±17.79[a]
海龙高组	69.97±15.67[a]	77.63±19.83[a]

注：同列不同字母表示组间显著性差异（$P<0.05$）

表 7-11 灌喂 7d、22d 负重游泳前后血清指标测定结果

天数	组别	血乳酸（mmol/L）			尿素氮
		泳前	泳后 20min	泳后 50min	（mmol/L）
7d	对照组	5.35±1.13	11.32±1.66[a]	9.57±1.83[a]	7.58±0.19[a]
	海马组	5.12±1.31	9.39±1.43[b]	5.52±1.46[c]	5.73±0.17[c]
	海龙低组	4.97±1.27	10.17±1.97[ab]	7.39±1.42[b]	6.73±0.37[b]
	海龙中组	5.05±1.18	9.25±1.41[b]	5.55±1.22[c]	5.66±0.19[c]
	海龙高组	4.99±1.11	8.87±1.23[b]	5.23±1.14[c]	4.63±0.39[c]
21d	对照组	5.23±1.17	11.44±1.78[a]	9.83±1.79[a]	7.28±0.63[a]
	海马组	4.84±1.33	6.68±1.52[c]	5.02±1.12[b]	3.44±0.22[c]
	海龙低组	5.03±1.43	8.41±1.93[b]	5.32±1.2[b]	4.26±0.94[b]
	海龙中组	4.92±1.38	6.79±1.66[c]	4.97±1.09[b]	3.59±0.61[c]
	海龙高组	4.89±1.14	5.73±1.42[c]	4.91±1.17[b]	2.88±0.58[c]

注：同列不同字母表示组间显著性差异性（$P<0.05$）

灌服海马和海龙混悬液对小鼠负重游泳时间的影响是显著的，从表 7-10 可以看出，灌服 7d 后，海龙组和海马组中小鼠的负重游泳时间较对照组有显著增加，如海龙高剂量组小鼠的负重游泳时间甚至增加了 1 倍多，达到 69.97min。海马组与海龙中剂量组相当，但略不如后者，尽管两组间的差异不显著；不同海龙混悬液的灌喂量对小鼠负重游泳时间有一定的影响，随着灌喂量的增加而有所增长，在第 7 天时，高组与低组间的差异是显著的（$P<0.05$）。至灌喂 21d 后，各组负重游泳的时间进一步增加，除海龙低剂量组外，其他 3 组都比对照组增加了 1 倍多。此外，海龙高组与中组及海马组间不存在差异（$P>0.05$）。

从表 7-11 看，不管是 7d 还是 21d，泳前各组间是没有什么差别的。

第 7 天泳后，血清中的尿素氮含量，实验组显著低于对照组（$P<0.05$）。海马组与海龙中组相当，而在海龙的各组中，随灌喂量增加，尿素氮含量相应降低，尽管在中组与高组间的差异不显著。从泳后 20min 血清中的血乳酸含量看，对照组中的含量与实验组存在显著性差异（$P<0.05$），但海龙低组与对照组间无显著性

差异，海马组与海龙中组间也无显著性差异，而海龙组内三者间也无显著性差异；泳后 50min 的血乳酸含量，对照组明显高于实验各组，而实验各组间除海龙低组略高，其余各组无显著性差异。再从 20min 至 50min，血乳酸的消除量上看，对照组与海龙低组下降幅度都不大（与泳后 20min 差异不显著），而其余各组的消除量均大于 3mmol/L。这表明海马和海龙均能有效减少运动时血乳酸的生成和加快运动后乳酸的消除，起到一定的抗疲劳作用，但有一定的浓度和时效关系。

第 21 天的泳后，血清中的尿素氮含量，实验各组明显要低于对照组($P<0.05$)，也低于第 7 天时各组对应的浓度，表明海马和海龙经长期服用是有持续效果的。从泳后 20min 血清中的血乳酸含量看，对照组中的含量与实验组存在显著性差异($P<0.05$)，当然各实验组的含量也要低于 7d 时的含量；泳后 50min 的血乳酸含量也类似。第三周泳后，检测到海龙低组的消除速率和效果显著，最为快速高效，表明海马和海龙长期服用有明显改善抗疲劳的效果。

7.5.3.3 性激素指标

灌喂 8d，实验各组间小鼠血清中的性激素含量存在明显的差异（表 7-12）。海马组和海龙组（除海龙低组外）都明显比对照组小鼠血液中的睾酮含量（T）、黄体生成素（LH）含量要高($P<0.05$)，而促卵泡激素（FSH）含量在各组间的含量表现不一；T 含量在海马组、海龙高组的含量要比其他处理高很多，LH 也类似。至 22d，实验各组中 T 含量保持在较高水平，不过海龙高组略有下降，已不如海龙中组及海马组；而 LH 含量在海马组、海龙高组都大幅下降，远低于对照组($P<0.05$)，反而，海龙低组含量有所升高，高于对照组各处理的 FSH 都大幅下降，但各组变化不规律，不过海龙低组的变化最小，含量与 8d 时不相上下。

表 7-12 性激素含量

灌喂天数	组别	睾酮（pg/ml）	黄体生成素（pg/ml）	促卵泡激素（U/L）
8d	对照组	2115.3 ± 206.33^{a}	1031.3 ± 117.86^{a}	2.77 ± 0.339^{a}
	海马组	2675.2 ± 232.46^{b}	1349.5 ± 121.75^{b}	2.37 ± 0.267^{a}
	海龙低组	2334.8 ± 221.65^{ab}	1109.8 ± 137.79^{a}	1.78 ± 0.211^{b}
	海龙中组	2625.7 ± 273.33^{b}	1369.2 ± 133.43^{b}	2.45 ± 0.225^{a}
	海龙高组	2754.6 ± 301.57^{b}	1388.7 ± 142.32^{b}	1.23 ± 0.142^{b}
22d	对照组	2245.6 ± 237.86^{a}	1176.3 ± 171.45^{a}	0.57 ± 0.132^{c}
	海马组	2773.7 ± 321.89^{b}	789.4 ± 93.34^{c}	0.72 ± 0.065^{c}
	海龙低组	2517.4 ± 310.67^{b}	1268.7 ± 152.77^{ab}	1.74 ± 0.223^{b}
	海龙中组	2795.1 ± 297.89^{b}	829.3 ± 101.26^{c}	0.65 ± 0.093^{c}
	海龙高组	2559.2 ± 427.14^{b}	658.9 ± 77.83^{c}	0.43 ± 0.054^{c}

注：同列不同字母表示组间显著性差异性($P<0.05$)

睾酮是雄性激素中生物活性最强的组分（娄敬和米华，2014）。血清中睾酮的浓度反映了雄性动物睾丸功能（娄敬和米华，2014）。本实验中，各处理中的睾酮水平在实验期间都有一定的上升，表明灌喂的海马和海龙是可以增强小鼠睾丸功能的。海龙低组中血液 T 含量的快速上升，表明低剂量海龙可以长期服用并有效，而海龙高组在 22d 时 T 含量开始下降，表明该浓度下，长期服用可能已造成睾丸功能的慢性损伤。

神经生物学研究表明，下丘脑能合成促性腺激素释放激素，促使垂体细胞分泌 LH 和 FSH（娄敬和米华，2014）。LH 会刺激睾丸合成与分泌 T，但当血液中 T 含量过高时，会反过来抑制 LH 和 FSH 合成，当血液中 T 水平再一次下降时，反馈抑制被解除，LH 和 FSH 的分泌量也随之增加（娄敬和米华，2014）。在本实验的 22d 时，LH 和 FSH 下降，也有可能是反馈调节作用的结果。原因是海龙低剂量组中的这两个指标的含量始终保持较高的浓度。内在机理还需更深入的研究。

7.5.3.4 脏器系数测定结果

实验各组小鼠在灌喂的 21d 中，小鼠的体重出现变化，各实验组（除海龙低组）与对照组间呈显著性差异（表 7-13），但各组的脏器系数差异还不是非常明显，也许与实验时间不够长有关。各组的肝系数、肾系数、睾丸系数、附睾及精囊腺系数与对照组比较出现了一些变化。例如，海马组、海龙中组和高组肝系数略有降低，肾系数、睾丸系数、附睾系数和精囊腺系数有些升高。不过经分析，除肾系数外，其余各组的数据无统计学意义。

表 7-13 海龙和海马混悬液对小鼠脏器系数的影响（%）

组别	体重（g）	肝	脾	肾	睾丸	附睾	精囊腺	前列腺
对照组	23.86±1.76^{b}	3.64±0.24	0.43±0.03	1.42±0.02^{a}	0.26±0.01^{a}	0.10±0.01	0.40±0.02^{a}	0.03±0.00^{a}
海马组	25.32±2.39^{a}	3.53±0.31	0.45±0.02	1.51±0.03^{b}	0.29±0.00^{b}	0.12±0.01	0.43±0.01^{b}	0.04±0.01^{a}
海龙低组	24.52±2.74^{ab}	3.56±0.26	0.45±0.02	1.44±0.03^{a}	0.27±0.02^{ab}	0.11±0.01	0.40±0.02^{a}	0.04±0.01^{a}
海龙中组	25.33±2.75^{a}	3.52±0.18	0.45±0.03	1.51±0.04^{b}	0.29±0.01^{b}	0.12±0.00	0.43±0.03^{b}	0.05±0.02^{b}
海龙高组	25.63±2.49^{a}	3.56±0.21	0.46±0.01	1.52±0.02^{b}	0.30±0.02^{b}	0.13±0.01	0.43±0.02^{b}	0.05±0.01^{b}

注：同列不同字母表示组间显著性差异性（$P<0.05$）

7.5.3.5 耐寒能力测定结果

除 7d 时海龙低剂量组外，其余各实验组均能明显延长小鼠对寒冷的耐受时间，灌喂天数越长，耐受时间越长，呈良好的量效关系（表 7-14）。海马组和海龙中剂量组间的差异不显著，海龙低、中、高剂量组之间，中、高剂量组之间的差异不显著，但均显著高于低剂量组（$P<0.05$）。

表 7-14　小鼠耐寒时间　（单位：min）

组别	灌喂 7d	灌喂 14d	灌喂 21d
对照组	31.5±3.62 c	30.8±3.27 c	31.2±3.54 c
海马组	35.6±3.31 b	41.3±4.17 a	43.7±4.23 a
海龙低组	33.7±2.27 bc	35.5±2.73 b	36.3±2.17 b
海龙中组	37.3±4.11 ab	43.6±4.21 a	44.2±3.23 a
海龙高组	40.9±2.76 a	47.3±5.31 a	48.5±4.38 a

注：同列不同字母表示组间显著性差异性（$P<0.05$）

7.5.4　讨论

本节主要从抗疲劳能力、促性功能、抗冻及耐寒能力等几个方面来探究管海马与刀海龙的作用特性，探究刀海龙对管海马的替代性，进而探讨海龙对海马的替代性。

首先，从小鼠的性行为方面探究管海马和刀海龙混悬液对小鼠性功能的影响。通过小鼠交配实验观察，发现刀海龙和管海马的混悬液都可提高小鼠交配能力，而相同灌喂剂量的管海马与刀海龙，对于提高小鼠交配次数的能力有显著性差异，海龙要强于海马；海龙高、中、低剂量组的比较表明，从低剂量到中剂量对性功能的增效较为显著，而中剂量到高剂量的量效关系不是很显著；连续用药 1 周、2 周和 3 周，各组之间的差异并不显著（低剂量组 1 周和 2 周间的交配潜伏期略有差异），说明对于提高小鼠交配行为，最适宜的用药周期为 1 周（中剂量），而低剂量的用药周期可以为 2 周。

其次，管海马和刀海龙对于提高机体抗疲劳能力的差异通过小鼠的抗疲劳实验来检验，指标包括负重游泳时间和游泳前后的血乳酸及血尿素氮指标。结果表明，海马和海龙混悬液都有延长小鼠运动性疲劳出现的时间。动物剧烈运动后，造成疲劳的一个重要原因是血液中乳酸的大量堆积，这是由无氧糖酵解过程产生的，造成机体乏力。灌服海马和海龙混悬液后，小鼠血液中的乳酸堆积量下降，且能增加小鼠血液中的乳酸的清除速率，表明海马和海龙混悬液能够在一定程度上促使血液中的乳酸清除。相同灌喂量的海马与海龙全粉，均能减少运动时小鼠血乳酸的生成和加快运动后血乳酸清除，降低血清中尿素氮的含量，效果较为接近。可能原因：在小鼠游泳运动过程中，当有氧氧化满足不了机体对能量的需求时，能量就必须转而依靠糖的无氧酵解提供，那么机体就会产生大量乳酸，这些乳酸又会进入血液；然后，当机体可利用的糖被耗尽，或糖代谢无法提供足够的能量时，机体又会通过增强氨基酸与蛋白质分解代谢来供能，这就会使血清中 BUN 的含量增加。海马和海龙的混悬液能有效降低游泳运动后小鼠血乳酸和 BUN

的含量，可能是因为降低了葡萄糖无氧酵解，改善了小鼠有氧供能的能力，从而使得机体的耐力提高（Ozsoy et al.，2008）。

再次，管海马和刀海龙能促进血液中性激素含量的提高，包括睾酮（T）、黄体生成素（LH）和促卵泡激素（FSH）的含量。实验表明，海马和海龙对于小鼠血清中睾酮含量的提高是有效的，效果明显。睾酮是一种雄激素成分，有最强的生物活性，血清中睾酮含量作为一个重要指标可以反映雄性动物的睾丸功能（娄敬和米华，2014），因此，海马和海龙可以提升雄性的性能力。但剂量-功效关系有待于更深入研究，过量时，反而会造成激素含量下降，如 LH 和 FSH，反馈作用于大脑，使得 T 含量也得以下降（娄敬和米华，2014）。总之，本实验说明海马、海龙全粉可增加小鼠的激素分泌量，少量摄取对激素分泌量的影响不明显，而摄入过多后又会降低激素含量。

最后，管海马和刀海龙还能提高小鼠的耐寒和抗冻能力，各组灌喂管海马和刀海龙的小鼠均有明显延长对寒冷的耐受时间，灌喂天数越长，耐受时间越长，呈现了良好的量效关系。相同剂量的海马和海龙间没有明显差异。耐寒抗冻能力其实也与上述抗疲劳能力相似，海马与海龙能改善小鼠的供能能力，提高小鼠的抵抗力。

从上述的综合分析看，相同剂量的管海马和刀海龙的作用较为相似，表现出相同的剂量-功效关系。

7.6 刀海龙对海马名方的替代功效比较

从上述各部分的分析与比较看，管海马与刀海龙的各方面都较为相似。

本节选择第 5 章二次开发的海马保肾丸成方，开展此传统名方中的管海马成分被刀海龙替代的生物实验研究。

7.6.1 材料

健康的 ICR 小鼠，雄性 54 只，雌性 18 只，购于浙江省实验动物中心，体重为（20.2±2.3）g，周龄为 3～5 周。实验在宁波大学医学院的动物管理中心进行。

将 1 龄管海马、1 龄刀海龙（来源同 7.3.1.1），以及人参、鹿茸、熟地黄、肉苁蓉、枸杞子（购于本地固生堂大药房）等中药材先冷冻干燥，再分别经超微粉碎机粉碎（粉粒粒径在 60～80μm），按需配伍成海马保肾丸和海龙保肾丸，保存备用。阳性对照组的药物为金匮肾气丸（北京同仁堂科技发展股份有限公司，生产批号 16032865）。

根据成人每日推荐服用剂量，按照人和动物间体表面积折算的等效剂量比率表换算为小鼠服用剂量，取上述三者粉剂混悬于 0.5% CMC 溶液中制成相应的混悬液，存放于–20℃冰箱中保存备用。

7.6.2 方法

7.6.2.1 小鼠的饲养与灌喂

新买入的小鼠于实验室适应 7d，剔除不合格者。

将 54 只健康雄性小鼠随机分成 3 组，每组 18 只，分别命名为海马保肾丸（海马组）、海龙保肾丸（海龙组）及阳性对照组（金匮组）。每组再分为 3 个小组，每小组 6 只小鼠，分别用于交配实验、生化指标测定分析及耐寒实验等。灌喂期间正常饮食饮水。各组的灌喂量分别为每日 5g/kg、5g/kg 和 1.3g/kg。一天分早晚两次灌喂。

7.6.2.2 小鼠交配实验

实验方法同 4.3.2.2。

7.6.2.3 小鼠血液性激素含量分析

实验方法同 4.3.2.5。

7.6.2.4 小鼠脏器系数测定

实验方法同 4.3.2.6。

7.6.2.5 小鼠耐寒抗冻实验

实验方法同 4.3.2.4。

7.6.2.6 数据分析

所有数据用 Mean±SD 表示，采用 SPSS 软件包对所测定的数据进行单因素方差分析（one-way ANOVA），选取 Dunnett 多重比较检验进行数据的显著性检验，$P<0.05$ 为显著性差异。

7.6.3 结果与分析

7.6.3.1 小鼠交配行为

灌喂 7d、14d、21d 后，各组小鼠的交配潜伏期和 20min 内的交配次数见表 7-15。小鼠交配实验结果表明，海龙组、海马组交配潜伏期稍长于阳性对照组，但差异不显著，灌胃 14d 和 21d 后阳性对照组 20min 内小鼠的交配次数略增多，但也无显著意义，说明海龙和海马都有提高小鼠交配行为的能力。实验结果显示，海龙对于提高小鼠 20min 内交配次数的能力略高于海马，灌胃 14d 后交配潜伏期海龙组稍低于海马组，二者在缩短交配潜伏期、提高小鼠交配次数的能力上均无显著性差异（$P>0.05$）；连续用药 7d、14d、21d，各组之间的差异不显著（$P>0.05$）。

表 7-15　不同时间小鼠交配行为结果

灌喂天数	组别	交配潜伏期（s）	交配次数
7d	海马组	247.73 ± 39.36^{a}	7.83 ± 2.86^{a}
	海龙组	247.50 ± 50.91^{a}	8.23 ± 2.15^{a}
	金匮组	227.67 ± 43.30^{ab}	8.00 ± 3.04^{a}
14d	海马组	226.60 ± 36.53^{ab}	8.50 ± 4.12^{ab}
	海龙组	219.47 ± 36.00^{ab}	9.23 ± 4.01^{ab}
	金匮组	212.77 ± 30.14^{b}	9.53 ± 4.70^{ab}
21d	海马组	215.10 ± 14.76^{b}	10.30 ± 4.27^{b}
	海龙组	218.83 ± 26.28^{ab}	10.73 ± 4.18^{b}
	金匮组	208.40 ± 22.95^{b}	11.27 ± 4.40^{b}

注：同列不同字母表示组间显著性差异性（$P<0.05$）

7.6.3.2　性激素指标

对于小鼠血液中的睾酮（T）、黄体生成素（LH）和促卵泡激素（FSH）含量的测定结果见表 7-16。

表 7-16　性激素含量

灌喂天数	组别	睾酮（pg/ml）	黄体生成素（pg/ml）	促卵泡激素（U/L）
8d	海马组	2015.91 ± 200.89^{b}	1022.41 ± 124.53^{a}	2.10 ± 0.065^{b}
	海龙组	2068.31 ± 206.37^{b}	1104.37 ± 118.10^{a}	2.25 ± 0.085^{a}
	金匮组	2589.97 ± 218.82^{a}	1186.90 ± 143.66^{a}	1.07 ± 0.056^{c}
22d	海马组	2398.68 ± 233.28^{ab}	779.15 ± 70.03^{c}	0.64 ± 0.025^{d}
	海龙组	2632.50 ± 163.62^{a}	839.68 ± 45.78^{c}	0.62 ± 0.051^{d}
	金匮组	2416.11 ± 158.58^{ab}	671.83 ± 91.37^{c}	0.40 ± 0.026^{e}

注：同列不同字母表示组间显著性差异（$P<0.05$）

睾酮、双氢睾酮及雌二醇是雄性 3 个重要的性腺类固醇，其中睾酮是最主要的雄性激素（娄敬和米华，2014）。灌喂 8d 后，金匮组小鼠血清中睾酮含量明显高于海马组与海龙组，至灌喂 22d，海马组和海龙组中的 T 快速上升，而金匮组略有下降，3 组间的 T 含量趋于相等，已无显著性差异（$P>0.05$）。LH 分析结果显示，灌喂 8d 时，3 组间的含量差异不显著，至 22d，3 组中的含量都有明显下降，与 8d 时有显著性差异（$P<0.05$）；灌喂 8～22d，各组小鼠血液中的 FSH 含量也类似于 LH，出现大幅下降，两时段间的含量差异显著；此外，8d 时，海马组、海龙组中含量要高于金匮组，且海马组不如海龙组高（$P<0.05$），至 22d 时，海马组与海龙组依然高于金匮组，不过海马与海龙组间的差异不显著。结果表明，海马、海龙均可增加小鼠的激素分泌量，从数据看，海龙的调控能力要略强于海马。而较高的 T 激素水平值，反馈作用于丘脑和垂体，最终使得 LH 和 FSH 值都下降（杜维祥等，2010；Macks et al.，2011）。

7.6.3.3 脏器系数

脏器系数结果见表 7-17。结果表明，灌喂 22d 后，金匮组小鼠的肝系数、肾系数、附睾系数等略高于海马组和海龙组，而海龙组的肝系数、脾系数、肾系数、睾丸系数、精囊腺系数和前列腺系数均略高于海马组，但各组数据间并无统计学意义。

表 7-17 海龙海马药方对小鼠脏器系数的影响（%）

组别	体重（g）	肝	脾	肾
海马组	24.86±2.18	3.47±0.34	0.45±0.02	1.47±0.03
海龙组	24.31±2.44	3.51±0.18	0.46±0.03	1.49±0.04
金匮组	25.11±2.57	3.56±0.21	0.46±0.01	1.50±0.02
组别	**睾丸**	**附睾**	**精囊腺**	**前列腺**
海马组	0.28±0.00	0.12±0.00	0.43±0.01	0.04±0.00
海龙组	0.29±0.01	0.12±0.00	0.44±0.02	0.05±0.02
金匮组	0.29±0.02	0.13±0.01	0.43±0.02	0.04±0.01

7.6.3.4 耐寒能力测定结果

由表 7-18 可得出，海马组和海龙组明显延长了小鼠对寒冷的抵抗和耐受时间，灌喂天数越长，耐受的时间越长，呈良好的量效关系；而金匮肾气丸的效果不如上述两组理想（$P<0.05$）。

表 7-18 小鼠耐寒时间 （单位：min）

组别	灌喂 7d	灌喂 14d	灌喂 21d
海马组	37.4±3.67	47.8±3.54^{b}	52.3±2.68^{c}
海龙组	37.8±3.37	48.4±3.76^{b}	51.9±2.37^{c}
金匮组	34.2±3.64	35.5±3.35^{a}	35.7±3.52^{a}

注：同列不同字母表示组间显著性差异（$P<0.05$）

7.6.4 结论

本节从促性功能提升方面，探究管海马与刀海龙在补肾壮阳药方中的作用差异，探究在传统名方中海龙替代海马的可行性。

小鼠交配实验结果表明，海龙组和海马组小鼠的交配潜伏期和 20min 内小鼠的交配次数等指标间的差异不显著。表明海龙替代海马后，对小鼠的交配行为无差别影响。

在性激素方面，刀海龙对海马保肾丸方的替代也能促进小鼠血液中 T、LH、FSH 含量的上升，同时，当 T 上升到一定水平后，也能反馈作用而抑制 LH 和 FSH 分泌，导致两者在血液中的浓度下降。作用方式和功效相似。

在耐寒抗冻方面，两者都要强于金匮肾气丸，而海龙保肾丸的功效与海马保肾丸无显著性差异。表明海龙替代海马入药后，新的海龙配方与海马配方间各方面无显著性差异。

参考文献

北京市公共卫生局. 1961. 北京市中药成方选集. 北京: 人民卫生出版社.

毕艳兰. 2005. 油脂化学. 北京: 化学工业出版社: 113-174.

陈成波, 袁学会, 陈政, 等. 2011. 三斑海马液化蛋白的提取及抗氧化研究. 中国热带医学, 11(3): 329-331.

陈芳, 张璠, 吕会田, 等. 2006. 海马提取物调控 PI4-激酶活性. 基础医学与临床, 26(11): 1210-1212.

陈国千. 2000. 糖蛋白糖链结构分析与恶性肿瘤的诊断. 国外医学临床生物化学与检验学分册, 7(4): 171-173.

陈梦, 陈建真, 葛宇清, 等. 2017. 海马化学成分及药理活性研究进展. 中草药, 48(19): 4089-4099.

陈素红, 吕圭源, 范景, 等. 2009. 海马不同提取物对雌二醇致肾阳虚小鼠的影响. 中草药, 02: 258-262.

陈维宁, 于淑敏, 李耀辉, 等. 1997. 海马提取物中氨基酸和微量元素含量分析. 潍坊医学院学报, 19(1): 25-26.

陈英华, 孙琪, 欧阳轶强, 等. 2003. 肾阳虚证动物模型造模方法综述. 中华中医药杂志, 18(6): 370-372.

陈张勇. 2010. 海马的药膳功用及炮制方法简介. 中国食品药品监管, 7: 71-72.

成静, 周国仪, 陈栋梁, 等. 2009. 白蛋白多肽清除 DPPH 测定方法的研究. 食品工业科技, 8: 121-122.

褚小立. 2011. 化学计量学方法与分子光谱分析技术. 北京: 化学工业出版社: 11-98.

戴冰, 张嘉妮, 杨梦琳, 等. 2017. 氢化可的松致肾虚证小鼠模型的建立及相关指标的评价. 中国实验动物学报, 25(1): 70-73.

丁耐克. 1996. 食品风味化学. 北京: 轻工业出版社: 19-76.

丁兆坤, 张海柱, 许友卿. 2007. 二十二碳六烯酸和二十碳五烯酸研究的综述. 中国科技论文在线, 2(2): 107-116.

董婷霞, 卢振强, 詹华强. 2001. 海马类药材的高效毛细管电泳鉴别. 中药材, 24(5): 328-329.

杜江, 李楠, 王和鸣. 2010. 肾虚模型造模方法及相关指标. 中国组织工程研究, 14(50): 9433-9436.

杜维祥, 沈世林, 马玉清. 2010. 金锁二仙饮对雄性肾虚小鼠雄激素的调节作用. 中国中医药科技, 17(5): 393-394.

段志文, 李海山, 张玉敏, 等. 2001. 丙烯腈对小鼠睾丸组织标志酶活性影响的研究. 中国工业医学杂志, 14(1): 17-19.

冯晓纯, 张强. 2010. 微量元素与小儿生长发育的关系//中华中医药学会. 2009 年全国中医药科普高层论坛论文集. 北京: 人民卫生出版社: 16-19.

傅得兴, 封宇飞. 2008. 非甾体类抗炎药的安全性研究. 中国全科医学, 11(2): 136-138.

龚雨虹, 罗光明, 张风波, 等. 2017. 基于灰色关联度法评价栀子药材质量. 中国实验方剂学杂志, 23(13): 74-79.
顾伟, 徐永健. 2016. 大海马 ACE 抑制肽制备及其抗氧化能力的测定. 食品工业科技, 5(37): 201-208.
郭雪峰, 岳永德, 汤锋, 等. 2008. 用清除超氧阴离子自由基法评价竹叶提取物抗氧化能力. 光谱学与光谱分析, 28(8): 1823-1827.
国家药典委员会. 2015. 中华人民共和国药典(一部). 北京: 中国医药科技出版社.
郝志红, 张剑宇, 赵思俊. 2008. 补肾方对肾阳虚模型小鼠影响的实验研究. 山西中医, 24(3): 42-44.
何帮剑. 2012. 肾阳虚证动物模型的研究进展. 中国中医急症, 21(8): 1293-1294.
何兵, 田吉, 李春红, 等. 2009. SPE-HPLC 测定双青咽喉片中蒿酮的含量. 中成药, 31(1): 142-144.
何芳, 冯磊. 2005. 微营养素对中老年男性部分雄激素缺乏综合征的作用研究. 中华男科学杂志, 11(10): 784-786.
何芬, 马旭东, 王梦月, 等. 2008. 粗吻海龙蛋白质组分体外抗肿瘤活性的研究. 中国药学杂志, 12: 903-906.
洪涛. 1995. “深海龙”的抗疲劳作用及对人体运动能力的影响. 中国海洋药物, 14(2): 41-46.
侯艳艳, 张丽, 马林, 等. 2011. 傅里叶变换红外光谱技术鉴别 4 种中药材的不同来源. 中国药房, 15: 1388-1391.
胡彩虹, 许梓荣. 2001. 气相色谱法测定猪肉、鱼和虾中三甲胺的含量. 食品科学, 22(5): 62-64.
胡华刚, 肖璇, 刘慧敏, 等. 2014. 人参茎叶总皂苷对幼年雄性大鼠生殖系统的影响及作用机制. 食品科学, 35(3): 187-192.
胡建英, 李八方. 2002. 海洋生药尖海龙的抗疲劳作用研究. 中国海洋药物, 21(4): 48-53.
胡建英, 李志军. 2000. 八种海洋生物药抗疲劳作用的初步研究. 中国海洋药物, 19(2): 56-58.
黄炳权, 艾长荣. 1997. 复方海马药酒的研制及其保健价值. 中国海洋药物, 16(4): 44-49.
黄娣, 徐永健. 2016. 不同方法提取大海马脂类及脂肪酸组成分析. 中国海洋药物, 35(2): 35-40.
黄建设, 张偲, 龙丽娟. 2002. 海龙科药用鱼类化学成分和药理活性的研究进展. 中草药, 33(3): 92-99.
黄平. 1982. 三斑海马化学成分分析. 海洋药物, 4(4): 32-33.
黄学思, 李文敏, 张小琳, 等. 2009. 基于色彩色差计和电子鼻的槟榔炒制火候判别及其指标量化研究. 中国中药杂志, 34(14): 1786-1791.
贾元印, 姚乾元. 1990. 海蛆与大海马微量元素和氨基酸的比较分析. 中国海洋药物, 34(2): 13-17.
姜雪, 刘楠, 孙永, 等. 2017. 统计分析方法在食品品质评价中的应用. 食品安全质量检测学报, 8(1): 13-19.
姜展志, 徐永健, 宿宇婷. 2013. 超临界萃取海马骨粉脂肪工艺及其脂肪酸组成分析. 中国海洋药物, 32(2): 47-52.
蒋且英, 曾荣贵, 李哲, 等. 2017. 逐步回归分析方法研究影响山楂叶颗粒溶出行为的关键颗粒物理特性参数. 中国中药杂志, 42(10): 1894-1900.
蒋舜媛, 孙洪兵, 孙辉, 等. 2016. 羌活药材商品规格与质量等级的对应分析. 中国中药杂志, 41(5): 793-801.
康传志, 周涛, 郭兰萍, 等. 2014. 太子参商品规格等级标准研究. 中国中药杂志, 39(15):

2873-2880.
赖小玲，刘文群，李晓玲，等. 1997. 血球水解蛋白的乳化性及起泡性. 食品工业科技，13(4): 29-31.
李改英，廉红霞，孙宇，等. 2015. 青贮紫花苜蓿对奶牛生产性能、尿素氮和血液生化指标的影响. 草业科学, 32(8): 1329-1335.
李桦，熊叔陶. 1992. 精氨酸与免疫应答. 国外医药·合成药·生化药·制剂分册, 13(2): 69-71.
李洁，朱国斌. 2001. 肉制品与水产品的风味. 北京：中国轻工业出版社: 21-66.
李蓉，唐旭丽，李国强，等. 2009. 海洋药用生物系列 HPLC 化学指纹图谱研究Ⅱ. 三斑海马 HPLC 化学指纹图谱研究. 中国海洋大学学报, 39(4): 729-733.
李少泓，夏鹏飞，马肖，等. 2012. 基于灰色关联分析方法评价当归药材质量. 中药材，35(1): 1742-1746.
李士敏，吴筱丹，曾苏，等. 2001. 海龙体外抗肿瘤活性研究. 中国中药杂志, 26(3): 193-197.
李婷婷，张晖，吴彩娥，等. 2012. 油茶籽糖蛋白提取工艺优化及抗氧化性. 农业机械学报, 43(4): 148-155.
李文立，黄俊明，陈壁锋，等. 2003. 海马养生液抗衰老和免疫调节作用的研究//中国毒理学会. 2003 年全国免疫毒理学术交流会论文集. 北京：科学出版社.
李文琪，倪庆桂，赵振全，等. 1999. 海马对小鼠 S180 实体肿瘤的抑制作用. 安徽医学，20(6): 6-7.
李晓萍，张宾，候士良. 2009. 走近中药丛书——海马. 北京：北京科学技术出版社: 29.
李莹，曾晓雄，周剑忠，等. 2012. 泥鳅 ACE 抑制肽的体外活性研究. 食品工业科技，33(17): 127-130.
李颖超，钟志勇，林小婷. 2013. 连续多次镉染毒对雄性小鼠的生殖毒性研究. 职业与健康，29(20): 2615-2618.
李勇，丁叶，王军波，等. 2012. 肽临床营养学. 北京：北京大学医学出版社: 12-57.
李真，周立红，叶正良，等. 2016. 红外光谱技术在中药质量控制中的应用进展. 药物评价研究，39(3): 463-468.
李震宇，何盼，秦雪梅. 2015. 代谢组学技术在中药材商品规格研究中的应用思考. 中草药，46(7): 943-948.
梁灿璨，吴诗华，魏羽，等. 2017. 补骨脂盐炙前后对肾阳虚大鼠肝肾功能及水通道蛋白表达的影响. 中草药, 48(22): 4713-4718.
林海雄，王晓彤，马延怀，等. 2016. 三种肾阳虚建模方法对肾脏的影响. 时珍国医国药，(4): 1015-1017.
刘桂洋，毛香菊，陈晋阳. 2008. 反相高效液相色谱的基本原理及其应用. 宁波化工, 3: 22-25.
刘海静，许长华，李伟明，等. 2013. 基于红外指纹图谱的螺旋藻品质分析和蛋白含量测定. 光谱学与光谱分析, 33(4): 977-981.
刘海梅，熊善柏，谭汝成. 2003. 脱脂菜籽粕中蛋白质的分步酶水解研究. 中国油脂，28(7): 15-17.
刘建华，涂勇刚，孙亚真，等. 2009. 泰和乌骨鸡黑色素的体外抗氧化作用. 食品与生物技术学报, 28(2): 145-149.
刘建华，郑燕，田颖刚. 2011. 泰和乌骨鸡肉模拟胃肠道消化液中 ACE 抑制肽的分离纯化及结构鉴定. 南昌大学学报(理科版), 2: 163-168.
刘骏. 2005. 结晶紫分光光度法测定 Fenton 反应产生的羟自由基. 武汉工业学院学报, 2: 53-55.

刘兴华, 赵浩如. 2006. 天然糖蛋白的提取、分离与纯化. 药学进展, 30(12): 542-547.

刘志皋. 1991. 食品营养学. 北京: 中国轻工业出版社: 19-94.

娄敬, 米华. 2014. 睾酮与勃起功能障碍相关性研究进展. 中国男科学杂志, 2(5): 70-72.

楼乔明, 王玉明, 徐杰, 等. 2012. 栉孔扇贝和海湾扇贝脂质及其脂肪酸组成分析. 中国食品学报, 11: 198-203.

卢春霞, 翁丽萍, 王宏海, 等. 2010. 3 种网箱养殖鱼类的主体风味成分分析. 食品与发酵工业, 36(10): 163-169.

陆茵, 陈文星, 华永庆, 等. 2001. 海马壮阳软胶囊温肾壮阳的实验药理学研究. 南京中医药大学学报, 17(2): 99-101.

吕圭源, 陈素红, 王辉, 等. 2008. 四味甘温归肝肾经中药对性激素致肾阳虚大鼠血流变的影响. 浙江中医药大学学报, 32(6): 719-722.

吕军仪, 李秉记, 孙燕燕, 等. 2001. 大海马在人工养殖条件下的生长速率. 中国水产科学, 8(1): 59-63.

吕卫金, 赵进, 毛赟燕, 等. 2013. 顶空固相微萃取结合气相色谱——质谱分析大黄鱼肉挥发性成分. 食品科学, 34(22): 138-142.

罗国安, 梁琼麟, 王义明. 2009. 中药指纹图谱——质量评价、质量控制与新药研发. 北京: 化学工业出版社: 121-209.

罗琼, 黄晓兰, 李卓能, 等. 2006. 枸杞多糖对雄性大鼠性功能及生殖功能的影响. 营养学报, 28(1): 62-65.

马欢杰. 2010. 多糖类抗肿瘤作用的研究进展. 海峡药学, 9(2): 102-104.

莫志贤, 梁荣能, 彭旺. 2006. 国产鸸鹋蛋壳粉影响雄性小鼠性功能的初步观察. 中国现代应用药学杂志, 23(3): 177-179.

农生斌, 梁华益, 黄明丽, 等. 2017. 百香果果汁对衰老小鼠负重游泳及抗疲劳的实验研究. 现代预防医学, 44(7): 1281-1284.

彭汶铎, 陈启亮. 2005. 海马酶法提取物的抗疲劳作用. 中国食品卫生杂志, 17(5): 404-407.

秦文艳, 陈贺, 朱竟赫, 等. 2017. 不同氢化可的松小鼠肾阳虚模型制备方法对比研究. 实验动物科学, 34(4): 11-14.

任涵玮, 宋昀鹏. 2015. 药用海水养殖品种海马及养殖前景展望. 天津水产, 1: 26-28.

佘敏, 何耕兴, 陈辉, 等. 1995. 五种海洋生物抗衰老相关活性的实验研究. 中国海洋药物, 14(2): 30-34.

施明珠, 李有贵, 钟石, 等. 2009. 蛹虫草菌丝体醇提物对氢化可的松致小鼠肝损伤的保护作用. 中草药, 40(2): 262-265.

施锐, 张友会, 王忠革. 1993. 拟海龙提取物的实验研究. 中国海洋药物, 12(2): 4-7.

施永海, 张根玉, 刘永士, 等. 2013. 野生及养殖哈氏仿对虾肌肉营养成分的分析与比较. 水产学报, 37(5): 768-776.

石艳军, 金义鑫, 袁琳, 等. 2004. 食品蛋白质中血管紧张素转化酶抑制肽的研究. 生物技术通报, 6: 6-10.

世界卫生组织. 2007. WHO 西太平洋地区传统医学名词术语国际标准. 北京: 北京大学医学出版社.

世界卫生组织. 2010. WHO 人类精液检查与处理实验室手册. 第五版. 北京: 人民卫生出版社.

宋昕恬, 张晶莹, 孟令仪, 等. 2013. 人参三醇组皂苷对运动疲劳大鼠血糖、血乳酸、血尿素氮的影响. 中国卫生工程学, (5): 359-361.
宿洁, 吴爱英, 杨晓云, 等. 2002. 进口海马的质量标准研究. 中国海洋药物, 5: 54-56.
孙册, 莫汉庆. 1988. 糖蛋白与蛋白聚糖的结构、功能和代谢(二). 北京: 科学出版社: 64-88.
孙慧慧, 刘长军, 顾青, 等. 2015. 大海马中总甾醇提取工艺优化及成分分离. 食品研究与开发, 36(1): 40-45.
孙建新, 安娟, 连军. 2009. 影响实验动物脏器重量及脏器系数因素分析. 实验动物科学, 26(1): 49-51.
孙立丽, 王萌, 任晓亮. 2017. 化学模式识别方法在中药质量控制研究中的应用进展. 中草药, 48(20): 4339-4345.
孙翔宇, 高贵田, 段爱莉, 等. 2012. 多不饱和脂肪酸的研究进展. 食品工业科技, 7: 418-423.
孙宇婧, 韩涛, 卞科, 等. 2011. 山药糖蛋白纯化条件及其理化方法鉴定. 中国粮油学报, 26(3): 81-85.
谭伟, 丘泰球, 阳元娥. 2008. 响应面优化超声强化近临界 CO_2 萃取葵花籽油工艺. 中国油脂, 33(6): 9-11.
陶莉, 王有为. 2009. 三种海龙中甾醇类成分的 GC-MS 分析. 中草药, 40(7): 1048-1049.
田茂成, 邓小华, 陆中山, 等. 2017. 基于灰色效果测度和主成分分析的湘西州烟叶物理特性综合评价. 核农学报, 31(1): 187-193.
田晓静, 王俊. 2014. 质构分析在肉制品检测中的应用. 食品安全质量检测学报, 6(5): 190-197.
汪明明. 2010. 睾酮对雄性性行为调控机制研究进展. 中国校外教育, 12: 61-62.
王晨田, 庚元. 1995. 枸杞子糖蛋白一条高分子量糖链的结构测定. 生物化学与生物物理学报, 3(5): 43-46.
王虹, 陈军辉, 王磊磊, 等. 2009. 小海马 DPPH 自由基清除作用及 HPLC 指纹图谱研究. 中国中药学杂志, 44(16): 1221-1225.
王莉, 吕爱平, 王梅. 2018. “肾藏精”与生长壮老关系的现代研究. 现代中西医结合杂志, 9(27): 1021-1023.
王凌诗, 王良信. 1999. 中药材性状特征的质量评价. 中草药, 5(30): 371-374.
王强, 张朝晖. 1998. 刺海马化学成分研究. 中国药科大学学报, 29(1): 24-25.
王维群. 2005. 营养学. 北京: 高等教育出版社: 20-55.
王晓钰, 陈璐, 秦路平, 等. 2015. 海马药材的高效薄层鉴别方法研究. 时珍国医国药, 26(4): 902-904.
温珑莲, 李军德, 万德光, 等. 2013. 海马市场调查与基原动物鉴定研究. 中国中药杂志, 38(7): 969-971.
翁诗甫. 2005. 傅里叶变换红外光谱仪. 北京: 化学工业出版社: 45-66.
吴常文, 王伟洪. 1991. 浙江北部沿海海龙资源调查. 中国海洋药物, 6(3): 47-52.
吴东儒. 1987. 糖类的生物化学. 北京: 高等教育出版社: 89.
吴红棉, 叶志国, 范秀萍, 等. 2008. 菲律宾蛤仔糖蛋白的分离纯化与理化性质的研究. 中国食品学报, 8(5): 80-85.
吴靖娜, 刘智禹, 潘南, 等. 2015. 海洋来源甾体化合物的生物活性进展研究. 福建水产, 4: 325-337.
吴平, 周开亚, 张朝晖, 等. 1998. 海马类药材的分子遗传标记鉴定研究. 药学学报, 33(3): 226-233.
项惠丹, 许时婴, 王璋. 2008. 蛋白质与还原糖美拉德反应产物的抗氧化活性. 食品科学, 29(7):

52-57.
谢忠明. 2004. 海马养殖技术. 北京: 金盾出版社: 5-64.
谢宗万. 1993. 中药品种传统经验鉴别: “辨状论质”论. 时珍国医国药, 5(3): 19-21.
谢宗万. 1995. 关于中药代用品问题的探析. 中国药学杂志, 10: 632-634.
熊瑞, 胡昌江, 张美, 等. 2015. 生、炙淫羊藿对肾阳虚小鼠耐寒能力和交配能力研究. 亚太传统医药, 11(3): 5-7.
徐凯, 陈达灿, 李柳宁, 等. 2003. 海马犀黄颗粒治疗化疗失败IIIB、IV期非小细胞肺癌临床研究. 湖北中医杂志, 25(5): 12-13.
徐荣, 孙素琴, 刘友刚, 等. 2009. 红外光谱法对肉苁蓉径向不同部位的分析与评价. 分析化学, 37(2): 221-226.
许东晖, 蒋国津, 梅雪婷, 等. 2011. 尖海龙对胚胎尿生殖窦致小鼠前列腺增生模型的药理作用. 中国海洋药物, (1): 31-35.
许东晖, 王丽红, 王朝禾, 等. 2005. 三斑海马活性成分鉴定及对II型甾体 5α-还原酶的药理作用研究//中国药理学会. 全国中药药理学术交流会第 9 届全国中药药理学术交流会论文集. 广州: 南方医科大学出版社: 103-107.
许实波, 许东晖, 吕军仪, 等. 2002. 我国海马中药材的研究开发前景. 中草药, 33(1): 80-82.
许益民, 陈建伟, 郭戎. 1994. 海马和海龙中磷脂成分与脂肪酸的分析研究. 中国海洋药物, 49(1): 14-17.
玄国东, 何国庆, 熊皓平. 2005. 大米蛋白功能性质的改性研究. 中国粮油学报, 20(3): 1-4.
鄢顺琴. 1987. 人参配海马补益作用的实验研究. 安徽中医学院学报, 6(3): 49-52.
杨光, 曾燕, 郭兰萍, 等. 2014. 中药材商品规格等级标准研究现状及几个关键问题的商榷. 中国中药杂志, 39(9): 1733-1738.
杨敏, 黄绍军, 朱艳琴, 等. 2016. 云南不同地区玛咖挥发性成分的 GC-MS 分析. 食品科学, 37(2): 132-137.
杨频, 韩玲军, 张立伟. 2001. 超临界流体萃取技术在中草药有效成分提取中的应用. 化学研究与应用, 13(2): 128-132.
杨倩倩, 邱杨, 余以刚, 等. 2012. 养殖大黄鱼脱脂脱腥处理前后挥发性成分的变化. 食品科学, 33(14): 206-210.
于凤娟, 王莹, 郑艳辉, 等. 2002. 还少丹配伍锌硒宝治疗男性不育症的临床观察. 黑龙江医学, 26(7): 531-533.
余竟光, 陈若云, 姚志熙, 等. 1984. 海产中药海龙化学成分的研究. 海洋药物, 3(1): 10-15.
袁学会, 陈成波, 陈政, 等. 2011. 三斑海马酶解工艺的优化及液化蛋白对 DPPH 的抑制作用. 食品工业科技, 9: 291-293.
岳雪莲, 杨天文, 危北海. 1996. 海龙、海马中微量元素及氨基酸的比较. 中国中药杂志, 21(2): 105-106.
张朝晖, 倪庆桂, 吴立云, 等. 1998a. 粗吻海龙抗肿瘤作用的研究. 中国海洋药物, 17(4): 10-15.
张朝晖, 徐国钧, 徐路珊, 等. 1994. 五种海马提取物 L-谷氨酸致大鼠神经元钙内流的拮抗作用. 中国海洋药物, 4: 6-9.
张朝晖, 徐国钧, 徐路珊, 等. 1995. 海龙类乙醇提取物的激素样作用. 中药材, 18(4): 197-201.
张朝晖, 徐国钧, 徐珞珊, 等. 1997. 海龙科药用动物的理化分析. 中药材, 20(3): 140-144.
张朝晖, 徐国钧, 徐珞珊, 等. 1998b. 毛细管气相色谱法测定海龙海马类药材中甾体类成分. 中药材, 10(11): 81-83.
张朝晖, 徐国钧, 徐珞珊, 等. 1998c. 尖海龙中脂溶性成分的 GC/MS 分析. 中国药科大学学报, (1): 26-27.
张红燕, 李晔, 袁贝, 等. 2017. 金枪鱼油冬化前后脂肪酸含量和主体风味的解析. 核农学报, 31(2): 314-324.
张洪, 罗毅, 罗顺德. 2001. 日本海马对雄性大鼠附性器官及垂体-性腺轴的影响. 中国海洋药物, 20(2): 39-41.
张晶莹, 宋昕恬, 孙兰, 等. 2017. 人参林蛙油复方软胶囊对游泳小鼠糖代谢的影响. 中国卫生工程学, 1: 11-13.
张民庆, 龚惠民. 1998. 抗肿瘤中药的临床应用. 北京: 人民卫生出版社: 167-178.
张前进. 2004. 海龙海马的化学成分和药理活性. 陕西中医, 25(4): 363-364.
张强, 王永利. 1996. 尖海龙与日本海马脂肪的提取和分析. 分析化学, 24(2): 139-143.
张颖捷, 杜万红. 2012. 国内外抗疲劳研究进展. 实用预防医学, 19(7): 1112-1116.
张子怡, 陈宝军, 张庆, 等. 2014. 肾阳虚证动物模型的造模方法与评价指标. 福建中医药, (2): 61-63.
赵华叶, 闫沛沛, 杨文华, 等. 2015. 浅议中药材商品规格等级标准研究方法. 中国中药杂志, 40(4): 765-769.
赵鲁青, 李升刚, 曹瑞祥. 1998. 复方海龙口服液的药效学研究. 中国海洋药物, 17(2): 49-52.
郑建仙. 1995. 功能性食品. 北京: 中国轻工业出版社: 15-67.
钟秀倩, 钟俊辉. 2007. 微量元素与人体健康. 现代预防医学, 1: 61-63.
周清温, 金莲, 肖树雄, 等. 2011. 黄芪的红外指纹图谱鉴别研究. 中国实验方剂学杂志, 17(10): 79-82.
朱爱民. 2005. 海马乙醇提取物药理作用的研究. 中国药事, 19(1): 23-25.
邹贵发, 谢莹. 1989. 大海马幼苗成活率研究. 中药材, 12(3): 15-16.
Abedi S, Sahari M A. 2014. Long-chain polyunsaturated fatty acid sources and evaluation of their nutritional and functional properties. Food Science and Nutrition, 2(5): 443-463.
Andres G B, Sierra A. 2008. Brain microglia express steroid-converting enzymes in the mouse. Journal of Steroid Biochemistry & Molecular Biology, 109: 96-107.
Anon. 1997. The plight of the seahorse. Today's Aquarist, 6(10): 6.
Arosio F, Levi S. 2002. Ferritin, iron homeostasis and oxidative damage. Free Radical Biology and Medicine, 33(4): 457-463.
Bell M E, Lockyear F J, McPherson M J, et al. 2003. First field studies of an endangered South African seahorse, *Hippocampus capensis*. Environmental Biology of Fishes, 67: 35-46.
Brown J N, Vaughan E D. 1998. Angiotensin-converting enzyme inhibitors. Circulation, 97(14): 1411-1420.
Bruhat A, Chaveroux C, Maurin A C, et al. 2009. Amino acids as regulators of gene expression in mammals: molecular mechanisms. Biofactors, 35(3): 249-257.
Cameron N D, Enser M, Nute G R, et al. 2000. Genotype with nutrition interaction on fatty acid composition of intramuscular fat and the relationship with flavour of pig meat. Meat Science, 55(2): 187-195.
Cao P. 2004. Research advances in the development of natural antioxidative peptides. Cereals & Oils, 10: 8-11.
Chen H M, Muramoto K, Yamauchi F, et al. 1995. Structural analysis of antioxidative peptides from

soybean β-conglycinin. Journal of Agricultural and Food Chemistry, 43: 681-697.

Chen H M, Muramoto K, Yamauchi F, et al. 1996. Antioxidant activity of designed peptides based on the antioxidative peptide isolated from digests of a soybean protein. Journal of Agricultural and Food Chemistry, 44: 2619-2623.

Chen L P, Shen R, Chen G H, et al. 2015a. A comparative study of the effects upon LPS induced macrophage RAW 264. 7 inflammation *in vitro* of the lipids of *Hippocampus trimaculatus* Leach. Journal of Oleo Sciences, 64(12): 1273-1281.

Chen L, Wang X Y, Huang B K. 2015b. The genus *Hippocampus*-a review on traditional medicinal uses, chemical constituents and pharmacological properties. Journal of Ethnopharmacology, 162: 104-111.

Choo C K, Liew H C. 2006. Morphological development and allometric growth patterns in the juvenile seahorse *Hippocampus kuda* Bleeker. Journal of Fish Biology, 69: 426-445.

Cinq-Mars C D, Hu C, Kitts D D, et al. 2008. Investigations into inhibitor type and mode, simulated gastrointestinal digestion, and cell transport of the angiotensin-I-converting enzyme inhibitory peptides in pacific hake fillet hydrolysate. Journal of Agricultural and Food Chemistry, 56(2): 410-419.

Damodam S. 1990. Protein films and foams. Advanced Food and Nutrition Research, 34: 71-79.

Dyall S C. 2015. Long-chain omega-3 fatty acids and the brain: a review of the independent and shared effects of EPA, DPA and DHA. Frontiers in Aging Neuroscience, 7: 52-59.

Elmore J S, Campo M M, Enser M, et al. 2002. Effect of lipid composition on meat-like model systems containing cysteine, ribose, and polyunsaturated fatty acids. Journal of Agricultural and Food Chemistry, 50(5): 1126-1132.

Fan Q M, Chen C Y, Lin Y P, et al. 2013. Fourier Transform Infrared (FT-IR) Spectroscopy for discrimination of *Rhizoma gastrodiae* (Tianma) from different producing areas. Journal of Molecular Structure, 1051: 66-71.

FAO/WHO. 1993. Fats and oils in human nutrition. Report of a Joint FAO/WHO Expert Consultation. Geneva: WHO: 19-26.

Ferrini R L, Barrett-Conner E. 1998. Sex hormones and age: a cross sectional study of testosterone and estradiol and their bioavailable fractions in community-dwelling men. American Journal of Epidemiology, 147(8): 750-754.

Fratini G, Lois S, Pazos M, et al. 2012. Volatile profile of Atlantic shellfish species by HS-SPME GC/MS. Food Research International, 48(2): 856-865.

Ge Y, Yang B, Xu X, et al. 2015. Cryptotanshinone acts synergistically with imatinib to induce apoptosis of human chronic myeloid leukemia cells. Leukemia Lymphoma, 56(3): 730-738.

Gong H, Shi Z J, Yang Z, et al. 2017. Time-dependent categorization of volatile aroma compound formation in stewed Chinese spicy beef using electron nose profile coupled with thermal desorption GC-MS detection. Food Science and Human Wellness, 6(3): 137-146.

Grimble G K. 1994. The significance of peptides in clinical nutrition. Annual Review of Nutrition, 14: 419-447.

Gu S Q, Wu N, Zhang J J, et al. 2014. Analysis of key odor compounds in steamed Chinese mitten crab (*Eriocheir sinensis*). Advanced Materials Research, 941-944: 1026-1035

Himaya S W, Ryu B, Qian Z J, et al. 2012. Paeonol from *Hippocampus kuda* Bleeker suppressed the neuro-inflammatory responses *in vitro* via NF-κB and MAPK signaling pathways. Toxicology In Vitro, 26(6): 878-887.

Je J Y, Park P J, Kim S K. 2005. Antioxidant activity of a peptide isolated form Alaska pollack (*Theragra chalcogramma*) frame protein hydrolysate. Food Research International, 38: 45-50.

Jiang Z Z, Xu Y J, Su Y T. 2014. Preparation process of active enzymolysis polypeptides from seahorse bone meal. Food Science & Nutrition, 2(5): 490-499.

Kaspar H, Dettmer K, Gronwald W, et al. 1980. Advances in amino acid analysis. Analytical and Bioanalytical Chemistry, 225(2): 401-407.

Katano S, Oki T, Matsuo Y, et al. 2003. Antihypertensive effect of alkaline protease hydrolysate of the pearl oyster (*Pinctada fucata* Martensii), separation and identification of angiotensin-I converting enzyme inhibitory peptides. Nihon-suisan-gakkai-shi, 69(6): 975-980.

Kellerby S, MeClements D J, Deeker E A. 2006. Role of proteins in oil-in-water emulsions on the stability of lipid hydroperoxides. Journal of Agricultural and Food Chemistry, 54(20): 7879-7884.

Kim S K, Byun H G. 1994. Development of optimum process of continuous hydrolysis of fish skin gelatin using a three-step recycle membrane reactor. Journal Korean Industry and Engineering Chemistry, 5: 681-697.

Kim S Y, Je J Y, Kim S K. 2007. Purification and characterization of antioxidant peptide from hoki (*Johnius belengerii*) frame protein by gastrointestinal digestion. Journal of Nutritional Biochemistry, 18(1): 31-38.

Kline M W, Hollinger F B. 1993. Sensitivity, specificity and predictive value of physical examination, culture and other laboratory studies in the diagnosis during early infancy of vertically acquired human immune deficiency virus injection. Pediatric Infectious Disease Journal, 12(1): 33-36.

Koldewey H J, Martin-Smith M K. 2010. A global review of seahorse aquaculture. Aquaculture, 302: 131-152.

Korhonen H, Pihlanto A. 2006. Bioactive peptides: production and functionality. International Dairy Journal, 16: 945-960.

Kumaravel K, Ravichandran S, Balasubramanian T, et al. 2012. Seahorses-A source of traditional medicine. Natural Product Research, 24(26): 2330-2334.

Larson A J, Symons J D, Jalili T. 2010. Quercetin: a treatment for hypertension-a review of efficacy and mechanisms. Pharmaceuticals, 3(1): 237-250.

Lee S J, Cheong S H, Kim Y S, et al. 2013. Antioxidant activity of a novel synthetic hexa-peptide derived from an enzymatic hydrolysate of duck skin by-products. Food & Chemical Toxicology, 62(12): 276-280.

Lei J, Feng D, Zhang Y, et al. 2012. Regulation of leucine catabolism by metabolic fuels in mammary epithelial cells. Amino Acids, 43(5): 2179-2189.

Li J G, Nie S P, Yang C, et al. 2011. Extraction optimization characterization and bioactivity of crude polysaccharides from Herba Moslae. Carbohydrate Polymers, 383: 1201-1206.

Li P, Yin Y L, Li D, et al. 2007. Amino Acids and Immune Function. British Journal of Nutrition, 98(2): 237-252.

Libby P. 2007. Inflammatory mechanisms: the molecular basis of inflammation and disease. Nutrition Review, 65(Suppl 3): 140-146.

Liu S F, Yang Y J. 2015. Advances in grey system research (2004-2014). Journal of Nanjing University of Aeronautics and Astronautics, 25(2): 1-18.

Lopes B L F, Sánchez-Camargo A P, Ferreira A L K, et al. 2012. Selectivity of supercritical carbon dioxide in the fractionation of fish oil with a lower content of EPA+DHA. Journal of Supercritical Fluids, 61(51): 78-85.

Lopez-Fandino R, Otte J, Camp J. 2006. Physiological, chemical and technological aspects of milk-protein-derived peptides with antihypertensive and ACE-inhibitory activity. International Dairy Journal, 16(11): 1277-1293.

Lourie S A, Foster S J, Cooper E W T, et al. 2004. A Guide to the Identification of Seahorse. Project Seahorse and TRAFFIC North America. Washington DC: University of British Columbia and World Wildlife Fund.

Lourie S A, Vincent A C J, Hall J H. 1999. Seahorses: an identification to the world's species and their conservation. London, UK: Project Seahorse.

Macks Z A, Gunther M B, Overgaauw S. 2011. Testosterone levels correspond with increased ventral striatum activation in response to monetary rewards in adolescents. Developmental Cognitive Neuroscience, 1(4): 506-516.

Margarita G, Margarita M S, Alberto M V. 2005. Fatty acid composition of phospholipids in mesocarp of Cherimoya fruit during ripening. Food Chemistry, 90: 341-346.

Marta M, Maria J A, Mercedes S, et al. 2006. Antihypertensive, ACE-inhibitory and vasodilator properties of an egg white hydrolysate: effect of a simulated intestinal digestion. Food Chemistry, 104(1): 163-168.

Mendis E, Rajapakse N, Kim S K. 2005. Antioxidant properties of a radical-scavenging peptide purified from enzymatically prepared fishskin gelatin hydrolysate. Journal of Agricultural and Food Chemistry, 53(3): 581-587.

Ozsoy N, Can A, Yanardag R, et al. 2008. Antioxidant activity of *Smilax excelsa* L. leaf extracts. Food Chemistry, 110(3): 571-583.

Pangestuti R, Ryu B, Himaya S, et al. 2013. Optimization of hydrolysis conditions, isolation, and identification of neuroprotective peptides derived from seahorse *Hippocampus trimaculatus*. Amino Acids, 45(2): 369-381.

Park P J, Jung W K, Nam K S, et al. 2001. Purification and characterization of antioxidative peptides from protein hydrolysates of lecithin-free egg yolk. Journal of the American Oil Chemists Society, 78: 651-656.

Pellett P L, Young V R. 1980. Nutritional evaluation of protein foods. Japan: The United National University Press: 26-29.

Pereira-Da-Silva M, Torsoni M A, Nourani H V, et al. 2003. Hypothalamic melanin-concentrating hormone is induced by cold exposure and participates in the control of energy expenditure in rats. Endocrinology, 144(11): 4831-4845.

Pilakouta N, Smiseth P T. 2017. Female mating preferences for outbred versus inbred males are conditional upon the female's own inbreeding status. Animal Behaviour, 123: 369-374.

Prokomy R. 1991. Natural antioxidants for food use. Trends Food Science Technology, 2: 223-227.

Qian Z J, Ryu B, Kim M M, et al. 2008. Free radical and reactive oxygen species scavenging activities of the extracts from seahorse *Hippocampus kuda* Bleeker. Biotechnology and Bioprocess Engineering, 13: 705-715.

Qin X S, Jin K H, Ding B K, et al. 2005. Effects of extract of *Ginkgo biloba* with venlafaxine on brain injury in a rat model of depression. Chinese Medical Journal, 118(5): 391-398.

Rajapakse N, Mendis E, Jung W K, et al. 2005. Purification of a radical-scavenging peptide from fermented mussel sauce and its antioxidant properties. Food Research International, 38: 175-182.

Reddy K, Lilie H, Rudolph R, et al. 2005. L-Arginine increases the solubility of unfolded species of hen egg white lysozyme. Protein Science, 14(4): 929-935.

Ren J Y, Zhao M M, Shi J. 2008. Purification and identification of antioxidant peptides from grass carp muscle hydrolysates by consecutive chromatography and electrospray ionization-mass spectrometry. Food Chemistry, 108: 727-736.

Rolle L, Siret R, Segade S R, et al. 2012. Instrumental texture analysis parameters as markers of table-grape and wine grape quality: a review. American Journal of Enology and Viticulture, 63(1):

11-28.

Ronay R, Carney D R. 2013. Testosterone's negative relationship with empathic accuracy and perceived leadership ability. Social Psychological and Personality Science, 4: 92-99.

Ronay R, Galinsky A D. 2011. *Lex talionis*: testosterone and the law of retaliation. Journal of Experimental Social Psychology, 47: 702-705.

Rudi L V, Gregory D D H, Tom A R P. 2016. The ability to gain matings, not sperm competition, reduces the success of males carrying a selfish genetic element in a fly. Animal Behaviour, 115: 207-215.

Rygula R, Abumaria N, Flügge G, et al. 2006. Citalopram counteracts depressive-like symptoms evoked by chronic social stress in rats. Behavioural Pharmacology, 17(1): 19-29.

Sanaye S V, Pise N M, Pawar A P, et al. 2014. Evaluation of antioxidant activities in captive-bred cultured yellow seahorse, *Hippocampus kuda* (Bleeker, 1852). Aquaculture, 434: 100-107.

Sarnoski P J, Keefe S F, Jahncke M L, et al. 2010. Analysis of crab meat volatiles as possible spoilage indicators for blue crab (*Callinectes sapidus*) meat by gas chromatography-mass spectrometry. Food Chemistry, 122(3): 930-935.

Sauleau E A, Paumier J P, Buemi A. 2005. Medical record linkage in health information systems by approximate string matching and clustering. BMC Medical Informatics and Decision Making, 5: 32-38.

Schachter H, Vliegenthart J F G, Montreuil J. 1995. Glycoproteins. Amsterdam, NL: Elsevier.

Simopoulos A P. 2006. Evolutionary aspects of diet, the omega-6/omega-3 ratio and genetic variation: nutritional implications for chronic diseases. Biomedicine & Pharmacotherapy, 60(9): 502-507.

Slinkard K, Singleton V. 1977. Total phenol analysis: automation and comparison with manual methods. American Journal Enology Viticulture, 28: 49-55.

Sun D D, Wu S Q, Jing C D, et al. 2012. Identification, synthesis and characterization of a novel antimicrobial peptide HKPLP derived from *Hippocampus kuda* Bleeker. The Journal of Antibiotics, 65: 117-121.

Sun J, He H, Xie B J. 2004. Novel antioxidant peptides from fermented mushroom *Ganoderma lucidum*. Journal of Agricultural and Food Chemistry, 52: 6646-6652.

Sun Y J, Han T, Bian K, et al. 2011. Purification conditions and physical and chemical identification of Chinese yam glycoprotein. Journal of Chinese Cereals and Oils Association, 26(3): 81-85.

Tran H Q, Tran T H, Chau V M, et al. 2011. Cytotoxic and PPARs transcriptional activities of sterols from the Vietnamese soft coral *Lobophytum laevigatum*. Bioorganic & Medicinal Chemistry Letters, 21(10): 2845-2849.

Vemavarapu C, Surapaneni M, Hussain M, et al. 2009. Role of drug substance material properties in the processibility and performance of a wet granulated product. International Journal of Pharmaceutics, 374: 96-105.

Vincent C J, Foster S J, Koldewey H J. 2011. Conservation and management of seahorses and other Syngnathidae. Journal of Fish Biology, 78(6): 1681-1724.

Wade A M, Tucker H N. 1998. Antioxidant characteristics of L-histidine. Journal of Nutritional Biochemistry, 9(6): 308-315.

Wang H, Jyh S, Ko Wen C. 2004. Angiotensin I-converting enzyme inhibitory activity of protein hydrolysates form tuna broth. Journal of Food and Drug Analysis, 12(13): 232-237.

Wu G, Bazer F W, Davis T A, et al. 2009. Arginine metabolism and nutrition in growth, health and disease. Amino Acids, 37(1): 153-168.

Xu D H, Wang L H, Mei X T, et al. 2014. Protective effects of seahorse extracts in a rat castration and testosterone-induced benign prostatic hyperplasia model and mouse oligospermatism model.

Environmental Toxicology and Pharmacology, 37: 679-688.

Xu H, Zhao X, Liu X, et al. 2015. Antitumor effects of traditional Chinese medicine targeting the cellular apoptotic pathway. Drug Design Development and Therapy, 9: 2735-2744.

Yang H S, Han D K, Kim J R, et al. 2006. Effects of a-tocopherol on cadmium-induced toxicity on rat testis and spermatogenesis. Journal of Korean Medical Science, 21(3): 1956-1966.

Yao J J, Tanteeratarm K, Wei L S. 1990. Effects of maturation and storage on solubility, emulsion stability and gelation properties of isolated soy proteins. Journal of the American Oil Chemists' Society, 67(12): 947-953.

Yoshii H, Tachi N. 2001. Antihypertensive effect of ACE inhibitory oligopeptides from chicken egg yolks. Comparative Biochemistry and Physiology Part C: Toxicology & Pharmacology, 128(1): 27-33.

Zhang J H, Tatsumi E, Ding C H, et al. 2006. Angiotensin-I-converting enzyme inhibitory peptides in douche, a Chinese traditional fermented soybean product. Food Chemistry, 98: 551-557.

Zhang J H, Zhang H, Wang L, et al. 2010. Isolation and identification of antioxidative peptides from rice endosperm protein enzymatic hydrolysate by consecutive chromatography and MALDI-TOF/TOF MS/MS. Food Chemistry, 119: 226-234.

Zhao H P, Zhang Y, Liu Z, et al. 2017. Acute toxicity and anti-fatigue activity of polysaccharide-rich extract from corn silk. Biomedicine & Pharmacotherapy = Biomedecine & Pharmacotherapie, 90: 686-699.

Zhu L J, Chen J, Tang X Y, et al. 2008. Reducing, radical scavenging, and chelation properties of *in vitro* digests of alcalase-treated zero hydrolysates. Journal of Agricultural and Food Chemistry, 56(8): 2714-2721.